全面的孕产育儿指导·贴心的护理保健指南

JINDIAN 聪明宝宝健康养育金典

刑小芬/编著

中国人口出版社
China Population Publishing House
全国百佳出版单位

图书在版编目（CIP）数据

聪明宝宝健康养育金典/邢小芬编著．—北京：中国人口出版社，2016.7

ISBN 978-7-5101-3722-8

Ⅰ．①聪…　Ⅱ．①邢…　Ⅲ．①婴幼儿—哺育
Ⅳ．①TS976.31

中国版本图书馆 CIP 数据核字（2015）第 236176 号

聪明宝宝健康养育金典

邢小芬　编著

出版发行：中国人口出版社
印　　刷：北京建泰印刷有限公司
开　　本：710 毫米×1000 毫米　1/16
印　　张：22.5
字　　数：343 千字
版　　次：2016 年 7 月第 1 版
印　　次：2016 年 7 月第 1 次印刷
书　　号：ISBN 978-7-5101-3722-8
定　　价：28.00 元

社　　长：张晓林
网　　址：www.rkcbs.net
电子信箱：rkcbs@126.com
总编室电话：（010）83519392
发行部电话：（010）83514662
传　　真：（010）83515922
地　　址：北京市西城区广安门南街 80 号中加大厦
邮　　编：100054

每一对父母都希望有一个健康聪明可爱的孩子，从孩子呱呱坠地那一刻起，父母就倾其全部的热情和精力来照顾这个可爱的小天使。新生儿不会说话，只会用哭来表达，哭是婴儿唯一的语言。新生儿需要爸爸妈妈小心呵护，一旦照顾不周，他的健康就会受影响。因为刚刚来到这个世界，对于宝宝来说，一切都是新奇的挑战，他幼小的身心需要爸爸妈妈无微不至的关怀与呵护。

随着时间的流逝，新生儿慢慢长大，他会笑了，会翻身了，会爬了，会叫爸爸妈妈了，会走了……

看着宝宝一天天长大，每位父母心中的骄傲与自豪都会油然而生。从生下来一片空白，到孩子渐渐有自己的想法，并会表达，这是一个循序渐进的过程。当宝宝还不会说话的时候，父母如何能够猜透孩子的想法呢？如何能够更好地照顾好自己的孩子，让他健康快乐的成长呢？当宝宝会说话以后，他的想法千奇百怪，并和你对着干的时候，你又该如何应对呢？如何让他既听话又有自己的主见呢？

这一系列问题都是为人父母必须面对的。育儿，是每位父母都乐意参与其中的事，可也是令很多父母头疼的烦心事！这就要求父母对育儿有一个科学的认识。若是爸爸妈妈懂得一些育儿之道，孩子不仅可以拥有健康的身体，还可拥有聪慧的头脑，这一切都在于爸爸妈妈怎样“育儿”！

本书就是以此为宗旨，从准妈妈分娩前迎接新生命讲起，一直到孩子进入2岁年头，为新手父母传授关于育儿的各种理论和实战经验，帮父母解决

各种育儿难题。在孩子出生前，准父母就应该为孩子做好物质准备，并做好心理准备，接受为人父母角色的转变，明白自己的责任和义务。

在0~2岁这个阶段，父母不仅要做好孩子的日常护理，让宝宝吃饱穿暖，还要关注宝宝的精神世界，有意识地开发孩子的智力，满足宝宝的求知欲以及爱玩的天性。本书从第二章开始，以月龄为单元，从宝宝的生长发育特点、日常护理、喂养、能力培养与训练以及宝宝常见健康问题与应对几个方面详细讲述科学育儿的知识。鉴于宝宝身心发育特点，宝宝1岁前以每个月为单位讲述，1~2岁分季度介绍，从而让新手父母能够了解孩子每个阶段的小小变化，包括身体变化、生理变化和心理变化，从而更好地照顾宝宝，使其身心全面发展。

孩子出生后的前两年，是为他的一生打基础的最关键的两年，父母要引起足够的重视。从现在起，让我们为打造健康、聪慧的小宝贝而努力！每天学习一点育儿知识，这样在照顾新生儿时，才能做到有条不紊，应对自如。建议新手爸妈认真阅读本书，参照书中的内容找到符合自己宝宝月龄的照顾方法，抓住宝宝脑发育的每个黄金期，给宝宝最适当的照顾与培养。

希望这本书能伴随你的宝宝健康快乐地成长！

编　者

第一章 迎接新生命前的准备

第二章 新生儿的养护

第三章 2个月宝宝的养护

第四章
3 个月宝宝的养护

第五章
4 个月宝宝的养护

第六章 5个月宝宝的养护

第七章 6个月宝宝的养护

第八章
7个月宝宝的养护

第九章

8个月宝宝的养护

第十章 9个月宝宝的养护

第十一章 10个月宝宝的养护

第十二章 11个月宝宝的养护

第十三章 12个月宝宝的养护

第十四章 13 ~ 15 个月宝宝的养护

第十五章 16 ~ 18 个月宝宝的养护

第十六章 19 ~ 21 个月宝宝的养护

第十七章
22～24个月宝宝的养护

第一章

迎接新生命前的准备

第一节 准父母应做的准备

接受为人父母的角色转变

对于夫妻来说，孕育宝宝也许是期待已久，也许纯属偶然，不管怎样，孩子的出生意味着夫妻双方角色的转变。当你听到孩子的第一声啼哭，第一次接触新生儿温热的身体时，你一定会涌起无限的爱意，你会决心让他幸福成长。但很快你就会发现，面对这个崭新的生命你开始变得不知所措，他哭了、拉了、尿了，应该怎么照顾他？你甚至不敢抱起他，因为他的小身子是那样柔软。是的，养育孩子是琐碎而又细致的事，所需知识和技能是你以前从未接触过的。无论你以前接受过什么样的教育，都必须从头学起。无论你有怎样的事业发展规划，在孩子出生后的一两年，夫妻双方至少要有一人以孩子的成长为重，将自己的生活重心转移到家庭中来。这是为人父母必须接受的生活状态，因为在孩子生命的头两年，需要父母无微不至的照顾和关爱。有些父母觉得自己拼命工作、多挣钱就是为了给孩子幸福的生活，在孩子很小的时候就把孩子托付给别人照顾。其实，婴幼儿最需要的是父母的陪伴。

为宝宝做好教育规划

第一次为人父母，你一定对把孩子养育成一个什么样的人有自己的美

好设想，也一定会阅读一些有关育儿的书，或者向有经验的父母请教，这些都是帮助你成为合格父母的好方法。但无论书上怎么写、别人怎么说，有一点一定要记住：每个孩子都是独一无二的，每个孩子都有自己的成长时间表，不要把那些一般标准硬套给自己的孩子，更不要因为孩子的某项发育指标没有达标而焦虑，这种焦虑只会影响孩子的心理，使孩子对自己没有信心。事实上，每项发育指标的正常范围都很宽泛，比如有的孩子10个月就会走，而有的要到1岁多，会走的平均月龄为12个月，这中间有长达五六个月的时间范围。

儿童的生长发育有一个显著的特点——只有当他的身体和心理都准备好了的时候才会有质的飞跃。比如宝宝在开口说话之前先是听大人说话，听得多了，理解得多了，才会自己开口说，必须要有一个积累的过程。作为父母，需要做的是为孩子创造一个充满爱的成长环境。仔细观察孩子，在孩子需要发展某项技能的时候为他提供足够多的环境刺激。比如，孩子到了学爬的时候，他自己就会表现出强烈的爬的愿望，这时父母应该为他提供宽敞而安全的场地，鼓励他多爬，而不是限制他的行动。如果孩子没有表现出爬的愿望时，父母的一切努力成效都不会太明显。

对孩子强烈的爱使父母总是情不自禁地为孩子设计未来，但这种设计是否能够实现不在于父母的决心或付出有多大，而在于这种设计是否符合孩子自身成长。如果父母真的爱孩子，首先就要无条件地接受孩子，接受他与生俱来的性格、气质和能力。而不是按照自己的意愿去改变他。父母的第一要务是观察，在日常生活中观察孩子的一举一动、一言一行，了解他的脾气禀性，发现他的优势与劣势，用爱与尊重帮助他成长为一个自尊自信、自强自立的人。如果你把孩子当做一个有独立人格的人，尊重他的喜好与选择，你和孩子的感情就会更加融洽，也会减少很多为人父母的烦恼和压力。虽然孩子的生命是父母给予的，孩子和父母曾经是那样的亲密无间，但做父母的一定要记住：你应该帮助孩子发现他自己，实现他的愿望，而不是要求孩子实现你的理想。

接受夫妻情感的转移

夫妻双方，在孩子出生后都会自

觉或不自觉地将自己情感的一部分转移到孩子身上，从而使另一方感到情感缺乏或不被重视。夫妻双方都要有意识地调整自己的心态，不要用生育前二人世界的思维方式来要求对方，要懂得自己的爱人爱孩子其实就是爱自己、爱这个家。如果在情感上还像以前一样要求对方，不仅会增加自己的烦恼，而且会使对方感到无所适从，不利于夫妻感情的维护和家庭的稳定。

接受生活空间的变化

新生命的诞生，给家庭带来喜悦和幸福感的同时，也会增加许多繁杂的家务，使夫妻双方感觉生活空间和自由度变小了，一时难以适应。如果没有充分的心理准备，双方不能互相体谅，养育孩子的最初两三年往往会成为家庭矛盾频发的时期。

接受家庭责任与义务的变化

抚养孩子是夫妻共同面临的新课题，会使婚姻更加稳固，也会给婚姻带来压力。抚养孩子是一个漫长的过程，它不仅需要夫妻双方做好物质和知识上的准备，而且需要夫妻二人在长达十几年的时间里合理安排家庭事务，各自承担起应尽的责任和义务。比如，孩子出生后是自己带，还是请保姆或老人带；孩子晚上哭闹谁来哄；孩子稍大些后，如果夫妻双方在孩子的教育问题上意见不一致应该如何处理。这些新增加的责任和义务如果安排得好，夫妻感情会越来越稳固，孩子也会成长得健康、幸福。如果安排不好就会增加许多矛盾和烦恼，不仅不利于夫妻感情的维护，而且对孩子的健康成长也没有益处。

解除心理压力很重要

有人说：“没有做过母亲的女人，是一个不完整的女人。”因为她们没有经历过十月怀胎，更没有亲身感受到孕育生命的奇妙。然而，面对一个新生命的到来，准妈妈们该怎样解除心理压力呢？

◉ 情绪乐观最重要　在怀孕的过程中，孕妈妈要尽量放松自己的心态，及时调整和转移自己的不良情绪。有效而便捷的做法是，夫妻经常谈心，相互鼓励。给胎儿唱唱歌、共同欣赏音乐也是不错的方法。如果孕妈妈真的出现了激烈的情绪反应，可找心理医生咨询，进行心理治疗。

◉ 生男生女都一样　传统的“重男轻女”思想不仅深深地影响着老一辈人，对当代的年轻人也同样有影响。对于这一点，不仅需要准妈妈和准爸爸树立正确的认识，而且还应该使其成为所有家庭成员的共识，特别是老一辈人要从“重男轻女”的思想桎梏中解脱出来，这样才能从根本上解除孕妈妈的思想压力。随着社会的进步、人们认识的提高和生产方式的变化，越来越多的人消除了重男轻女的错误观点，认识到生男生女都一样。

注意孕前的营养准备

❶ 要注意科学饮食，为胎儿发育提供足够的营养素等。

❷ 要纠正营养失衡。有目的地调节饮食，食谱要广，可以从蔬菜、水果、粮食、奶制品、瘦肉类、鱼和蛋、豆类食物中获取这种营养素。

❸ 饮料要低脂、低糖、低盐。要避免烟酒和咖啡因。

❹ 孕前3个月，至少1个月开始每日补充0. 4～1. 0毫克的叶酸，让体内的叶酸慢慢积累到一定的量，防止将来胎儿神经管缺陷的发生。

❺ 要控制自己的体重，体重太轻容易导致胎儿营养不良，体重过高则会发生某些妊娠并发症，比如高血压、糖尿病等。

标准体重的计算方法：标准体重（kg）＝（18.5～23.9）×身高的平方（m）

而18.5～23.9是指BMI指数，这是国际常用的衡量人体胖瘦程度以及是否健康的一个标准。

准妈妈分娩前的身体准备

分娩前两周，有的准妈妈每天都会感到几次不规则的子宫收缩，经过卧床休息，宫缩就会很快消失。这段时间，准妈妈需要为分娩准备充足的体力，可以吃些营养丰富、容易消化的食物，如牛奶、鸡蛋等，另外还要注意其他一些生活事项。

◉ 睡眠休息　分娩时体力消耗较大，因此分娩前必须保证充分的睡眠时间，午睡对分娩也比较有利。

◉ 生活安排　接近预产期的孕妇应尽量不外出和旅行，但也不要整天卧床休息，做一些力所能及的轻微运动还是有好处的。

◉ 性生活　绝对禁止性生活，免得引起胎膜早破和宫内感染。

◉ 洗澡　孕妇必须注意身体的清洁。由于产后不能马上洗澡，因此，住院之前应洗澡，以保持身体的清洁。若到公共浴室洗澡，必须有人陪伴，以防止湿热的蒸汽引起孕妇的昏厥。

◉ 家属照顾　妻子临产期间，丈夫尽量不要外出，夜间要在妻子身边陪护。

新妈妈用品的准备

除了为新生儿准备用品外，妈妈坐月子的时候自己的日常用品也要事先准备好。

◉ 卫生用品

❶ 一次性棉内裤：产后恶露的时间和程度因人而异，保持清洁干爽非常重要。内衣内裤要勤洗勤换，建议多买几包一次性纸内裤，方便新妈妈更换的同时也能减少家人照顾产妇的劳动量。

❷ 卫生巾：建议多买一些夜用型的卫生巾，日用型卫生巾和卫生护垫可以少买一些。

◉ 哺乳用品

❶ 母乳喂养的妈妈至少要准备3个哺乳文胸，这样以便于换洗。尺寸最好比临产前稍微大一个尺码。最好选择前开式哺乳文胸，这样喂奶的时候不用把衣服全部都拉起来，不会着凉也不会走光。

❷ 防溢乳垫：奶水好的妈妈胀奶时可能会溢奶，婴儿吃奶时，另一侧乳房也会流，经常弄得衣襟湿漉漉的，为此可以在哺乳文胸里垫上防溢乳垫。有的防溢乳垫可以直接粘在衣服上，吸收量大的一片基本可以用一天，可以有效防漏奶。

❸ 吸奶器：有的妈妈奶水比较多，婴儿根本吃不完。这时就需要一个吸奶器，把婴儿没吃完的奶吸出来，这样既可以保证妈妈分泌更多的乳汁，还可以防止妈妈因为积奶而患乳腺炎。有的妈妈因为乳头皲裂或其他乳腺疾病，不能直接给婴儿喂奶，也可以用吸奶器将奶吸出来喂给婴儿。吸奶器应选拆卸组装方便，易于清洗消毒的，一般都带有两个奶瓶及奶瓶密封盖，方便保存母乳。

另外，如果妈妈需要外出，无法按时给婴儿喂奶，在这种时候，只要预先把母乳吸入清洁的奶瓶，贮存起来，婴儿饿时就可由他人来代喂婴儿，使母乳喂养不再受时间、地点的限制。妈妈外出期间将吸奶器带在身边，感觉乳房胀痛时就可将乳汁吸出，既可减轻乳房不适，还可促进乳汁分泌，吸出的母乳可暂时存在冰箱中，回家后温热可给婴儿继续食用。

❹乳头保护器、乳头吸引器：如

果妈妈的乳头过大、过小或有伤时，可将乳头保护器轻轻罩在乳头上，这样不但让婴儿享受了母乳，还解除了妈妈的痛苦，又可避免乳头被婴儿意外咬伤——婴儿长牙时会不由自主地拿妈妈的乳头磨牙。

有些妈妈的乳头扁平、凹陷，婴儿无法吸吮，不妨试一试乳头吸引器，可改善乳头的状况。

准妈妈分娩前的喂养准备

如果决定母乳喂养宝宝，那么从怀孕开始就应该做好各方面的准备。

◉ 注意孕期营养　准妈妈营养不良不仅会造成胎儿宫内发育不良，还会影响产后乳汁的分泌。在整个孕期都需要摄入足够的营养，多吃富含蛋白质、维生素和矿物质的食物，为产后泌乳做准备。

◉ 注意对乳头和乳房的保养　乳房、乳头的正常与否会直接影响产后的哺乳。孕晚期，可在清洁乳房后用羊脂油按摩乳头，增加乳头柔韧性；使用宽带、棉制乳罩支撑乳房，防止乳房下垂。乳头扁平或凹陷的准妈妈，应在医生指导下，使用乳头纠正工具进行矫治。

◉ 定期进行产前检查　定期进行产前检查，发现问题及时纠正，保证妊娠期身体健康及顺利分娩，是准妈妈产后能够分泌充足乳汁的重要前提。

◉ 了解有关母乳喂养的知识　取得家人的共识和支持，树立信心，下定决心，这样母乳喂养更容易成功。

第二节　迎接新生命的物质准备

计算好孕期的生活开支

随着现代物质生活水平的提高，人们的育儿和消费观念不断更新，生孩子早已经不像过去那样简单，而孕育孩子的费用也比以前高出了许多。为了不让自己的宝宝落伍，孕妇在孕期既要补充营养让宝宝健康，又要定期检查让宝宝安全，还要学习胎教知识让宝宝聪明，样样都是需要钱的地方。生育一个孩子需要大量的花费，只有做好孕期开支计划，才能让自己

不慌乱，安心等待宝宝降临。总之，生孩子是人生的一件大事，不仅要心理上准备，经济上也要准备好。

◉ 营养开支　从备孕开始，夫妻双方都要调节饮食，补充营养、服用叶酸等。怀孕后孕妇的饮食应比备孕时更加丰富合理，适当服用孕妇奶粉以及叶酸、钙片等营养保健品，以满足孕妇身体对营养的需要，保证胎儿的健康发育，这些开支都必不可少。

◉ 服装开支　怀孕后孕妇的体型逐渐肥大，以前的衣服不能穿，需要购置专门的孕妇装。为防止辐射，还需要购买专门的防辐射服。同时，以前可以用的化妆品保养品之类都需要换成孕妇专用，这些都应该列入孕期开支计划中。

◉ 产检分娩开支　为了保证胎儿和孕妇的安全，例行的产前检查是必须的，同时还应该考虑到可能出现的意外情况，例如早产、胎盘前置等，需要多点预算以备不时之需。分娩时的住院费用及手术费用也应列入计划。

◉ 胎教开支　怀孕期间孕妇应该准备一些指导孕产期保健的书籍，学习相关孕产知识，有条件的家庭还可参加胎教学习班。同时，还应准备一些胎教音乐，胎教音乐对于促进孕妇和胎儿的身心健康具有不可低估的作用。为了下一代能聪明健康，这些胎教开支计划也不可少。

◉ 宝宝开支　孕晚期就应该给宝宝准备小床、衣物、玩具及洗浴、喂养用品等。这部分支出虽然较为零碎但总体开支并不低，也需要提前做好规划。

创造良好的新生儿居室环境

刚出生宝宝的组织器官十分娇嫩，功能还没有健全，机体抵抗力相对较差，外界环境的改变会影响新生儿的生长发育，甚至患病。因此，爸爸妈妈应根据新生儿的特点，精心为新生儿布置一个舒适又安全的居室环境。

新生儿的卧室要阳光充足。室内

要保持空气的流通。室温应维持在16℃～24℃之间，并应经常拖地板，保持室内一定的湿度及清洁。可在婴儿床头挂一个温度计，以便随时观察室温变化，调整新生儿的盖被。新生儿室内不能吸烟。

新生儿的睡床不宜放在窗边，以免直接吹风，使新生儿受凉感冒。床的上方和周围也不要堆放箱子、盒子、镜子、瓶子之类的危险物品，以防碰落伤着新生儿。刚出生的新生儿，尤其要注意避开太阳的光线照射。避免新生儿的眼睛正对着直射的灯光或日光。新生儿的小床应安置在母亲的睡床附近，以便于妈妈随时观察照料新生儿。

在夏天，不要让空调机的冷风直吹新生儿的身体，如果使用电风扇，可将电风扇对着墙壁吹。

在冬天，不要使用电热毯给新生儿取暖。长时间地使用电热毯，有可能导致新生儿脱水。

新生儿的卧室还要注意保持安静。刚出生的新生儿神经系统尚未发育完全，易受惊吓，一天24小时除吃奶、换洗之外，新生儿几乎都处在睡眠之中。因此，成人不应在新生儿室内大声说话，以保证新生儿充足的睡眠。

新生儿的抵抗力较弱，容易感染疾病，应避免亲属频繁地进屋探望，以免因人员杂乱而使室内空气污浊，增加新生儿患病的机会。应禁止患病的成人接触新生儿。

婴儿床及床上用品的准备

新生儿一天中的大部分时间都是在睡梦中度过的，所以，床上用品对他们来说可是太重要了。如何给宝宝选择合适的床上用品，让他在温馨、舒适的小床上度过他一生中最初的时光可是父母的心头大事。面对琳琅满目的各类床上用品，爸爸妈妈可要擦亮眼睛，首先要知道买什么样的，其次要百里挑一，贵的不一定是最需要的，合适的才是最好的。

◉ 婴儿床　婴儿床是确保宝宝安全的地带。婴儿床的栏杆最好是能上下调整的，这样，即使宝宝长大了也可以用。栏杆要保持一定的高度。另外，栏杆之间的距离不能过大，也不能过小。注意不要夹住宝宝的头和脚。为了防止宝宝头部受伤，婴儿床最好选择木制的。

有的婴儿床会涂有各种颜色，如果涂料中含有铅，当宝宝用嘴去咬栏

杆时，就有可能发生铅中毒的危险。所以最好不要买涂有颜料的婴儿床。

◉ 被褥　婴儿用的褥子最好是用棉花做的。因棉花通气性好，被太阳一晒，柔软而蓬松，也容易吸汗。

非常松软的新褥子会使宝宝的身体陷进去，从而造成脊柱弯曲而不利于睡眠，所以可以用成人用过的褥子，将其折叠起来给宝宝用。虽然褥子用旧的好，但被子还是以新的、轻的为好。

◉ 床单　床单需要准备3～6条。如果一开始用的是摇篮，就可以用尿布当床单。如果是用比较大的床具，则最好使用弹力棉床单，因为它弄湿了也不太显眼，而且容易洗、干得快、垂感好，不用熨烫。

新生儿的衣物准备

新生儿的衣服以冬天保暖、夏天凉快、穿得舒服和不会影响生理机能（皮肤的出汗、手脚的运动等）为原则。尽量选择装饰品少的、袖口宽的为佳。

◉ 睡袋　睡袋就像一件长睡衣，它有袖子，但是脚下是封口的。宝宝长大后不合适的话还可以在脚下和肩上向外放大。

◉ 衣物　衬衣有三种类型：套头式的、侧开口的和单片式的。小宝宝腿脚伸不直，所以适合使用侧开口的。衬衣不要准备得太多，因为宝宝长得很快。贴身衬衣要用柔软的棉织品，接缝尽量要少，要尽可能选颜色浅的。

◉ 套头衫　当宝宝睡醒时用套头衫穿在别的衣服里面或者外面，给宝宝保暖。要选择领口宽松的。如果是肩上开口的，则摁扣一定要结实。领口后有拉链的那种也可以。

◉ 帽子　天气比较冷的时候，外出时就要给宝宝戴一顶编织帽或者纯棉编织帽，捂住他的耳朵。在比较寒冷的房间里睡觉时，也应该给宝宝戴帽子。这时的帽子不能太大，否则，在宝宝睡觉移动时，容易盖住他的脸。

◉ 连体衫　尤如一种带拉链的口袋，宝宝穿上以后只露出头和脖子。它通常还附带一个连体帽。购买时一定要选择中间有洞口的那种，以便乘汽车时，汽车婴儿座椅上的搭扣可以伸进去。

◉ 鞋袜　不要给新生儿宝宝穿毛线鞋子或者袜子，至少要等到他会坐起来，并且能在比较冷的房间里玩耍的时候才需要穿。

新生儿的护理用品准备

宝宝的护理用品包括婴儿指甲剪、棉签、纱布、湿纸巾、温度计、热水袋、便盆、手纸等。

如果宝宝指甲长长了，或是鼻塞了，或是存有耳垢、眼屎等，就需要细心给宝宝进行护理。

宝宝指甲长得很快，如果不及时修剪，容易划伤宝宝脸部，所以要勤剪宝宝指甲。要选择头部圆形的婴儿指甲剪，剪起来比较安全。

宝宝的耳垢，眼屎也要及时清除，可在洗完澡后使用干净的纱布或棉签进行清除，注意动作要轻柔，用具要卫生。

新生儿的尿布准备

宝宝的尿布最好使用棉制品，这样不仅柔软舒适，吸水性好，而且不刺激宝宝的皮肤。可以利用旧棉布衫、旧棉制床单来制作尿布。旧棉衫制作的尿布使用前，要认真洗净，用开水烫后暴晒消毒。

要为宝宝准备25～30块尿布。可以多准备，以此应对宝宝排尿次数多或无法及时洗尿布的情况。

也可以购买市场上销售的一次性纸尿裤，不仅方便，而且吸水力强。一定要为宝宝勤换尿布，以免引起宝宝尿布疹。纸尿裤裤腰的松紧度一定要合适，接触宝宝皮肤的织布要柔软。

第二章 新生儿的养护

第一节 了解新生儿

什么叫新生儿期

所谓新生儿期，指的是宝宝从出生到28天以内的时期。出生前，胎儿在母体内发育，吸收母亲的营养不停地成长。出生之后，新生儿和母体分开，必须依靠自己的肠管来吸收养分，靠自己呼吸来获得氧气以维持生命，身体构造在短期内也有了急速的变化。这就要求父母在掌握了新生儿生长发育的特点后对各种常见问题和突发状况做出及时、有效的应对。

新生儿的分类

医学上一般按照胎儿出生时孕周的多少，将新生儿分为足月儿、早产儿和过期产儿。在孕37～42周之间出生的新生儿为足月儿，胎龄小于37周的新生儿为早产儿，胎龄等于或大于42周出生的新生儿为过期产儿。

也可以按照出生时的体重对新生儿进行分类，出生体重等于或大于2.5千克，小于4千克的为正常出生体重儿，小于2.5千克的为低出生体重儿，大于等于4千克的为巨大儿。

新生儿的体格特点

通常新生儿的体重在2.5～4千克之间，身长在46～52厘米之间，头围

平均为 33～34 厘米，胸围比头围略小 1～2 厘米。

新生儿的语言特点

啼哭是新生儿的语言。健康的啼哭抑扬顿挫，不刺耳，声音响亮，节奏感强，常常无泪液流出，每日 4～5 次，每次时间较短，不影响宝宝饮食、睡眠、玩耍。宝宝啼哭时，大人用同样的声音回应，他就会停一下，先听听是谁的声音，然后自己再继续啼哭，但这已经不是真的啼哭了，只是用同样的口形发出声音而已。出生后 20 天左右，宝宝睡醒时，如果高兴就会自己“咿呀，啊咕”地发音自娱。

新生儿的呼吸特点

正常新生儿在安静状态下呼吸不费力，呼吸运动较浅，尤其在睡眠时，看上去好似“不喘气”的样子，所以常常不易观察。这里介绍两种观察新生儿呼吸的简单方法：

❶ 用少许棉絮，轻轻拉出几根棉毛放在婴儿鼻孔前，就可看到随着呼吸，鼻孔出入的气流使棉毛摆动，观察棉毛摆动的快慢和次数，即可知道新生儿呼吸的频率。

❷ 轻轻打开新生儿的包被，暴露出胸腹部，观察其呼吸时上腹部的起伏，也可以了解新生儿的呼吸变化。

正常新生儿在安静时，每分钟呼吸 40～45 次。但新生儿的呼吸次数变化很大，如哭闹时呼吸加快，可达每分钟 80 次。由于新生儿的呼吸每时每刻都在变化，要了解其呼吸情况，最好在他安静时或入睡时，以便获得较正确的数据。如果入睡时每分钟呼吸次数大于 60 次就要提高警惕，应注意观察有无其他症状，如紫绀、吸吮力弱、哭声小等。若同时有上述表现，则提示新生儿可能有其它疾病，需及时去医院诊治。

新生儿的嗅觉特点

嗅觉是由挥发性物质发出的气味，作用于嗅觉器官感受细胞而引起的。在嗅觉中起作用的细胞位于鼻腔内，当有不同气味的气体接触鼻黏膜时，人们就能感受到各种气味。如果伤风、鼻炎等使鼻黏膜发生炎症，嗅觉的感受性就会大大降低。

新生儿出生时嗅觉系统已发育成熟了，因而对刺激性气味反应强烈。哺乳时，新生儿闻到乳香味就会积极地寻找乳头，并能对茴香、醋酸等怪味加以分辨。

新生儿的视觉特点

许多父母认为新生儿是看不见东西的，这是不正确的。孩子出生后前几天虽然大部分时间是闭着眼睛，但不代表他没有视力。其实孩子出生后就具备了视力，只是新生儿的视力很差。刚出生的婴儿有光感，表现为在强光刺激下出现闭眼反应。对灯光的变化也有反应，亮光照到眼睛时，会出现瞳孔变小，这也就是所谓的对光反射。在新生儿期只能看见眼前 60 厘米内的物体，最适宜的距离是 20 厘米，如用一个红色绒线球在孩子眼前大约 20 厘米处移动，可发现他的目光能跟随移动着的红线球一段距离。新生儿眼球小，眼球前后径短，造成了生理性远视，以后随着眼球的发育，会逐渐向正视发展，视力会逐渐提高。

新生儿的听觉特点

新生儿的听觉是很敏感的。如果你用一个小塑料盒装一些黄豆，在新生儿睡醒状态下，距宝宝耳边约 10 厘米处轻轻摇动，新生儿的头会转向小盒的方向，有的新生儿还能用眼睛寻找声源，直到看见盒子为止。如果用温柔的呼唤作为刺激，在宝宝的耳边轻轻地说一些话，那么，宝宝会转向说话的一侧，如换到另一侧呼唤，也会产生相同的结果。新生儿喜欢听母亲的声音，这声音会使宝宝感到亲切。新生儿不喜欢听过响的声音和噪声。如果在耳边听到过响的声音或噪音，新生儿的头会转到相反的方向，甚至用哭声来抗议这种干扰。

为了使宝宝的听力健康发育，你在喂奶或护理时，只要宝宝醒着，就要随时随地和他说话，用亲切的语言和宝宝交谈，还可以给宝宝播放优美的音乐，摇动响声柔和的玩具，给予听觉刺激。

新生儿的触觉特点

宝宝从生命的一开始就已有触觉。习惯于被包裹在子宫内的宝宝，出生后自然喜欢紧贴着身体的温暖环境。当你抱起新生儿时，他们喜欢紧贴着你的身体，依偎着你。当宝宝哭时，父母抱起他，并且轻轻拍拍他，这一过程充分体现了满足新生儿触觉

安慰的需要。新生儿对不同的温度、湿度、物体的质地和疼痛都有触觉感受能力，就是说他们有冷热和疼痛的感觉，喜欢接触质地柔软的物体。嘴唇和手是触觉最灵敏的部位。触觉是宝宝安慰自己、认识世界和与外界交流的主要方式。

新生儿的皮肤状况

◉ 胎脂　新生儿的皮肤也许会被白色的胎脂所覆盖。目前人们普遍认为不必清除胎脂，这不仅因为胎脂具有保护的特性，也因为它在几天后就会自然地被皮肤所吸收。但是，如果在婴儿皮肤的皱褶内有大量胎脂堆积并可能引起刺激时，就应把它擦拭干净。

◉ 颜色　新生儿的身体上半部是苍白色的，下半部则是红色的。这是由于新生儿的血液循环未发育完善导致血液汇集在下肢的缘故。这种上、下身颜色各异现象可以通过移动婴儿的体位而很容易就得到矫正。例如可以将婴儿变换左、右侧卧位等方式来改变皮肤的颜色。另外，当婴儿躺下时，会出现手脚变蓝的情况，这时移动婴儿的体位或将他抱起，颜色也会逐渐改变过来。

◉ 斑点　新生儿的鼻梁上有时可见小白斑点，称为“粟粒疹”，是由于汗腺和皮脂腺（产生皮脂以润滑皮肤）短暂阻塞所造成的，一般在数日后消失。注意，千万不要挤压它。

◉ 风疹块（荨麻疹）和疹子　新生儿的皮肤有时会出现红色斑块，并有很快出现接着又很快消失的白色小斑点，整个出疹过程只延续几天，无需治疗即会消退。

◉ 体毛　新生儿出生时都有数量不等的毛发，叫做“胎毛”。有些新生儿只在头上长有软毛，有些新生儿在双肩和脊柱部位都覆盖有粗毛，这些体毛在出生后很快就会被摩擦掉。

新生儿的睡眠状况

刚出生的新生儿睡眠时间一般为一天 20 个小时左右，并且他随时随地都可入睡。如果新生儿睡眠不安，经常吵，一天睡不到 20 个小时左右就要寻找影响睡眠的原因。新生儿大脑功能的发育尚不成熟，对外界环境的刺激还适应不了，所以经常处于抑制状态，表现为睡眠。当宝宝还没有形成一个固定的晚上入睡时间，尽量不要在晚上带其外出。睡眠好的宝宝往往在觉醒时精神好、吸吮力强、长得也快。相反，如果宝宝因为种种原因睡眠不好，睡眠时间不足，宝宝的大脑得不到足够的休息，神经调节失灵，宝宝就表现为食欲不佳，整日哭闹不安，醒的时候精神不好，抵抗力下降，生长发育减慢，对宝宝的健康就不利了。所以宝宝的睡眠与营养一样重要，是健康发育的基本保障。

新生儿的小便状况

新生儿出生时肾脏发育基本完成，但仍不成熟，滤过能力低，浓缩能力差，故尿色清亮，淡黄，每天排尿 10 余次。新生儿出生后 12 小时应排第一次小便。

如果新生儿吃奶少或者体内水分丢失多，或者进入体内的水分不足，可出现少尿或者无尿。这时应该让新生儿多吸吮母乳，或多喂些水，尿量便会多起来。

新生儿的大便状况

新生儿一般在出生后 12 小时开始排便。胎便呈深绿色、黑绿色或黑色黏稠糊状，这是胎儿在母体子宫内吞入羊水中胎毛、胎脂、肠道分泌物而形成的大便，3 ~ 4 天后胎便可排尽。吃奶之后，大便逐渐转成黄色。一般情况下，喂牛奶的婴儿大便呈淡黄色或土灰色，且多为成形便，常常有便秘现象。而母乳喂养儿多是金黄色的糊状便，次数多少不一，每天 1 ~ 4 次或 5 ~ 6 次甚至更多些。也有的婴儿，经常 2 ~ 3 天或 4 ~ 5 天才排便一次，但粪便并不干结，仍呈软便或糊状便。排便时要用力屏气，脸涨得红红的，好似排便困难，这也是人工喂养儿常有的现象，俗称“攒肚”。

新生儿的五种睡眠状态

新生儿有一整套稳定的日常生活行为模式，称之为“新生儿的状态”，这是新生儿先天准备好的适应生存的一种手段。

◉ 规则睡眠状态　新生儿大脑皮层兴奋性低，对外界刺激反应易于疲劳，因此，一天中大部分时间都在睡觉。每天大约有 8 ~ 9 小时处于规则睡眠状态，在这种状态下，呼吸慢而均匀，身体一动不动，不会被轻微刺激所唤醒，安静地熟睡着。面部表情很放松，有些还面露微笑。

◉ 不规则睡眠状态　新生儿一天有8～9小时处于这种状态。在这种状态下，新生儿虽然眼睛是闭着的，但可以看到眼皮下有快速的眼球运动。呼吸不均匀，手足有很轻微的动作，声音或闪光等刺激会引起新生儿作出皱眉或撅嘴等反应，脑部活动明显和觉醒状态时相似。

在人的一生中，新生儿期花在不规则睡眠状态的时间最长，大约占新生儿睡眠时间的50%，而在3～5岁时则下降到20%，与成人相似。

◉ 瞌睡状态　新生儿在刚入睡或快要睡醒时往往处于这一状态。身体活动比在规则睡眠中多一些，呼吸不均匀，眼睛时睁时闭，对外界的一些刺激比较敏感。一天中处于这种状态的时间是短暂和变化的。

◉ 安静觉醒状态　新生儿一般在吃过奶、换过尿布，摆脱了内部或外部刺激的苦恼后会清醒安静地躺一会儿，呼吸均匀，不时伸伸手脚、摆动身体，睁着眼睛，兴致很高地观察着周围的环境，这一状态在一天中有2～3小时。

◉ 清醒活动和啼哭状态　新生儿在饿了、尿布湿了等感到不舒服时大声啼哭、手脚乱蹬乱踢，直到大人安抚他为止。这一状态在一天中有1～4小时。

从出生到满月，这五种状态在新生儿身上频繁转换。安静觉醒状态持续时间最短，这种状态经常转为哭闹。持续时间最长的状态是睡眠，新生儿的睡眠不分昼夜，平均长达16～18小时。从出生到2岁，总的睡眠时间减少并不多，2岁的宝宝每天平均仍需12～13小时的睡眠，睡眠和清醒互相交替，变化最大的是他们逐渐适应成人白天活动、夜里睡觉的作息时间。4个月时，宝宝在夜里睡觉的时间已和父母大致相同，即8小时左右。他们在白天保持清醒的时间也逐渐延长，到2岁时白天只需要1～2小时的睡眠。

新生儿的血液循环

新生儿出生后随着胎盘循环的停止，改变了胎儿右心压力高于左心的特点和血液流向。

新生儿心率较快，在睡眠时平均心率为每分钟120次，醒时可增至每分钟140～160次，且易受进食、啼哭等因素的影响。新生儿的血流分布多集中于躯干和内脏，故肝、脾常可触及，四肢容易发冷和出现青紫。

新生儿特有的原始反射

◉ 吮吸反射：吮吸触到嘴边的东西　将手指靠近宝宝嘴边，宝宝就会紧紧地把手指吮吸住。正是因为存在这种反射，刚出生的宝宝就会吮吸母亲的乳房。

◉ 牵引反射：试图抬起头来　让宝宝仰卧，慢慢拉起宝宝双臂，即使宝宝头部还不能挺立，依然会做出试图抬头的动作。

◉ 莫罗反射：听到大的声响或刺激后会张开双手　宝宝身体移动幅度过大或受到声响惊吓时，宝宝平时弯曲的手指会伸开，做出想抓取什么东西的姿势。

◉ 抓握反射：握住触到手心的东西　当有东西碰到宝宝手掌或手指时，宝宝会攥起拳头。对宝宝的脚掌做同样的刺激，宝宝也会弯起脚趾。这个反射要持续到出生以后5个月左右。

◉ 步行反射：宝宝就像会走路　扶着宝宝的两肋，让宝宝两脚着地，宝宝会自然向前迈动双脚，做出类似走路的动作。这个动作会持续到出生以后2个月，但与真正的步行完全不同。

新生儿的运动能力

宝宝一出生就已具备了相当的运动能力。当父母温柔地和宝宝说话时，他会随着声音有节律地运动。开始时头会转动，手上举，腿伸直。当继续谈话时，新生儿可表演一些舞蹈样动作，继续出现举眉、伸足、举臂，同时有面部表情如凝视和微笑等。

新生儿的体温

细心的妈妈会发现，新生儿从温暖而温度恒定的母体娩出后，体温会随周围环境温度的变化而变化，一般波动在36℃～37℃之间。但受凉时会出现体温下降；若因怕冻着而予以过度保暖，又未供给足够的水分时，则会出现体温升高。

新生儿体温易波动的原因有如下三点：

❶ 新生儿的体温中枢发育尚未完善，不能很好地进行调节，因而出现体温不稳定。

❷ 新生儿产热方式的特殊性，即当环境温度过低时，他没有颤抖反应，只是靠一种称为棕色脂肪的物质产热，因此产热非常有限。

❸ 新生儿的体表面积按体重计算相对较大，而且皮下脂肪很薄，所以很容易散热而使体温下降。

因此，为了减少新生儿不必要的体温波动，应给他提供一个较适宜的温度环境，室温最好保持在18℃～22℃，同时应注意室内空气新鲜。

新生儿的阿普加评分

宝宝出生后1分钟、5分钟和10分钟要分别接受新生儿阿普加评分，对新生儿的肤色、心率、反射应激性、肌张力及呼吸力5种体征进行评分，分别给0～2分不等，再把5种体征的分数相加得出总分，以此来检查新生儿是否适应从子宫到外部世界的环境转变。

◉ **心跳** 新生儿生长发育迅速，新陈代谢旺盛，需要更多的氧及营养物质，心脏的积极跳动可以为全身更快地输送含有氧及高营养物质的血液。出生时每分钟心跳超过100次者为正常，评2分；少于100次者评1分；如果不能触摸到，也不能听到心跳者评0分。这是对新生儿诊断和预后评估最重要的一项。

◉ **呼吸** 新生儿呼吸频率较快，约为40～60次/分，且为腹式呼吸。出生1分钟内呼吸良好、哭声响亮者评2分；而呼吸慢、弱、不规律者评1分；出生后1分钟无呼吸者评0分。

◉ **肌肉张力** 四肢活动有力者评2分；四肢略微呈屈曲状者评1分；肌肉完全松弛者评0分。

◉ **对刺激的反应** 医生通常会在吸净新生儿咽部黏液后弹新生儿足底，或用导管插入新生儿鼻孔，反应好、哭声响、打喷嚏或咳嗽者评2分；面部稍有活动，如皱额者评1分；毫无反应者评0分。

◉ **肤色** 全身皮肤颜色红润者评2分；躯干红而四肢青紫者评1分；全身青紫或苍白者评0分。

以上5项最好状况是10分，7分或7分以上表明健康状况良好（80%的新生儿得分在7～10分之间）；4～7分为轻度窒息，应该进行监控，提供呼吸等方面的医疗帮助；0～3分为重度窒息，需紧急抢救，否则会造成严重的后遗症或死亡。经抢救情况好转后应重新评分。

第二节　新生儿的护理

精心护理娇弱的新生儿

新生宝宝脱离母体来到一个完全崭新而又陌生的世界，开始独立生活，内外环境发生了巨大的变化。新生儿的生理调节和适应能力还不够成熟，容易发生一系列生理和病理变化，不仅发病率高，且死亡率也高，故特别强调此期的护理。

如何包裹新生儿

包裹是新生儿保温必要的和最常用的一种方法。但如何包裹才最适宜呢？在我国北方普遍用棉被包裹新生儿，有时为防止婴儿蹬脱盖被而受凉，家长还常常将包被捆上2～3道绳带。他们认为这样既能保暖，又可使婴儿睡得安稳，却没想到，婴儿包裹过紧，会妨碍四肢活动，而且被捆绑后，手指不能碰触周围物体，这会妨碍新生儿触觉的发展，不利于新生儿的生长发育。此外，由于捆得紧，不易透气，出汗多，容易使皱褶处的皮肤发生糜烂，给新生儿造成不应有的痛苦。

我们提倡用婴儿睡袋来替代包裹。因为它具有保暖、宽松、舒适、四肢活动自如等诸多优点。这种睡袋在市场上可以买到，家长也可自己缝制。

抱起新生儿的方法

新生儿的脖子软绵绵的，竖不起来，很多新手父母不知道该怎样抱新生儿，生怕抱不好把新生儿弄伤了。抱起新生儿最关键的是要托住其头颈部，不要让他的头向后仰。具体方法：

❶ 左手拇指与其余4指分开，轻轻托起新生儿的头及颈后部；右手托起新生儿的臀部，抱起新生儿。

❷ 妈妈先坐下，然后将新生儿的臀部放在自己的腿上，再用右手轻轻托住新生儿的头及颈后部；左手向下移动，托住新生儿的臀部，右手将新生儿的头部放在妈妈的左肘窝处，抱起或喂奶。

当妈妈要把宝宝交给爸爸抱时，

爸爸要靠近妈妈的身体，将双手插到妈妈的胳膊之上。待确定爸爸的双手已抱住新生儿了，妈妈才可将自己的手抽出，切不可随便放手而把新生儿摔落到地上。

新生儿的肩关节、髋关节很容易脱位，主要原因是关节周围软组织发育欠缺。所以千万不要用力牵拉新生儿的四肢。如若造成新生儿关节脱位，很可能形成习惯性脱位。

读懂新生儿的哭声

新生儿没有语言，哭声就是他对外交流的方式。他在需要帮助、陪伴或身体不适时都会用哭声来表示，也就是说，在新生儿哭的时候总是有消极因素存在，如疼痛、失望、愤怒等，这时就需要妈妈细心地观察新生儿。一般新生儿哭的时候是没有眼泪的，可从新生儿哭声的大小、持续还是间断等来判断新生儿哭闹的原因，并及时给予解决，以减少新生儿哭闹的次数，缩短哭闹的时间，也可避免耽误病情。

◉ 饿了　一般刚出生的新生儿，妈妈还没有掌握其生活规律，新生儿会在饿了、渴了的时候用哭声提醒妈妈。如果马上喂奶或喂水新生儿就不哭了，证明新生儿确实是因饥饿或口渴而哭闹的。如不及时喂奶或喂水，新生儿会持续地哭，哭声时高时低。

◉ 尿布该换了　如果新生儿尿了、拉了，妈妈未发现，新生儿会用哭声提醒妈妈。此时哭声嗓门不大，也不是特急。如果不到该喂奶的时间新生儿哭了，就要检查新生儿的尿布，如发现有屎或尿要及时给新生儿洗净屁股，更换尿布，新生儿自然就不哭了。

◉ 太热了（太冷了）　如果新生儿居住的房间温度太高，或包裹内的温度太高，新生儿都会烦躁、哭闹。这种哭声音有些沙哑，脸一般都较红。要给新生儿少穿盖一点，或想办法降低室温，这样新生儿自然就会安静了。

与房间太热相反的是，如果室温太低，或新生儿包裹内的温度太低时，新生儿也会哭闹。每当新生儿因这种情况而哭时，面色为暗紫或苍白，哭声显得无力。发现这种情况要及时采取措施，或提高室温，或给新生儿增加包被，新生儿感觉温暖就会舒舒服服地睡觉了。

◉ 累了　新生儿特别容易疲劳，

也是新生儿爱睡觉的原因。如果新生儿醒的时间比较长，或是居室内人太多，声音杂乱，就会影响新生儿的睡眠，新生儿会因疲劳又无法睡眠而哭闹。因这种情况而引起的哭闹，在开始时哭声大，有点声嘶力竭，表现为烦躁，如还不能让新生儿安安静静地睡觉，新生儿会哭一会儿睡一会，然后又哭。这时，妈妈应该知道新生儿累了、困了，需要休息，就不要再逗新生儿，要让其他人离开新生儿的居室，保持室内的安静，新生儿就会安安稳稳地睡觉了。

◉ **要洗澡**　新生儿的皮肤非常娇嫩，特别容易受损伤，汗液、奶液、大小便等刺激均可损伤新生儿的皮肤。尤其是颈下、腋窝、臀部等皱褶多的部位，如果浸泡时间长，未给予清洗及使用新生儿专用护肤品，都有可能造成新生儿皮肤糜烂，新生儿就会哭闹不停。为避免这种情况的发生，平时要及时清洗并涂抹鞣酸软膏等保护新生儿的皮肤。

◉ **屁屁疼**　有的新生儿大便比较干，排出不畅，排便时可造成肛门撕裂，新生儿在便前便后就会哭闹。如遇这种情况，应在便前用热水盆放置在距新生儿屁股 20 厘米左右，用温热的水蒸气熏熏新生儿的肛门；也可用肥皂头，一头经热水泡软后塞入新生儿的肛门，然后来回抽动几次，起到润滑的作用，新生儿就可以顺利地排便而不再哭闹了。但这只是治标不治本，应尽快找出新生儿大便干的原因，并给予科学调理。

◉ **生病了**　有时新生儿会因霉菌感染，口内长鹅口疮。新生儿虽然饿了，但奶嘴、奶液的刺激会使新生儿更加疼痛。所以，有鹅口疮时新生儿会在喂奶或水时哭得更厉害。这时应积极治疗鹅口疮。

如果新生儿常有音调高、发声急的尖叫，应考虑有中枢神经系统感染或脑出血的可能。如果新生儿嚎哭不安，伴有面色苍白、出汗等症状，应考虑有急腹症的情况要马上送医院诊治。

◉ **要抱抱**　在这种时候，新生儿的哭声既不大也不急，哭几声后就会停下来，观察妈妈的反应。每当遇到这种情况，妈妈不要马上抱起新生儿，因为新生儿这时的哭就是在撒娇，想要你去抱他。如果你马上抱，几次之后就会养成一哭就得抱、不抱就哭起来没完没了的坏习惯。但也不要冷落新生儿，妈妈可以面对新生

儿，轻轻地和他说话；也可以放点音乐，让新生儿不感到寂寞。

◉ 我还小　在不同文化背景下进行的一项研究显示，宝宝在前 3 个月哭得最多，平均每天哭的时间达 120 分钟；4 个月以后减少到每天哭 60 分钟。一天之中，晚上睡觉前哭的时间最长（平均 34 分钟），下午其次（24 分钟），上午较少（20 分钟），夜里最少（10 分钟）。研究人员认为，导致宝宝哭的主要原因是中枢神经系统不成熟，而不是由于父母照顾不周。

心理学研究还发现，那些特别爱哭、怎么哄也不管用的孩子，父母会产生挫折感、厌恶甚至愤怒。这些父母说，刺耳的哭声使他们不爱管孩子，甚至体罚这些完全不懂事的宝宝。总之，新生儿的哭看上去很普通，大家司空见惯，但其中也有不少学问，年轻父母不可不重视。

新生儿的衣着要求

新生儿的衣着要求主要是保暖、方便换洗、质地柔软、不伤肌肤。

◉ 质地应选用软棉布或薄绒布　新生儿的衣服最好选用纯棉制成的软棉布或薄绒布。要求面料质地柔软，容易洗涤，具有保温性、吸湿性、通气性好的特点，颜色以浅色为宜。

◉ 宜宽松易脱　新生儿衣服的衣缝要少，要将缝口朝外反穿。式样要简单，衣袖宽大。易于穿脱，便于小儿活动。外衣要宽松，不要过紧，以免影响血液循环。

内衣最好不要衣领，因为新生儿的脖子较短。骨骼较软，不能将身体伸展开，衣领会磨破宝宝下巴及颈部的皮肤。

◉ 不宜有纽扣　新生儿的内衣开口要在前面，不要用纽扣，以免被小儿吞入，用布条做成带即可。新生儿不必穿裤子，可以用尿布裤。

◉ 衣服宜厚一层　新生儿穿的衣服一般比妈妈多一层就可以。如果婴儿的胸、背部起鸡皮疙瘩或者脸色发青、口唇发紫，说明衣服穿得过少；如果婴儿表现躁热，则可能是衣服穿多了。

如何给新生儿保暖

由于新生儿体温调节功能尚不健全，体表面积相对较大，并且皮下脂肪较薄，因而新生儿身体散热的速度很快（比成人快 4 倍）。如不注意保暖，新生儿为了将体温保持在正常范围，需动用大量的营养物质来调节体温，使生长发育受到一定的影响。

在什么情况下需要保暖呢？可以摸一下新生儿的手脚是否温暖来粗略估计新生儿冷暖情况。如果小手暖，说明新生儿冷暖适宜，不需另外再采取保暖措施了。如果过热，说明体温升高，可适当减少衣服或降低室温。如果手脚发凉，体温可能低于36℃，对新生儿就要采取保暖措施了。

为新生儿保暖，首先要注意环境温度。特别是在寒冷的冬季，新生儿居室温度一般应维持在 18℃～22℃。新生儿的衣服、包被最好选用新棉花和柔软舒适的棉布制作，以保证良好的保暖性，在穿着及包裹前要事先在暖气或炉火上预暖。

新生儿的肌肤护理

对于宝宝肌肤的生长发育情况，很多妈妈知之甚少，以至于面对宝宝肌肤的正常变化也会手足无措。因此，了解新生宝宝的肌肤生长特点，做好肌肤护理对于年轻妈妈是非常重要的。

◉ 宝宝脱皮的护理　新生儿在出生 24～36 小时后会出现脱皮的现象，并持续 2～3 周，这是因为宝宝刚刚脱离母体，对周围的环境还不适应时所出现的一种正常情况。而且，刚出生的宝宝全身附着一层胎脂，这使得皮肤看起来不太明亮，这层胎脂通常在几周内会自动褪去。

同时，由于新生儿的表皮角质层出生时并未完全褪去，再加上油脂分泌不足，所以新生儿的皮肤较容易产生干燥及皲裂现象。如果宝宝身体的某些部位，如手腕、膝盖、脚踝等处出现裂口或有出血现象，也不必惊慌，可以为宝宝擦拭婴儿油以滋润宝宝的肌肤，助其愈合。

◉ 季节变化，宝宝皮肤要护好　冬天时常见到许多小宝宝脸上红彤彤的，皮肤有些粗糙并且干燥。这时需要给宝宝抹一些婴儿油等婴儿护肤品来改善皮肤状况。

夏季，由于气温较高，新生儿皮肤汗腺分泌旺盛，汗腺分泌物常堆积

在汗腺口，从而引发红色小痱子的产生。多见于面部、背部或胸部。这时妈妈要保持房间的通风和凉爽，勤给宝宝洗温水澡，保持新生儿的皮肤清洁。当然，必要的时候也可以在长痱子的皮肤上涂上婴儿痱子粉，帮助宝宝去痱止痒。

◉ 褶皱处要保持清洁与干燥 新生儿的皮肤非常娇嫩并且代谢很快，所以特别容易受汗水、大小便、奶汁和空气灰尘的刺激而发生糜烂。尤其是皮肤的褶皱处，如颈部、腋窝、腹股沟、臀部等处，更容易发生感染，成为病菌进入体内的门户。妈妈在照料宝宝时一定要细心打理，稍有不慎，可能就会出现大麻烦，给宝宝的健康带来大隐患。

为了防止褶皱处糜烂，新生儿最好能每日洗一次澡，尤其是耳后、颈下、腋下、手心、大腿根部、指（趾）缝间等处，要细细清洗。

◉ 慎用沐浴和护肤用品 与成人相比，新生儿皮肤薄，血管丰富，有较强的吸收和通透力，对同样量的洗护用品的吸收要多得多，对过敏物质或毒性物质的反应也要强烈得多。新生儿只靠皮肤表面的一层天然酸性保护膜来保护皮肤，以防细菌感染，并维持皮肤滋润嫩滑。皮肤适应酸碱刺激的能力也比较差。因此，在给宝宝清洗皮肤时，应根据季节变化，选用经过严格医学测试证明、品质纯正温和、安全性高的洗护用品。切忌使用酸碱性洗护品清洁肌肤，以免破坏保护膜。

沐浴之后，要为宝宝涂上爽身粉，以保持其身体的清新干爽。

新生儿的脐部护理

新生儿出生后脐带经无菌操作结扎，一般在 5 ~ 7 天内脱落而愈合，脱落的时间早晚随断脐的方法不同而各异。在未脱落愈合时脐的残端是一个创面，上面没有皮肤覆盖，由于脐带内血管没有完全闭合，有时还会有少量渗血。再加上脐部凹陷而容易积水积污且不易干燥，是细菌繁殖的好场所，因而容易发生脐炎。有时细菌还会通过脐部的血管扩散，严重者可发生败血症。脐炎表现为脐部流水或脓样分泌物，脐周围红肿，但也有皮肤不红肿的，把脐部的痂盖掀去后可有脓性分泌物流出。严重的可有发热、精神差、吃奶差等全身症状。

脐部的护理首先是要保持脐部的

清洁干燥，在脐带未脱落前，应避免局部污染及长期被水或尿液浸泡，同时应注意检查脐部有无渗血，如发现较多渗血应重新结扎。每天检查残端有无脓性分泌物、局部是否红肿，洗澡后用蘸有75%酒精的棉签擦洗脐部残端和脐周凹陷处。少数新生儿脐带脱落后脐部有少许渗出物，可用75%的酒精消毒并保持干燥。如局部还有脓性分泌物，局部用3%双氧水洗，然后用2%碘酒及75%酒精消毒，局部包扎。

新生儿的四季护理

◉ **春季**　对于春天出生的宝宝，爸爸妈妈护理时应注息室内温度变化，维持室温恒定。如果身处北方还要注意防风沙，以免引起新生儿过敏、气管痉挛等。春天空气湿度低可以在室内使用加湿器，保持适宜湿度。

◉ **夏季**　夏天水分消耗大，妈妈要及时给宝宝补充水分，并把室温维持在28℃左右，以免引起脱水热。如果宝宝眼屎多，应及时清理。出汗后给宝宝用温水洗澡。如果发现宝宝臀红，要及时涂鞣酸软膏。同时注意宝宝腹部不能受凉，以防止腹泻。

◉ **秋季**　秋天是宝宝最不易患病的季节。如果宝宝在秋天出生，唯一易患的疾病是腹泻，要注意预防。

◉ **冬季**　对于冬天出生的宝宝，应注意防寒保暖。在北方，冬天有暖气，宝宝不易受到寒冷损伤，但室内空气质量较差，容易造成新生儿喂养局部环境不良；南方多用空调取暖，室内空气质量也不太好。所以，爸爸妈妈要注意室内通风，也要经常抱宝宝晒晒太阳。

新生儿的粪便清洁

在更换尿布的同时，可以观察到婴儿是否有大便，有大便要及时清理。

◉ **清洁男婴**

❶ 用块湿纸巾或棉球把尿清除，从前往后拉。

❷ 用一只手握住婴儿两踝，提起他的双腿，清洁他的臀部，彻底擦干。用一只手指放在其两足跟之间以防止两踝互相摩擦。

❸ 如尿布脏了，用尿布正面尽可能地擦掉粪便。使用棉球蘸上洗剂或用油擦拭。每次用不同的棉球，擦后洗手。

◉ 清洁女婴

❶ 用一块湿纸巾或棉球把尿清除，清洁生殖器及其周围的皮肤。千万不要用把阴唇往后拉开的方法清洁里面。

❷ 握住双腿提起来，清洁臀部。从阴道后部朝肛门方向擦拭，以防细菌传播。

❸ 如果尿布弄脏，用棉球蘸上洗剂或油来清洁。每次都使用新的棉球擦拭，从大腿和臀部内侧方向擦拭，然后洗手。

新生儿洗澡步骤详解

皮肤是新生儿的第一保护层，也是人体的最大器官，但新生儿皮肤内的油脂腺尚未发育完全，不能帮助皮肤抵御细菌的侵袭。新生儿的皮肤比成人的薄5倍，而且每天都要受到乳汁和大小便的污染，所以皮肤清洁十分重要，而清洁皮肤最好的办法就是洗澡。

第一步：浴盆内先放冷水再加热水，水温调节在37℃～40℃之间。可以用手背或手腕测试，感觉温暖不烫即可，也可以用宝宝洗澡水温计测量。

第二步：打开包裹新生儿的小被子，再脱下新生儿的衣服，用浴巾包裹住新生儿的下半身。

第三步：将新生儿抱到浴盆边，用手托住新生儿的头，手的拇指和中指分别压在新生儿的两个耳朵前，以避免洗澡水流入外耳道。也可用左肘和腰部夹住新生儿的臀部和双腿，并用左手托起新生儿的头。

第四步：用小毛巾或海绵块蘸上水由内向外轻轻擦洗新生儿的面部，具体顺序是：前额→眼角→鼻根部→鼻孔→鼻唇沟→口周→下颌→颊部→外耳道。需要注意的是，新生儿的面部皮肤非常敏感，给新生儿洗脸只用清水即可。一定不要用任何香皂，包括婴儿皂。

第五步：给新生儿洗头。先用清水沾湿头发，再涂上宝宝洗发液轻轻

揉洗，最后用清水冲洗干净。要注意清洗耳后的皱褶处。

第六步：洗身子。脐带未脱落的新生儿要上、下身分开来洗。洗上身时要包住下半身，洗的顺序是：先胸腹部再后背部，要重点清洗颈下、腋窝皮肤的皱褶部分。

第七步：洗完上身后用浴巾包好，将新生儿的头靠在大人的左肘窝，左手握住新生儿的大腿，开始洗下半身。洗的顺序仍是由前至后，重点部位是腹股沟及外阴部。女婴的外阴有时有白色分泌物，应用小毛巾从前向后清洗；男婴应将阴茎包皮轻轻翻起来再洗（暂时不能翻起也没关系，千万不要强行翻起）。脚趾缝也要分开来清洗。

第八步：全部洗完后迅速将新生儿放到准备好的干浴巾中，轻轻搌干水，千万不要用力擦干，以免擦伤新生儿的皮肤。

第九步：在新生儿皮肤皱褶处涂上薄薄的一层爽身粉，绝对不可过多，以防爽身粉受湿后结成块儿而硌伤新生儿的皮肤。

第十步：脐带用75%酒精擦拭，先擦外周，再换一根棉签擦脐带口，最后用干棉签蘸上脐带粉撒在脐带中。

第十一步：臀部用鞣酸软膏薄薄地抹上一层。

第十二步：把新生儿抱入小被中或包裹单中包裹好或穿上衣服。

第十三步：用药棉轻轻搌干鼻腔、耳道，以防有水进入后存留。

洗完澡后就可以给新生儿喂奶，然后让新生儿舒舒服服地睡觉。

新生儿洗澡时的注意事项

洗澡时要关好门窗，不要有对流风。

洗澡的时间应选择在喂奶前半小时左右，喂奶后洗澡容易使新生儿吐奶。

新生儿洗澡的用具要专用，不要和其他人混用，以防交叉感染。

洗澡前一定要仔细检查所需的物品是否准备齐全，不要在洗澡的过程中抱着湿漉漉的宝宝找东找西。

新生儿皮肤娇嫩，应选择刺激性小的宝宝沐浴液，在皮肤有湿疹时只可用湿疹洗剂或只用清水，以防刺激皮肤。

如果洗澡过程中需要再加水，要先在另外一个盆中调好水温，再倒入新生儿洗澡的浴盆中。

洗澡时要避免浴液等流入新生儿的眼、鼻及外耳道中，如不小心有洗澡水进入要马上用药棉搌干。

给新生儿洗澡的时间不要过长，一般在5～10分钟内完成最好。

洗澡时要观察新生儿的全身有无异常，如皮肤有无湿疹、四肢活动有无异常等。

如果新生儿头部有脂溢性皮炎，要单独用一盆水给新生儿洗头，再换另外的洗澡盆和水给新生儿洗澡。如果脂溢性皮炎已经结痂，应先用煮过的植物油放凉后涂抹在结痂处，用小帽子捂半小时左右再洗掉。一次不可能将结痂彻底洗干净，这时不要硬刮或硬抠，多洗几次就可以全部洗干净了。

洗完擦干后应迅速包裹好新生儿，半小时之内尽量不要打开包裹，以利于保湿，防止水分丢失。

为新生儿穿、脱衣的方法

新生儿的衣服最好上下身分开，便于更换尿布。夏天的时候可以穿纱布的小上衣，下身只垫上尿布即可，但要注意尿布一定不要太厚，否则，厚厚的尿布夹在新生儿的两腿之间，会影响新生儿腿的自然伸直。

新生儿身体很软，特别是颈部的肌肉还无法支撑起大大的头，所以在给新生儿穿脱衣服时要特别注意。上衣最好不要选择套头的款式，应该选择前开襟的衣服。在给新生儿穿衣服时，先将衣服平放在床上，拉开前襟，一只手扶住新生儿的头，一只手扶住新生儿的腰，将其平放在衣服上，然后把新生儿的胳膊放入衣袖，妈妈的手从外面伸入衣袖，抓住新生儿的手，并从衣袖中拉出，最后合上前襟，系上带子。

脱衣服前一定要检查一下衣服的袖口是否有脱落的线头，以免将新生儿的胳膊从袖子中拿出时会缠住新生儿的手指。

天气冷的时候可以在衣服外面再包裹一层小被子，但要注意包裹时不要强行拉直新生儿的四肢，更不能包裹得太紧、太厚。

包裹的目的一是保暖，二是使新生儿睡得安稳。睡袋可以解决这些问题，完全可以代替包被。根据季节和室温的变化，睡袋可以是单的，也可以是棉的。在睡袋里，新生儿既保了暖，又不会因不适应四周的空旷而睡不安。新生儿醒着时可以有自由活动的小空间，安安稳稳地睡觉时又保持了自然弯曲的姿势。另外，睡袋内的四周有一定的空间，空气容易流通，因此睡袋中的温度和室温就不会相差悬殊。如发现新生儿的手脚有些凉，说明不够暖，可用空调、电暖气等将室温升高到20℃～24℃，也可加一层小毯子或小被子，盖在睡袋外边，或在睡袋外靠近脚部放一个暖水袋。

让新生儿晒晒太阳

阳光中的紫外线照射皮肤可以促使机体合成维生素D，对佝偻病有预防和治疗的作用，还能活跃全身功能，促进血液循环。另外，紫外线还有杀菌消毒的作用。因此，宝宝满月后就可以开始室外活动。夏季、秋季出生的宝宝在出生后第三周就可以到室外活动，冬季出生的宝宝可推迟一点。

妈妈刚开始带宝宝到户外活动的时间不要过长。每次5～10分钟较为合适，待宝宝对外界环境慢慢适应后再延长户外活动时间，每隔3～5天延长5分钟，直到每次活动1小时或更长时间。还可以由每天1次增加到两次以上。春天可以增加快一点，冬天要慢一点。体弱的宝宝和早产儿，妈妈要先在房子里开窗晒太阳，尽量使阳光晒在宝宝的皮肤上。天气炎热，出外活动时要给宝宝戴上白帽子，防止中暑。冬天要穿好衣服，只露脸和手。晒太阳时要选择避风的地方，以免宝宝受凉感冒。

做好宝宝的睡眠护理工作

睡眠是宝宝很重要的一项生理需要。据报道，熟睡中的新生儿生长发育比醒时快4倍。新生儿每天要睡18～20个小时，除喂奶、洗澡、换尿布外，几乎都是在睡眠中度过的。睡眠的时间和质量某种程度上决定着这一时期宝宝的发育状况。因此，做好宝宝的睡眠护理也是妈妈们的重要工作。

◉ **不要给宝宝睡软床** 切记，千万不能给新生儿睡软床。因为新生儿出生后，全身各器官都在生长发育中，脊柱周围的肌肉、韧带还很弱，如果睡在凹陷的软床上，容易导致脊柱和四肢发生畸形。

通常新生儿应睡在母亲旁边的摇篮或婴儿床里，床的两边要有保护栏杆。这样既可以从出生起就培养宝宝独立睡觉的习惯，又便于母亲照顾。

◉ **读懂宝宝的睡眠信号** 睡眠有助于新生儿的生长，但新生儿的睡眠周期很混乱，一天 24 小时，时睡时醒，几乎没有规律可循，这让新手妈妈烦恼万分。

其实妈妈们只要细心观察，还是会发现宝宝发出的睡眠信号的。

许多新生宝宝累了的时候，情绪都很烦躁，往往以哭的形式发泄出来，以此告诉爸爸妈妈他困了，要睡觉了。如果此时爸爸妈妈不理解他的意思，继续逗他的话，孩子会哭得越来越厉害。

当宝宝眼神迷离的时候，也是他要睡觉的信号。这种情况大多出现在吃完奶后。如果爸爸妈妈在这时逗宝宝，发现宝宝反应不那么灵敏了，那就要及时让宝宝睡觉。

◉ **适时变换睡眠姿势** 正确的睡眠姿势对于宝宝的生长发育非常重要。刚刚出生的宝宝没有能力控制和调整自己的睡眠姿势，他们的睡眠姿势是由别人来决定的。

采取侧卧位睡姿时，新手父母一定要注意防护，谨防宝宝从侧卧变成俯卧，从而造成窒息。

左右侧卧时还要当心不要把宝宝耳轮压向前方，否则耳轮经常受折叠也易变形。

第三节 新生儿的喂养

新生儿需要的能量和营养

能量和营养素对新生儿是必不可少的，其摄入程度分别如下：

◉ **热量** 热量是人体不可缺少的能量。人体对热量的需求包括满足基础代谢、活动、生长、消耗、排泄等所需要的总热量。孩子出生后第 1

周，每日每千克体重需60～80千卡热量；生后第2周，每日每千克体重需81～100千卡热量；生后第3周及以上，每日每千克体重需要100～120千卡热量。

◉ 蛋白质　足月儿每日每千克体重需2～3克蛋白质。

新生儿不能合成或合成远不能供其需求的9种必需氨基酸是：赖氨酸、组氨酸、亮氨酸、异亮氨酸、缬氨酸、蛋氨酸、苯丙氨酸、苏氨酸、色氨酸。新生儿每天必须足够地摄入这9种氨基酸，摄入程度由实际情况决定。

◉ 脂肪　每日总需要量占总热量的45%～50%。母乳中不饱和脂肪酸占51%，其中75%可被吸收。亚油酸、亚麻酸和花生四烯酸是必需脂肪酸，其中，缺乏亚油酸、亚麻酸会导致宝宝出现皮疹和生长迟缓，缺乏花生四烯酸会影响宝宝的大脑和视神经发育。

◉ 糖　足月儿每日每千克体重需糖（碳水化合物）12克。母乳与牛奶中的糖全为乳糖。

◉ 矿物质　氯化钠，也就是食盐，能提供人体必需的钠。新生儿通过母乳或配方奶粉吸收营养，从乳汁中摄取钾、钙、磷、锌、钠元素，因此不易缺乏。镁与钙是相互作用的，当镁缺乏时会影响钙的吸收。如果新生儿缺铁，容易引起缺铁性贫血。

◉ 维生素　新生儿是否缺乏维生素，要根据产妇在孕期的身体状况进行判断。一般新生儿很少缺乏维生素，因此不需要额外补充。如果怀孕期间，母体对维生素的摄入严重不足、胎盘功能低下或发生早产，就可能导致新生儿缺乏维生素D、维生素C、维生素E和叶酸等。所以，要根据新生儿维生素的缺乏程度，及时补充。

什么是母乳喂养

母乳喂养包括以下几个方面的概念：

◉ 纯母乳喂养　是指除母乳外，不给婴儿喂其他食品及饮料，包括水，但药物、维生素、矿物质滴剂除外，允许吃挤出的母乳。

◉ 几乎纯母乳喂养　是指用母乳喂养婴儿，但也喂少量水或以水为基础的饮料，如水果汁。

◉ 全母乳喂养　是指纯母乳喂养或几乎纯母乳喂养。

◉ **部分母乳喂养** 是指有时给婴儿喂养母乳，有时人工喂养，如用奶、米汤或其他食品。

目前都在提倡母乳喂养，但随着婴儿的发育，还应适时添加辅食，一般于出生 4 ~6 个月后可以添加蛋黄、牛乳、鱼泥、肉泥、水果汁等。

母乳喂养如何开奶

新手妈妈要进行母乳喂养，首先要开奶。这一步是很关键的，如果没做好，会给以后的母乳喂养埋下隐患：一是宝宝可能会拒绝母乳，二是妈妈也可能发生奶水不足或奶胀奶结的情况，严重的还会发生急性乳腺炎。所以，新手妈妈们可不要忽视开奶的重要性。

开奶是否顺利，与妈妈的心态有很大关系。新妈妈们要坚信，自己一定可以顺利地进行母乳喂养，而且乳汁的多少根本不会受乳房的形状和大小的影响。只有拥有好的心态，开奶才能顺利进行。

自然分娩的妈妈，宝宝出生后 30 分钟内就可以进行开奶，也就是让宝宝吮吸自己的乳房。剖腹产的妈妈也可以在分娩后的 30 分钟内开奶，不过需要用吸奶器来代替宝宝的吮吸。因为剖腹产的宝宝要在观察室里观察 6 个小时后才能抱到妈妈身边。越早让宝宝吸到母乳，越早对乳头进行刺激，越有利于开奶和母乳喂养。

开奶前不要给宝宝吸奶嘴。开奶前给宝宝吸奶嘴，会让宝宝产生“乳头错觉”。奶嘴吸起来比较轻松，出于“偷懒”的天性，吸过奶嘴的宝宝会不愿意再费力吮吸妈妈的乳房，从而增加开奶的困难和母乳喂养的难度。所以在吮吸乳头前，千万不要给宝宝吸奶嘴。一旦宝宝产生了“乳头错觉”，就不认妈妈的乳头、不肯吸奶了。

母乳是新生儿的最佳食物

母乳中的营养成分最全面、最适合新生儿的消化吸收，比如，母乳中的蛋白质总含量较少，不会对新生儿的肾脏造成负担。而且白蛋白多而酪蛋白少，在新生儿胃中形成的凝块小，容易被消化吸收，不会因消化不良而引起腹泻。母乳中所含的脂肪多为不饱和脂肪酸，不仅能为新生儿提供充足的必需脂肪酸，而且脂肪颗粒小，又含有较多的脂肪酶，更有利于消化吸收。母乳中不仅含有较多的乳糖，而且以乙型乳糖为主，最适合新生儿迅速生长和能量消耗的需要，还能促进新生儿肠道乳酸杆菌的生长，有利于提高新生儿的消化吸收能力。母乳中含有丰富的锌、铜、碘等矿物质，尤其是初乳中含量较多，这是为新生儿迅速生长专门配备的。铁的含量虽与牛奶差不多，但可吸收率却比牛奶高5倍，所以母乳喂养的新生儿贫血发生率低。尤其是缺铁性贫血的发生率明显低于牛奶喂养的新生儿。母乳中磷的含量比例适当，非常适合新生儿大脑的迅速发育。钙磷比例是最佳的2∶1，易于新生儿吸收。母乳中的牛磺酸等是促进神经系统发育的重要元素。此外，母乳中还含有很多活性因子和生长调节因子，能更好地促使新生儿骨骼、大脑神经细胞、内脏和肌肉的生长发育。

让新生儿喝到珍贵的初乳

宝宝出生后72小时以内，新妈妈的乳房产生一种稀薄的黄色液体，称为初乳。初乳由水、蛋白质和矿物质组成。

初乳尽管含量少，但对保证新生儿生长发育及身体健康是十分珍贵的。

初乳含有丰富的营养物质，其中较多的蛋白质和较少的脂肪特别符合新生儿生长快、需要蛋白质多和消化脂肪能力弱的特点。

初乳与随后的成乳相比，首先是含有更多的维生素和矿物质。再次，含有大量的β-胡萝卜素，所以呈黄色，看上去不像奶。有的人误以为产后头几天的奶脏而丢弃，这是十分可惜的。

初乳不仅营养好，而且含有保护新生儿抵御疾病的物质，即“抗体”。初乳中溶菌酶的含量比牛奶高数百倍，尤其是初乳中含有丰富的分泌型IgA，不易被胃酸和消化酶破坏，能在肠道里起到黏膜保护剂的作用，使新生儿免受肠道细菌的感染。所以，母乳喂养的新生儿很少发生腹泻。新生儿从初乳中获得各种特异免疫球蛋白。对一些特异性感染性疾病有抵抗力。

进行初乳喂养时，母亲应把婴儿抱在胸前，让婴儿贴在母亲胸口。母亲最好在设有“母婴同室”（即把婴儿交给母亲照看）的医院里分娩。每当宝宝啼哭时，就把宝宝抱起，让其吸吮乳头。刚开始吸吮时，可让宝宝

在每侧乳房上仅吸几分钟，这样乳头不会酸痛。

母乳喂养的优点

母乳是婴儿最理想的天然食品。母乳有任何乳类无可比拟的优点，含有婴幼儿所需要的全部营养素。

妈妈通过哺乳会从与婴儿的密切关系中得到心理安慰。新生儿对乳房的吸吮及刺激，能反过来促使母体催产素的分泌，预防产后出血，有利于产后妈妈子宫的收缩和恢复。母乳喂养最方便、经济、卫生、安全，采取母乳喂养的妈妈患乳腺癌、卵巢癌的机会也会减少。

哺乳中应注意的事项

当你看到宝宝香甜地吮吸着你的乳汁时，每一位年轻的妈妈都会有一种很强烈的幸福感。但是，在哺乳中，有一些需要注意的事项，如果掌握不好，就会对宝宝的健康带来不利的影响。

◉ **正确抱持宝宝哺乳** 每次把宝宝放到乳房上时，应力图将乳头正确地放入他的口内，这样做有如下好处。第一，只有宝宝将大部分乳晕含在口内，才能顺利地从乳房吸吮出乳汁。宝宝以吸和啜两种活动方式从乳晕周围形成一个密封环，只有当宝宝对乳晕后方的输乳管施加压力，乳汁才能顺利地流出来。第二，如果乳头能正确地放入宝宝的口腔内，那么，乳头酸痛或皲裂就可以减少至最低限度。

◉ **防止宝宝溢奶** 新生儿经常发生溢奶，这是由于下食管、胃底肌发育差，胃容量较少，呈水平位，容易出现溢奶。要防止溢奶，应于喂奶后将宝宝竖直抱起，轻轻拍背部，使宝宝打个嗝，把吃奶时吸进胃里的空气排出来，才能防止溢奶。假如溢奶不严重，宝宝体重在增加，又未发现其他不良现象，就不必紧张。随着胃容量的逐渐增大，在出生后3～4个月溢奶会自行停止。

◉ 夜间喂奶的姿势　产后疲乏，加上白天不断地给宝宝喂奶、换尿布，到了夜里母亲就非常瞌睡。夜间遇到宝宝哭闹，母亲会觉得很烦，有时把奶头往宝宝的嘴里一塞，宝宝吃到奶也就不哭了，母亲可能又睡着了，这是十分危险的。因为含着奶头睡觉，既影响宝宝睡眠，也不易养成良好的吃奶习惯，妈妈还容易出现乳头皲裂。更重要的是，宝宝吃奶时与母亲靠得很近，熟睡的母亲即便是乳房压住了宝宝的鼻孔也不知道，这样容易导致窒息的悲剧发生。为避免这种事情的发生，母亲夜间喂奶时最好能坐起。

◉ 乳房的清洁必不可少　哺乳期女性要经常给宝宝喂奶，为了宝宝能吃到干净健康的乳汁，乳房的清洁必不可少。乳头要始终保持清洁与畅通，每次喂奶前，新妈妈们要记得洗手以预防感染。可用干净的温湿毛巾把乳头擦干净，最好准备一块专门为擦乳头用的小毛巾，不要与其他毛巾混用。另外，妈妈们应经常洗澡，勤换内衣，保持乳房的清洁卫生。哺乳结束后，妈妈要用温清水将乳头擦拭干净。切忌使用香皂和酒精之类的化学用品来擦洗乳头，否则会因乳房局部防御能力下降，乳头干裂而导致细菌感染。过多使用香皂等清洁物质清洗可碱化乳房局部皮肤，而乳房局部皮肤要恢复其酸性环境则需要花费一定的时间。如果迫不得已需要香皂、酒精清洗、消毒，则必须注意尽快用清水冲洗。

◉ 两侧乳房轮流哺乳　宝宝吃奶的劲头在最初 5 分钟最强烈，在 5 分钟内就可吃到 80% 的奶量。一般说来，每一侧乳房哺乳时间的长短视婴儿吸啜的兴趣而定，但通常不超过 10 分钟。

婴儿吸吮 10 分钟后，乳房已被排空，虽然可能还在吸啜，但婴儿对继续吃奶已不感兴趣，他也许一会儿将乳头含入，一会儿吐出；也许转过脸去，停止吃奶；也许慢慢入睡。

当婴儿显露出在一侧乳房已吃饱时，应把他轻轻地从乳头移开。把他放在另一侧乳房上。如果他吸啜两侧乳房之后睡着的话，就可能已经吃饱了。

新生儿应按需哺乳

出生一两个月的宝宝哺喂可以不定时，宝宝什么时间饿就什么时候喂。宝宝的食量大小因人而异，不用

拘泥于每天几次，食量大的可多喂几次，也可间隔时间短些；食量小的可少喂几次或间隔时间长些。

每次喂奶要让宝宝一次吃饱。如果宝宝吃一小会儿就睡了，可以揉揉他的耳朵，挠挠他的脚心，逗醒宝宝，或把乳头撤出再放进宝宝嘴里，以保证他一次吃饱。没有必要在规定时间内停止哺乳，有些宝宝吃得慢，有些宝宝吃得快，可以让宝宝自己决定何时停止吃奶。宝宝吃饱了会停止吸吮，这时很容易就能从宝宝嘴里抽出乳头，要避免养成含乳头睡觉的习惯。

完全吃母乳的宝宝，如果体重增长良好，情绪饱满，不用喝水，因为母乳中含有70%～80%的水分，已足够宝宝机体一般情况下的需求。如果天气热，室温过高，宝宝出汗多，并伴有烦躁不安，经常哭闹，可以适当喂一些水。

如何正确给新生儿喂奶

◉ 做好准备工作

❶ 妈妈先洗净双手。

❷ 应该选择舒适、放松的姿势。

❸ 准备一个坐垫放在妈妈的大腿上，调整喂奶高度，避免使妈妈的手臂产生酸痛。

❹ 在婴儿的胸口前垫一块手巾，以免弄脏婴儿的身体并可擦拭婴儿的嘴。

❺ 婴儿的头靠在妈妈手臂上很容易摩擦皮肤，妈妈可以在手上垫一块毛巾。

◉ 正确的喂奶姿势

❶ 先用消毒棉擦洗乳头及周围皮肤。

❷ 采用坐喂或躺着喂都可以，通常以坐在低凳上比较好。若座位较高，可把一条腿搭在另一条腿上。

❸ 把婴儿放在腿上，让婴儿头枕着妈妈胳膊的内侧，用手腕托着后背。

❹ 妈妈用手托起乳房，先挤去几滴宿乳。

❺ 妈妈用乳头刺激婴儿口周皮肤，待婴儿张开嘴时，把乳头和大部分乳晕送入婴儿口中。

❻ 让婴儿充分含住乳头，用手指按压乳房，既容易吸吮，又不会压迫婴儿鼻子。

❼ 当婴儿吸得差不多时，妈妈可用拇指和中指轻轻挟一下乳头。

给婴儿喂完奶，把婴儿身体直立，头靠在妈妈的肩上，轻拍和抚摩后背，以排出吞入的空气。

⑧ 若选择躺在床上喂奶，妈妈身体侧躺在床上，膝盖稍弯曲，放几个枕头在自己的头下、大腿及背部，然后用下方的那只手放在婴儿的头下，并支撑他的背部。先喂躺下那一侧乳房，后喂另一侧。喂另一侧乳房时，将另一侧乳房靠近婴儿的嘴，或是抱起婴儿翻身后再喂。

如何保证母乳充足

乳汁的来源主要靠营养的补充。因此，母亲必须多吃一些营养丰富并易消化的食物，应多喝汤、水，多吃含蛋白质、脂肪丰富的食物，如鸡汤、鱼汤、排骨汤、鸡蛋汤、肉类食品等，以及含丰富的矿物质及维生素的水果、蔬菜。

乳汁的分泌主要靠中枢神经系统的调节。在喂奶期间如过度的紧张、悲伤、忧虑、激动等，均能影响催乳激素的分泌而使乳汁分泌减少。因此，在哺乳期间，应按时哺乳，要有规律性。母亲应有合理的作息时间，保持精神愉快，避免吃刺激性强和不易消化的食物，这样可保证有足够的乳汁分泌。

早期让婴儿吸吮，增加哺乳的次数，两侧乳房交替喂哺都能刺激催乳激素的分泌，使乳汁量分泌增多。如果乳汁分泌仍然不多，可采用下列方法：

❶ 鲫鱼，加水煮汤吃。

❷ 黄芪 12 克，王不留行、通草、穿山甲、当归、路路通各 6 克，水煎服。

❸ 党参 30 克，王不留行 15 克，通草 6 克，牛膝 30 克，用水煎服，每日 1 次。

❹ 王不留行 30 克，猪蹄 1 只，同炖。猪蹄炖烂后，去掉药渣，再加入少许食盐，分两次吃猪蹄喝汤。上述几种方法对促进乳汁的分泌效果均较好。

哺乳后要防止吐奶

宝宝吃奶时常常会把空气吸进胃里，在喂奶前哭闹也会吸进去空气，所以在喂奶后容易打嗝，有时随着嗝会把奶带出来。为避免这种情况，在喂奶前尽量不要让新生儿哭太长时间，吃奶时要让宝宝含住整个乳晕，避免吸入太多的空气。喂奶后还要给宝宝拍嗝，将胃里的空气排出，具体

方法是：妈妈用一只手托住宝宝的头，另一只手搂住后腰及屁股，让宝宝趴在妈妈的身上，头扶靠着妈妈的肩。然后，托宝宝头的手往下移至宝宝的后背，用手掌轻轻拍宝宝的后背，直到宝宝打出嗝。需要注意的是，给宝宝拍嗝的手后掌部不要离开宝宝的后背，以防宝宝后倾。

新生儿的胃呈水平状，贲门松弛，喂奶后稍稍活动就会出现吐奶、溢奶的情况。所以，喂奶后除拍嗝外尽量不要让宝宝过多地活动，如洗澡、换尿布等都应在喂奶前完成。为避免意外情况，喂奶后最好让宝宝右侧卧位睡觉，便于胃内容物从右侧的幽门进入十二指肠，也可以防止吐奶或溢奶呛入气管或流入耳道，可在宝宝背后垫上一个枕头或小被子固定其体位。

如何判断新生儿饥饱

仅仅从婴儿吃奶时间的长短来判定婴儿是否吃饱是不正确的。有的婴儿在吸空乳汁后还会继续吮吸10分钟或更长时间，还有的婴儿只是喜欢吮吸着玩。仅从婴儿的啼哭也无法准确地判断婴儿是否饥饿，因为婴儿也常会因其他的原因而啼哭。通常，可从以下几个方面来判断婴儿的饥饱。

❶ 用婴儿体重增加的情况和日常行为表现来判断婴儿是否吃饱，是比较可靠的。若婴儿清醒的时间精神好，情绪愉快，体重逐日增加，说明婴儿吃饱了。若婴儿体重长时间增长缓慢，并且排除了患有某种疾病的可能，则说明婴儿可能处于饥饿状态。

❷ 哺乳时，婴儿长时间不离开乳房，哺乳后婴儿立刻啼哭，表明婴儿没有吃饱。

❸ 婴儿吃过奶后能安静地睡觉，直到下次吃奶之前才有些哭闹，这是吃饱奶的表现。

④ 若婴儿吃奶时很费劲，吮吸不久便睡着了，睡不到1～2小时又醒来哭闹，或有时猛吸一阵，就把奶头吐出来哭闹，体重不增加，这是婴儿吃不饱的表现。

⑤ 大便不正常，出现便秘或腹泻。婴儿正常大便应为黄色软膏状。

奶水不足时，大便可出现秘结、稀薄、发绿或次数增多而每次排出量少等表现。

宝宝不会吸乳头怎么办

宝宝不会吸乳头多见于刚出生不久的宝宝。常见原因多为妈妈乳头太大、太小或内陷等。有时宝宝感冒鼻塞，张嘴呼吸时也会不吸乳头，这种情况下哺乳比较困难。不过不必担心，可采取以下措施慢慢纠正：

在喂奶前选择一个舒适的姿势，最好采取坐位。先用热毛巾敷乳房3～5分钟，再按摩乳房，促进排乳反射，挤出部分乳汁使乳晕变软，刺激乳头，使乳头立起，使宝宝大口将乳头及大部分乳晕含入口中，在口腔内形成一个长乳头，哺乳就成功了。

宝宝饥饿时，吸吮力强，应先吸吮平坦乳头，比较容易成功。

不宜母乳喂养的情况

与母乳喂养相比，人工喂养有很多的弊端，但对于一些特殊妈妈来说，却又不得不采取这样的方式进行喂养，那么，什么情况下不宜母乳喂养呢？

◉ **婴儿患有半乳糖血症**　这种有先天性半乳糖症的婴儿，在进食含有乳糖的母乳、牛乳后，可引起半乳糖代谢异常，引起婴儿神经系统疾病和智力低下，并伴有白内障，肝、肾功能损害等。所以在新生儿期凡是喂奶后出现严重呕吐、腹泻、黄疸、精神萎靡、肝、脾大等症状的，应高度怀疑患本病的可能，经检查后明确诊断者，应立即停止母乳及奶制品喂养，应给予特殊不含乳糖的代乳品喂养。

◉ **妈妈患慢性病需长期用药**　如癫痫需用药物控制者，甲状腺功能亢进尚在用药物治疗者，正在抗癌治疗期间的肿瘤患者，这些药物均可进入乳汁中，对婴儿不利。

◉ **妈妈处于细菌或病毒急性感染期**　母亲乳汁内含致病的细菌或病毒，可通过乳汁传给婴儿。而感染期母亲常需应用药物，因大多数药物都可从乳汁中排出，如红霉素、链霉素

等，均对婴儿有不良后果，故应暂时中断哺乳，以配方奶代替，同时，应定时用吸乳器吸出母乳以防回奶，待妈妈病愈停药后方可继续哺乳。

什么是人工喂养

人工喂养是指用人工食品喂养孩子，完全不用母乳的喂养方法。如果妈妈没有乳汁或者因生病而不宜喂奶时，可采用人工喂养，给新生儿喂鲜牛奶或全脂奶粉。

人工喂养的缺点

◉ 容易发生污染　人工喂养常易被细菌所污染，尤其是当奶瓶不是每次使用后都煮沸消毒时。细菌生长迅速，即使牛奶尚未变质，对宝宝也是有害的。

◉ 容易发生感染　由于牛奶中不含预防感染的白细胞和抗体，所以人工喂养的宝宝较易发生腹泻及呼吸道感染。

◉ 缺乏维生素　牛奶中维生素的含量不能满足宝宝的需要。

◉ 缺铁　牛奶中的铁，不像母乳中的铁那样能被宝宝完全吸收。所以，人工喂养的宝宝容易发生缺铁性贫血。

◉ 盐分过多　牛奶由于含钠过多，有时可致高钠血症（血液中钠含量过多）和痉挛，尤其当宝宝患腹泻时，情况更严重。

◉ 钙、磷过多　牛奶中过多的钙和磷，可致宝宝手足抽搐，即肌肉的痉挛性收缩。

◉ 不适当的脂肪　牛奶中饱和脂肪酸含量较母乳中高，而宝宝生长发育需要的是较多的不饱和脂肪酸。牛奶中必需脂肪酸亚油酸的含量不足，同时也缺少宝宝大脑发育所需的胆固醇。脱脂奶粉因不含脂肪，故能量不够。

◉ 不适当的蛋白质　牛奶中含有较多的酪蛋白，它含有一种不易被未发育成熟的肾脏排泄的氨基酸混合物。有的妈妈用水稀释牛奶以降低蛋白质浓度，但是，稀释的牛奶不能满足宝宝大脑发育所需的必需氨基酸、半胱氨酸、牛磺酸的供应要求。

◉ 消化不良和便秘　由于牛奶不含消化脂肪的脂肪酶，同时酪蛋白易形成难以消化的凝块，所以牛奶较难被宝宝消化。正因为牛奶的消化过程缓慢，因而它充盈在宝宝胃内的时间较母乳长，所以宝宝不会很快有饥饿

感。牛奶喂养的宝宝大便较硬，容易便秘。

◉ 过敏　较早采用牛奶喂养的宝宝，会出现较多的过敏问题，如哮喘和湿疹。

◉ 吸吮问题　奶瓶喂养的宝宝可能会拒绝吸吮妈妈的奶头，易出现乳头错觉而导致母乳喂养的失败。

人工喂养的注意事项

一般一个出生体重 3 千克的新生儿，在出生后 2 周内每次喂 60 ~ 100 毫升的奶，每天 7 ~ 8 次；在 3 ~ 4 周内每次喂 100 ~ 150 毫升奶，每天 6 ~ 7 次。这里需要强调的是，每个新生儿都有个体差异，妈妈应该根据新生儿的哭闹、用嘴找奶头及做出吸吮的动作来决定是否给新生儿喂奶。奶量可以参照上次吃的量及间隔的时间来决定，比如，上次新生儿吃 60 毫升的奶，间隔了 3 小时再找奶，那基本上 60 毫升就够了。可根据新生儿的年龄逐渐增加奶量，在调整阶段要密切观察新生儿的情况，尽快找出规律。

冲调奶粉要严格按照奶粉包装上的说明进行，不要随便改变浓度，过浓或过稀，新生儿的胃肠都不能耐受。配方奶粉不需要再蒸煮加热，那样会破坏奶粉中的某些营养成分。

喂奶前先滴几滴奶在妈妈的手腕或手背上，试一试温度，以不烫、不凉为适度。要绝对避免用大人嘬一口奶的方法来试奶温，因为大人与新生儿的口腔对温度耐受不同，另外也会污染奶嘴。

即便是用奶瓶喂新生儿，妈妈也应把新生儿抱在怀里，让新生儿感受到妈妈的肌肤温暖，听到妈妈的声音。闻到妈妈的气味，更清楚地看到妈妈亲昵的眼神。

用奶瓶喂新生儿时奶液要填满奶嘴，尽量不要让新生儿吸进空气。一般每次喂奶要在 10 ~ 15 分钟喂完，有的新生儿边玩边吃，还有的吃一点就睡了。出现这种情况时，可以用把奶嘴从新生儿嘴里抽出来再放进嘴里的办法，逗引新生儿一次把奶吃完。

奶具的选择及消毒

爸爸妈妈需准备的奶具有：奶瓶、奶嘴、奶瓶刷、奶锅、消毒用的蒸锅。在购买每一种用品时，除了注重品质，还要根据宝宝的使用需要

而定。

◉ 奶瓶　市面上的奶瓶从制作材料上分主要有玻璃和塑料两种。玻璃奶瓶除了强度不够，易碎之外，在耐热性、刻度的耐磨损度、易洗度、透明度等其他方面都优于塑料奶瓶。塑料奶瓶最大的优点就在于其轻巧不易碎，在选购时应选择质量有保障的品牌奶瓶。

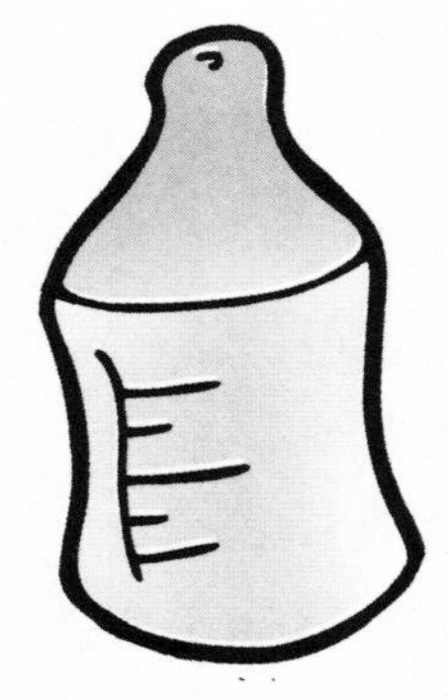

市面上比较常见的奶瓶容量是125毫升、150毫升、200毫升、250毫升。不同的制造商数字会稍有差异。也有小于100毫升的小奶瓶或者大于300毫升的超大奶瓶。奶瓶的大小可根据宝宝的食量和用途来挑选。爸爸妈妈在选择时，建议给3个月之前的宝宝挑选圆形玻璃奶瓶，且以大口直立式为宜，便于洗刷和消毒。

◉ 奶嘴　奶嘴材质以触感柔软、弹性佳为宜，且一定要通过国家安全标准。奶嘴可多购置备用，平均3个月更换一次。普通型奶嘴是仿真母亲乳头的形状；自然型是模仿经宝宝吸吮而改变后的母亲乳头形状；宽基底型是仿真成母亲的乳房形状，需配合宽口奶瓶使用。

有的妈妈为了防止宝宝呛奶就选择特小孔的奶嘴喂养，这样会使宝宝花很大的劲才吃一点点奶，就“完不成任务”累睡着了，由此造成父母的忧虑，以为宝宝食欲差。事实上这是错觉，所以喂奶时选择奶嘴孔大小恰当的奶嘴很重要。

当将奶瓶倒过来乳汁能一滴接一滴地从奶嘴孔中流出来，这样奶嘴孔大小就是适中的；奶的流出呈直线下来的孔就太大了；用力甩后才有奶流出则孔太小了。吸吮力良好的宝宝通常在10～15分钟就能吸吮完他们所需要的奶量。

如果奶嘴的孔过小可用一根烧红的针开大奶嘴上的孔，只需要把针轻轻地插入奶嘴上原来的孔里，橡胶便会自动融化，最好多备几个奶嘴，因为开大奶嘴孔并不像听起来那么容易，可能你会连刺出十几个不合适的奶嘴，每个孔都太大。能刺出合适的孔还真得花些时间才能体会出来。

◉ 奶瓶刷　奶瓶刷一般在买奶瓶

时会附送一套，包括一个大瓶刷和一个小奶嘴刷。每次刷洗完奶瓶后应挂起晾干，消毒奶瓶时也应一起消毒。但这有可能使刷子加快老化。

◉ 奶锅　奶锅不宜过大，以每次能煮1.5千克的牛奶为宜。可挑选不锈钢锅，最好是那种带一个长柄、并且锅边有个小豁嘴的奶锅，便于往奶瓶里倒奶。这个锅应该设为宝宝煮奶专用，每次用完及时刷洗干净。

如何选择奶粉

选择奶粉有五大技巧。

◉ 试手感　用手指捏住奶粉包装袋来回摩擦，真奶粉质地细腻，会发出“吱吱”声；假奶粉由于掺有绵白糖、葡萄糖等成分，颗粒较粗，会发出“沙沙”的流动声。

◉ 辨颜色　真奶粉呈天然乳黄色；假奶粉颜色较白，细看有结晶和光泽。有的假奶粉甚至会呈现漂白色，或者有其他不自然的颜色。

◉ 闻气味　打开包装，真奶粉有牛奶特有的浓郁的乳香味；假奶粉乳香很淡，甚至根本没有乳香味。

◉ 尝味道　真奶粉细腻发黏，易粘在牙齿、舌头和上颚部，溶解较快，且无糖的甜味，加糖奶粉除外；假奶粉放入口中很快溶解，不粘牙，很甜。

◉ 看溶解速度　真奶粉放入杯中，用冷开水冲，需经搅拌才能溶解成乳白色混浊液；假奶粉即使不搅拌也能自动溶解或发生沉淀。用热开水冲时，真奶粉会形成悬漂物上浮，开始搅拌会粘住调羹汤匙；假奶粉则会迅速溶解。所以，很多“速溶”奶粉都是掺有辅助剂的，真正速溶的纯奶粉是没有的。

掌握人工喂养牛奶的温度

◉ 奶温过高的危害　如果牛奶温度太高，就会烫伤婴儿的口腔及食管黏膜，导致局部黏膜充血、水肿、疼痛，造成口腔炎、食管炎，影响宝宝的进食。

◉ 奶温过低的危害　如果奶温太低。就会影响孩子胃肠道的功能，肠蠕动增加，牛奶不能很好地消化吸收，从而出现腹泻。

◉ 试奶温的方法　喂奶前，先将其滴于成人手腕内侧或手背皮肤上，来确定温度是否适宜。如果感到不冷不热，与手的皮肤温度相似（36～37℃），

就可以给孩子吃了。此方法既简单又可靠，家长不妨试一试。

喂奶后拍嗝的技巧

宝宝吃完奶后往往会吐奶，如果不注意，还有可能使宝宝将奶吸入气管内，甚至发生窒息。这都与宝宝吃奶时咽下空气有关，所以在宝宝吃完奶后要拍背帮助宝宝打嗝排气，那么，拍嗝都有哪些技巧呢？

◉ **俯肩拍气法**　将垫布铺平在妈妈的左（右）肩上，以免宝宝溢奶沾到妈妈的衣服。抱直宝宝，将他的头放在肩膀上，让宝宝的下颌靠着垫布，一手抱住宝宝的臀部，另一手手掌弓成杯状。由下往上轻轻叩击宝宝背部，或是手掌摊平轻抚背部，直到宝宝打嗝排气为止。

◉ **坐腿拍嗝法**　将围巾围在宝宝的脖子上，避免宝宝溢奶沾到衣服。让宝宝坐在妈妈的大腿上，妈妈一手虎口张开，托住宝宝的下颌及前胸，另一手手掌弓成杯状，由下往上轻轻叩击宝宝背部，或是手掌摊平轻抚背部，直到宝宝打嗝排气为止。

一般拍嗝时间以5～15分钟为宜，若宝宝仍未打嗝，可将宝宝放回床上。

边吃奶边睡觉不好

有些妈妈为了让宝宝睡得快一点，特别喜欢在宝宝临睡时喂奶，让宝宝边吃奶边睡觉。其实这是个错误的做法，会对宝宝产生以下不利影响：

◉ **容易吸呛**　宝宝入睡时，口咽肌肉的协调性不足，不能有效保护气管口，易有奶水呛入气管的危险。

◉ **容易造成乳牙龋齿**　奶水长时间在口腔内发酵，会破坏宝宝乳齿的结构，造成龋齿。

◉ **降低食欲**　因为肚子内的奶都是在昏昏沉沉的时候被灌进去的，宝宝清醒时脑海里没有饥饿的感觉，所以会降低食欲。此外，边吃奶边睡觉的习惯，易使宝宝养成被动的心理行为。

可见，宝宝睡觉时吃奶利少弊多，不利于宝宝的生长发育，建议在宝宝吃奶后喂两勺水清洁口腔，再让他入睡较好。

需要混合喂养的情况

母乳喂养确有很多好处，但因为母乳量不足或哺乳妈妈因工作关系不能按时给新生儿哺乳时，需加喂配方奶粉，称为“混合喂养”。新生儿出现以下情况时就应考虑补充一些配方奶粉了：

❶ 出生5天后的新生儿，在24小时内小便的次数小于6次。

❷ 出生5天后的新生儿，每天大便的次数少于1次。

❸ 新生儿总是哭闹，多数时间看上去显得很疲倦。

❹ 给新生儿喂完奶后，妈妈的乳房显得空空的，摸起来不太柔软，这可能也是新生儿没得到足够母乳的一种表现。

混合喂养的正确方法

◉ **选择适合的配方奶粉** 婴幼儿配方奶粉是在牛奶的基础上，尽可能模仿母乳的营养成分，调整蛋白质的构成及其他营养素含量，以满足婴幼儿的营养需要，其营养价值是鲜奶、酸奶或其他配方食品无法比拟的。

选择配方奶粉：

❶ 要明确适用对象，不同年龄阶段的婴幼儿所适用的奶粉是不同的，一般按照0～6个月、6～12个月、1～3岁分为3个阶段。不同体质的宝宝所适用的奶粉也是不一样的，比如内热体质的宝宝选择奶粉就要特别考虑到所用奶粉是否会引起便秘、上火。

❷ 要考虑新生儿有无特殊医学需要，有专门为早产儿、先天性代谢缺陷儿（如苯丙酮尿症）设计的配方奶粉，为乳糖不耐受儿设计的无乳糖配方奶粉，为预防和治疗牛奶过敏儿设计的水解蛋白或其他不含牛奶蛋白的配方奶粉等。

❸ 要仔细阅读产品的成分标志，是否符合婴幼儿的营养需要，是否符合婴幼儿配方奶粉国家标准或有关规定，是否有可靠的、特定的功能。

❹ 要注意该产品是否是著名品牌，厂商是否有足够大的生产规模，有无先进的工艺设备和严格的生产流程。特别要看生产商是否有强大的研发能力，因为验证配方奶粉的安全性和有效性往往需要大量的研究费用。

❺ 要注意产品的口碑，多向有经验的妈妈请教，多收集品牌的相关新闻，看是否曾有过负面新闻。

◉ **补授法和代授法** 补授法：每次先喂母乳，然后再补充一定量的配方奶粉。哺乳妈妈应坚持每次让新生儿将乳房吸空，以刺激乳汁分泌，防

止母乳量日益减少。补充的乳量要根据新生儿的食欲及母乳量多少而定，在最初的时候，可在母乳喂完后再让新生儿从奶瓶里自由吸奶。直到新生儿感到吃饱和满意为止，这样试几天，如果新生儿一切正常，消化良好，就可以确定每天该补奶多少了。以后随着月龄的增加，补充的奶量也要逐渐增加。若新生儿自由吸乳后有消化不良的表现，应略稀释所补充的奶或减少喂奶量，待新生儿一切正常后再逐渐增加。注意补充配方奶粉量一定不要过多，以免新生儿不喝母乳而趋向喝配方奶。

代授法：以配方奶粉代替一次或一次以上的母乳喂养。如果哺乳妈妈乳量充足却又因工作不能按时喂奶时，最好按时将乳汁挤出或用吸奶器吸空乳房，以保持乳汁分泌。吸出的母乳冷藏保存，温热后仍可喂新生儿。但每日新生儿直接吸吮哺乳妈妈乳头的次数不宜少于 3 次。切记不论母乳多少一定不要轻易放弃。

第四节　新生儿的启蒙与训练

爱是最好的启蒙

在给新生儿换尿布、喂奶和洗澡时应该抚摸他的身体、轻柔地同他讲话，以表达父母对他的爱。母乳喂养时是最好的亲子交流时间，母乳的味道、妈妈身体的温度、妈妈的拥抱和充满爱意的眼神都会使新生儿感到安全和舒适。妈妈要特别注意，不要在给新生儿喂奶的时候与他人聊天或看电视，这样会使新生儿感到受了冷落。要在密切观察和精心照料下培养好最初的母子感情，这样宝宝会微笑地面对更多的人，也愿意与更多的人交往。

新生儿除了吃喝之外还要运动和玩耍，和他轻轻地说话，对他微笑，把他举起、变换体位或者紧紧地贴身抱一会儿都会使新生儿感受到更多的爱。让新生儿在父母的抚爱中减少不愉快的情绪反应。妈妈要以一种鼓励、喜爱、信任的态度养育新生儿，妈妈和新生儿相互依恋的情感是宝宝性格形成的基础，这种关系的建立会增加宝宝探索的欲望，使其善于和人相处，很好地面对现实。

早期启蒙教育最佳期

宝宝在不同年龄，存在着接受某种教育的最佳时期，也叫关键期。研究显示，在关键时期实施某种教育，可以收到事半功倍的效果，如果错过了这个年龄阶段，再进行这种教育，效果就差多了。

从出生至 2 个月是视、听、味、嗅、触等感觉训练的最佳期。感觉刺激是开发婴儿智慧潜能的最佳途径。婴幼儿学习主要是通过感觉器官，包括视、听、嗅、味、触等五种感觉。积极地利用各种感觉发育的敏感期进行感觉刺激，是开发婴儿智力潜能的最佳途径。

气质是与生俱来的

宝宝一出生就有明显的个体差异，每个宝宝都有自己的特点，有的爱哭，有的少哭安静；有的吃奶着急，吃奶速度快，有的吃奶慢；有的睡眠多，有的睡眠时间短；有的总需要有大人说话陪伴，有的可以自己玩耍；有些宝宝很快适应生活环境，能很愉快地和生人接触，而有的见生人就害怕，甚至吓得哭起来。这些与生俱来的心理倾向在心理学上称为“气质”。谈到气质，人们很快就联想到举止言谈有风度、有修养、富有内涵的人，其实宝宝的气质与人们通常所理解的“气质”是完全不同的两个概念。

◉ 气质是一种独特的心理特征　气质是儿童生来俱有的，是独特的心理活动和稳定的动力特征。宝宝早期的气质特征以遗传为主，但也会随着年龄的变化而变化。也就是说，气质虽然是天赋，但也可以随环境影响和教育训练使之发生一定改变。宝宝气质虽有不同分类，但无优劣之分，关键是如何使宝宝的气质特征与环境很好地相互适应。如果气质与环境适应良好，宝宝就相对较容易抚育；如果适应不好，即使一个容易抚养的宝宝也会转变成抚养困难儿。宝宝每一种气质类型均含有积极的一面和消极的一面，因此儿童的早期教育中，首先要认清宝宝的气质特征，分析宝宝属于哪一种气质类型，以便在教育宝宝过程中注意发挥优点，克服缺点。

◉ 婴幼儿气质分类　许多研究者都对婴幼儿的气质进行过分类，主要有传统的4种类型说（多血质、胆汁质、黏液质、抑郁质）、巴甫洛夫的高级神经活动类型说和托马斯、切斯的5类型说。美国心理学家托马斯和切斯对宝宝气质进行了长达几十年的研究，认为宝宝有9个方面的情绪、行为方式是相对稳定的，因此提出了宝宝气质的9个维度：

气质维度	意　义
活动水平	在睡眠、游戏、进食、穿衣、洗澡及其他日常生活中身体活动的数量，主要以活跃期和不活跃期的比率为指标
生理节律	指吃、喝、睡、大小便等生理机能活动是否有一定的规律性
趋避性	又称“初始反应”，指对新鲜事物（如陌生人、新情景、新地方、新食物、新玩具、新的程序）的初始反应是主动接近还是退缩
适应性	对新事物在初始反应后的长期调节反应，适应得快还是慢
反应强度	对刺激反应的强度大小
心境	指日常生活中高兴与不高兴的数量的多少
注意的持久性	主要指集中从事某项活动的时间、范围和分心对活动的影响程度
注意的分散度	指外界无关刺激时正在进行的行为的干扰程度
反应阈	引发婴幼儿出现可观察到的反应或注意的刺激的量的大小

托马斯和切斯根据这9个维度的不同表现将宝宝气质分为5种类型：

容易抚养型（E型）：生物活动有规律，对新刺激（如陌生人和物）的反应是积极接近，对环境的改变适应较快，情绪反应温和，心境积极。

抚养困难型（D型）：生物活动无规律，家长很难掌握宝宝的饥饿和大小便规律；对新刺激（如陌生人和物）的反应是消极、退缩、回避，环境改变后不能适应或适应较慢；情绪反应强烈且常为消极反应，遇到困难大声哭叫，心境消极。

发动缓慢型（S型）：对新刺激（如陌生人和物）的反应常常比较消极，活动水平低，反复接触后方可慢慢适应。与困难型不同的是，这类宝宝无论是积极反应还是消极反应都很温和，生活规律仅有轻度紊乱，心境消极。

中间偏易型（I－E型）：介于容易型和困难型中间，偏向容易型。

中间偏难型（I－D 型）：介于容易型和困难型中间，偏向困难型。

尽早建立新生儿对父母的依恋

依恋是指婴儿和照看人之间亲密的、持久的情绪关系，表现为婴儿和照看人之间相互影响和渴望彼此接近，主要体现在母亲和婴儿之间。

依恋的形成和发展分为四个阶段，包括前依恋期、依恋建立期、依恋关系明确期、目的协调的伙伴关系。

在新生儿期主要表现为前依恋期。前依恋期即从出生至两个月，宝宝对所有的人都做出反应，不能将他们进行区分，对特殊的人（如亲人）没有特别的反应。刚出生时，宝宝用哭声唤起别人的注意，宝宝似乎懂得，大人绝不会对他们的哭置之不理，肯定会与自己进行接触。随后，宝宝用微笑、注视和“咿呀”语与大人进行交流。这时的婴儿对于前去安慰自己的人没什么选择性，所以，此阶段又叫无区别的依恋阶段。

对新生儿影响最大的是母亲。母亲是否能够敏锐而且适当地对宝宝的行为做出反应，是否能积极地同宝宝接触，是否在孩子哭的时候给予及时的安慰，是否能在拥抱小宝宝时更小心体贴，是否能正确认识小宝宝的能力等等，都直接影响着母子依恋的形成。

新生儿对母亲和父亲的依恋几乎是同等程度的，尽管通常是母亲和宝宝在一起的时间多。母亲和父亲在同宝宝的关系上有一些区别，父亲通常更充满活力，母亲则更温柔而且话语更多一些。

要多看新生儿的眼睛

眼睛是心灵的窗口。通过与妈妈交换目光，新生儿既会对人产生兴趣，也会增长智慧。所以，抱新生儿时，一定要看着新生儿的眼睛。

与新生儿进行情感交流

孩子的各种心理体验，如对人生是抱着信赖和幸福感，还是不信任或绝望感等，都取决于婴儿与父母的关系融洽与否。

初为父母，是在与孩子建立了亲密的交流关系之后，逐渐获得了自信和为人父母的感觉。孩子也因为有了与父母的接触而获得安全、幸福和信赖的感觉，这些基本的满足感是孩子日后成长、发展人际关系的基础。

父母可以通过目光的交流、爱抚、拥抱、轻柔的呼唤、身心的交流传递亲子之情，发展孩子对外界事物的认知和感受能力，促进孩子健康而愉快地成长。

科学开发新生儿大脑的潜力

人的大脑分为左右两个半球，左右脑的功能虽然无法完全分开，但两者在功能优势及功能发展的时间上存在差异。左大脑拥有语言优势，右大脑拥有感觉优势，时间差异主要是指在人生早期大脑功能的发展主要集中在大脑的右半球。而右半球的发育又将决定左半球功能的发展，这就为早期教育提供了重点和目标。下面介绍几种早期促进脑的右半球功能发育的简单方法：

❶ 对着孩子左耳说话，声音不要太大。每日2~3次，每次5分钟左右。

❷ 让孩子听没有歌词的古典音乐。

❸ 多让孩子的脑袋向左偏转，可多多训练“左视野”（即用左眼观察）。

❹ 早期进行各种感觉教育，包括视、听、嗅、触觉等训练，以促进右半球的发育。

新生儿的语言训练

当宝宝“咿呀学语”的时候，如果注意对他进行良好的言语教育，早日教宝宝说话，就能促进思维，发展智力，比如在喂奶和护理时，把动作和语言结合起来，最好能指着某些物品用清楚、缓慢的语言对他说这是什么，那是什么，要像对待已经懂事会说话的宝宝那样给他讲各种各样的事情，让他感觉，让他看，让他听。不要以为这样做是“对牛弹琴”，频繁的刺激能促进宝宝听觉和发音器官的发育。让宝宝听语音可以训练听力，看口形可以锻炼视觉判断能力。

◉ 无声的语言　在宝宝情绪好的时候，父亲或母亲可以和他面对面，相距约 20 厘米，宝宝就会紧盯着对方的脸和眼睛，当目光碰在一起时，和宝宝对视并进行无声的语言交流，做出多种面部表情，如张嘴、伸舌和微笑等。逗宝宝发笑，培养他的无声语言能力。

◉ 回声引导发声　宝宝啼哭之后，父母模仿宝宝的哭声。这时宝宝会试着再发声，几次回声对答，宝宝就会喜欢上这种游戏似的叫声，渐渐地宝宝就学会了叫而不是哭。这时父母可以把口张大一点，用“啊”来代替哭声诱导宝宝对答，渐渐地教宝宝发音，以此训练宝宝的语言能力。如果宝宝无意中发出另一个元音，无论是“啊”或“噢”，都应以肯定、赞扬的语气用回声给以巩固和强化。

新生儿的视力训练

新生儿的双眼运动不协调，有暂时性的斜视，见光亮会眨眼、闭眼、皱眉，只能看到距离 15 厘米以内的物体，所以要想让宝宝看到你，就必须把脸凑近宝宝。

为了发展新生儿的视力，首先，可以吸引孩子注意灯光，进行视觉的刺激。然后让孩子的眼睛跟踪有色彩或者发亮和移动的物体。可在房间里张贴美丽或色彩斑斓的图画，悬吊各种颜色的彩球和铃铛。周围可见的刺激物越多，越能丰富新生儿的经验，促进其心理的发展。

新生儿的触觉训练

人的触觉器官面积最大，全身皮肤都有灵敏的触觉。实际上胎儿在子宫里已有触觉，习惯于被紧紧包裹在子宫内的胎儿，出生后喜欢紧贴着身体的温暖环境。我国有包裹新生儿的习惯，如果将新生儿包裹好（不是指捆绑很紧的蜡烛包）可以使他睡得安静，减少惊跳。当你怀抱新生儿时，他喜欢紧贴着你的身体，依偎着你。另外，对新生儿的轻柔爱抚不仅仅是皮肤间的接触，更是一种爱的传递。若新生儿在这个时期没有得到父母的爱抚和温暖，就很难对他人产生信任感，日后可能形成冷漠、缺乏安全感等性格问题。因此，爸爸妈妈应尽可能多地爱抚新生儿，这对宝宝健康人格的形成十分重要。

妈妈在给新生儿喂奶的时候可以用一只手托住新生儿，用另外一只手轻轻按摩新生儿的小手指，或者把妈妈的手指放入新生儿的手掌心里，让新生儿紧紧地握住。这样可以刺激新生儿的神经末梢，有助于新生儿的大脑发育及手指灵活。同时，也可以增进母子感情，让新生儿获得安全感。

新生儿的动作训练

◉ 训练新生儿抬头的方法　宝宝只有抬起头，视野才能开阔，智力才可以得到更大发展。不过，由于新生儿还没有自己抬头的能力，还需要爸爸妈妈的帮助。

一种方法是当宝宝吃完奶后，妈妈可以让他把头靠在自己肩上，然后轻轻移开手，让宝宝自己竖直片刻，每天可做四五次，这种训练在宝宝空腹时也可以做。另一种方法是，让宝宝自然俯卧在妈妈的腹部，将宝宝的头扶至正中，两手放在头两侧，逗引他抬头片刻。也可以让宝宝空腹趴在床上，用小铃铛、拨浪鼓或呼唤宝宝乳名引他抬头。

当宝宝做完锻炼后，应轻轻抚摸宝宝背部，既是放松肌肉，又是爱的奖励。如果宝宝练得累了，就应让他仰卧在床上休息片刻。

◉ 训练新生儿做伸展运动　新生儿的胳膊和腿处于自然弯曲状态，似乎还保持着在妈妈体内的样子。妈妈爸爸可以利用日常护理的机会，训练宝宝做伸展运动。

在为宝宝洗澡或换尿布的时候，可以帮助宝宝伸展一下身体。帮他伸展身体时，只需将关节稍为弯曲，就让他反射性地伸开。此外，轻触宝宝的膝盖内侧、身体、手等，也会让他反射性地伸展身体。这个时期的宝宝，由于四肢还很娇嫩，所以不能用力拉他的手、脚，以免受伤。

新生儿的听觉训练

◉ 听音乐　方法：妈妈在给宝宝喂奶时，将录音机或音响的音量调小，播放一段旋律优美、舒缓的乐曲。此活动在宝宝出生几天后即可进行。音乐可以训练听觉、乐感和注意力，陶冶孩子的性情。

注意：不要给婴儿听很多不同的曲子，一段乐曲一天中可反复播放几次，每次十几分钟，过几周后再换另一段曲子。

◉ 对宝宝说话 方法：宝宝清醒时，妈妈可以用缓慢、柔和的语调对他说话，比如“宝宝，我是妈妈，妈妈喜欢你”等等。也可以给宝宝朗读简短的儿歌，哼唱旋律优美的歌曲。

给婴儿听觉刺激，有助于宝宝早日开口学话，并能促进母子之间的情感交流。

注意：对宝宝说话时要尽量使用普通话。

要多逗宝宝笑

从新生儿出生第一天起大人就可以逗他笑。大人抱着新生儿，挠挠他的身体，用快乐的声音、表情加动作去感染新生儿。新生儿的目光渐渐变得柔和而不是刚开始那样紧张，眼角出现细小的皱纹，口角微微向上，出现快乐的笑容，这与新生儿即将入睡时颜面肌肉不由自主地放松的笑不同。

以笑来回答大人的逗乐才算逗笑，一般出现在出生后 14 ~ 21 天，个别新生儿出现得早些或迟一些。经常有人逗笑，生活在快乐环境下的新生儿会笑得早一些。爱笑的宝宝招人喜欢，容易获得朋友和得到支持，将来会生活得更加幸福。笑所引起的快乐情绪又能同时促进新生儿的大脑发育。

第五节 新生儿的常见问题与应对

新生儿体重下降

新生儿在出生后 2 ~ 4 天内体重可能下降 6% ~ 9%，最多不超过 10%，一般在 10 天左右恢复至出生体重。

新生儿胎记

几乎所有的宝宝出生时都带有胎记。也叫“胎生青记”，医学上称为“色素痣”。大多发生在宝宝的腰部、臀部、胸背部以及四肢，一般为青色或灰青色的斑块。胎记的形状大小不一，多为圆形或不规则形，边缘清晰，用手按压后不褪色，这是由于宝宝出生时皮肤色素沉着或改变引起的，一般在出生后 5 ~ 6 年内会自行消退，不需要治疗。

谨防新生儿窒息

常见的新生儿窒息有以下几种情况：妈妈给小宝宝喂完奶后把宝宝仰面而放，随着宝宝吸进胃内的空气排出而将奶汁漾出，呛入气管内而造成突然窒息；奶嘴孔太大使奶瓶中的奶汁流速过快，呛入宝宝气管而发生窒息；妈妈生怕宝宝冷，给他盖上厚厚的大被子，并把大被子盖过宝宝的头部，使宝宝的口鼻被堵住，不能呼吸引起窒息；妈妈熟睡后，翻身时或是无意将上肢压住宝宝的口鼻而造成窒息；妈妈夜里躺在被子里给宝宝喂母乳，但由于白天过于劳累而不知不觉睡着，将乳房堵住宝宝的口鼻而使宝宝不能呼吸；抱宝宝外出时裹得太紧，尤其是寒冷时候和大风天，使宝宝因不能透气而缺氧窒息；在宝宝枕边放塑料布单以防吐奶，塑料布单不慎被吹起，蒙在宝宝脸上，但宝宝不会将其取下而造成窒息等等。

安全防范措施：让宝宝独自盖一床厚而松软的小棉被在自己的小床上睡，不要和妈妈同睡一个被窝。室内潮湿寒冷时可选用电暖器。对于经常吐奶的宝宝，在喂奶后要轻轻拍他的

后背，待胃内空气排出后，再把他放在小床上，宝宝睡熟后，妈妈要在旁边守护一段时间。夜间给宝宝喂奶最好坐起来，在清醒状态下喂完，然后待宝宝睡着后，方可安心去睡。常吐奶的宝宝不要给他佩戴塑料围嘴，因它容易卷起堵住宝宝的口和鼻。给宝宝喂奶时，切忌让他仰着喝。寒冷时候带宝宝外出时，在包裹严实的同时，一定要记住留一个通气口。

新生儿呕吐

当宝宝呕吐时，先要搞清楚引起呕吐的原因。最多见的是喂养不当引起的漾奶或呕吐，父母应学会科学喂养和加强护理。

用奶瓶喂奶时，要注意橡皮奶头的扎眼不宜过大，防止吸奶过急、过冲。

喂奶次数不宜过多或喂奶量过大。喂奶前不要让宝宝过于哭闹。

不要吸吮带眼的假奶头。喂奶时要使奶瓶中的奶水充满奶头，这样就可以防止宝宝胃内吸入过多的空气而致呕吐。

喂奶后不要过早地翻动宝宝，最好把宝宝竖抱起来，轻轻拍打背部，使其打出几个饱嗝后，再放回床上，这样宝宝就不容易发生呕吐了。

容易呕吐的宝宝喂奶后，最好将他的床头抬高一些，头侧位睡，防止呕吐时发生窒息或引起吸入性肺炎。

以上为新生儿生理性呕吐，不需要特殊治疗，只需合理喂养和加强护理，随着宝宝月龄的增长和胃肠功能逐渐完善，就会慢慢好转。如果你的宝宝生后24小时就开始呕吐，或吃后就吐，量较多，甚至呈喷射状呕吐，或者除呕吐外还伴有其他异常的症状体征，这表明你的宝宝是因生病而引起的呕吐（病理性呕吐），应及早送往医院进行治疗。

病理性呕吐的常见原因是食管闭锁、胃食管反流、肥厚性幽门狭窄、肠旋转不良等先天性消化道畸形，确诊后应积极治疗。

新生儿乳房肿大

男女足月宝宝均有可能发生乳房肿大。出生后3～5天出现，如蚕豆到鸽蛋般大小，这是因为母亲的孕酮和催乳素经胎盘至胎儿，出生后母体雌激素影响中断所致，多于2～3周后自行消退，不需处理，更不能用手强烈挤压，否则可能导致继发感染。

新生儿“螳螂齿”

宝宝出生时，前部上下牙床是不接触的，两侧后部各有一个隆起，上下能接触到的脂肪垫，俗称“螳螂齿”。有些人错误地认为这种脂肪垫是多余的，常用刀割“螳螂齿”，其实这是很危险的。

“螳螂齿”对新生儿来说是一种正常现象。在宝宝吸奶时，前部用舌头和口唇黏膜、颊部黏膜抵住奶头，这时后部的脂肪垫关闭，帮助增加口腔中的负压，有利于宝宝吸奶。用刀割“螳螂齿”不但影响宝宝吸奶，还可引起口腔破溃、感染，甚至还可引起全身的败血症，严重的可致宝宝死亡。随着乳牙的萌出，这种高出的脂肪垫就会渐渐变平，所以不需要处理。

新生儿鼻塞

细心的父母有时会发现，即使没有把宝宝带到外边去，宝宝也没有感冒却还是鼻塞。这是因为宝宝在长到半个月左右时，鼻子经常会发生堵塞现象。有时把宝宝鼻子里的鼻垢取出后，鼻子还是不通气，而且症状可能逐渐加重，有时可持续 3～4 周，甚至达到了吃奶时费力的程度。

这种情况一般是空气干燥的缘故引起的，不要过于着急。解决的办法是：如果是在冬季，可在暖气前挂上湿毛巾，以减轻空气的干燥程度。如果房间温度太高，宝宝也会感到鼻塞。所以，天气好的时候，要经常带宝宝去户外散步，接触室外空气后，会使宝宝鼻腔通畅。值得注意的是，切忌不要给宝宝用成人通鼻药。

新生儿嗓子发响

有时父母会发现，出生不久的宝宝在呼吸时，嗓子会发出一种吱吱的响声。特别是在啼哭或发怒时这种响声会更明显，安静时稍好一些，这时宝宝的啼哭声不嘶哑，也不发热，吃奶也很正常，精神也很好。

之所以出现这种吱吱的响声，主要是因为刚出生的宝宝喉头很软，每当呼吸时，喉头局部就会出现变形现象，使气管变得较为狭窄，这样自然就会发出响声。随着宝宝渐渐长大，柔软的喉头慢慢变得坚硬，也就不会发出响声了，所以不需要特殊治疗。

新生儿脐疝

脐疝，就是所谓的“鼓肚脐”，民间俗称“气肚眼”，是由于婴儿先天腹壁肌肉过于薄弱，加之出生后反复有使腹压增高的原因，如咳嗽、便秘、经常哭闹等，导致肠管从这个薄弱处突出到体表，形成一个包块，甚至会嵌顿在这个部位，使肠管出现受挤压的症状，如呕吐、腹泻等，但脐疝不容易嵌顿，一般在睡眠和安静的情况下突出的疝就会回到腹腔，突出到体表的包块就会消失。

脐疝会随着婴儿年龄的增长，腹壁肌肉的发达，在 1～2 岁时自愈，有时甚至到了 3～4 岁，仍可有望自愈。但若脐疝太大，就容易被尿布和内衣划伤，引起皮肤发炎、溃疡等。这种情况下应去医院接受治疗。疝孔直径若是超过2厘米，无自愈的可能时，也应及早去医院做手术修补。

新生儿包茎

刚出生不久的男婴因包皮口狭小，紧紧地包住龟头，使包皮不能向后翻露出龟头，就称为包茎。包茎分先天性和后天性两类。

先天性包茎是指新生儿出生时就存在包茎，包皮和龟头之间有粘连。随着年龄的增长，阴茎和龟头也在发育，包皮和阴茎之间的粘连逐渐吸收，并因阴茎的勃起等因素，使包皮自然而然地向后退缩，逐渐露出龟头，包茎随之消失。

后天性包茎是由于长期屡发包皮炎，包皮口形成瘢痕性挛缩，包皮不能向后退缩，这种包茎是不会自愈的。

平时家长将宝宝的包皮拉起，将包皮口向外轻轻拉，经一段时间之后包皮口会逐渐放松。包皮向上易于翻出。将宝宝的包皮反复向上翻，也可起到逐渐扩大包皮口的作用。

当龟头已能露出于包皮口后，要清除积聚的包皮垢。一次清除不了，可以下次再清除。涂些药膏，然后将包皮复原，操作时手法要轻。

如果包皮口红肿，说明有炎症，需用1∶5000的高锰酸钾溶液每日浸泡两次，每次10～15分钟，待炎症完全消退后再进行上述手法。否则，操作时宝宝会感觉疼痛，甚至会有少量出血，下次再操作时会遭到宝宝的拒绝。

少数宝宝因为上述手法进行得较迟，包皮和龟头之间的粘连不能剥离，或者为后天性包茎，反复发作的龟头包皮炎、嵌顿性包茎需立即手术，否则会造成龟头坏死。

包茎如不手术，会限制阴茎的发育，另外还会使成年后患阴茎癌的机会增多。

新生儿皮肤发黄

大部分新生儿（约60%的足月儿、80%的早产儿）出生后2～3天开始在皮肤、口腔黏膜和眼白部分出现轻度黄染，而手心和脚心一般不出现黄染，黄染于第4～5天最重，足月儿在出生后7～10天自行消退，早产儿可延迟到出生后第2～3周才消退。在此期间新生儿吃奶、睡眠以及生长情况均好，大小便颜色正常，也无其他不适表现，血清总胆红素浓度足月儿不超过205微摩尔/升（或12毫克/分升）、早产儿不超过256微摩尔/升（或15毫克/分升），这种现象称为“生理性黄疸”。生理性黄疸对新生儿健康一般无影响，无须特殊处理。

生理性黄疸产生的原因是多方面的，主要是因为在胎儿阶段氧气需要通过母体供给，氧气比较缺乏，于是胎儿血中需要有更多的红细胞来补偿每个红细胞带氧量的不足。新生儿出生后，有了自主呼吸，通过自己的呼吸系统来直接吸氧，氧气的供给就充分了，不再需要过多的红细胞来带氧，于是多余的红细胞就被新生儿机体破坏，产生了过量的胆红素。另一方面，由于胆红素要靠肝脏转化才能排出体外，而肝脏的这种转化功能在新生儿期尚不健全，无力完全承担这个任务，加之新生儿正常的肠道菌群尚未建立而不能将经胆汁排入肠道的胆红素进一步转化后排出体外。于是，过量的黄色的胆红素就积聚在血液中，当超过一定量时，皮肤、黏膜和眼白就呈黄色了。

新生儿的生理性黄疸是可以自行消退的，如果新生儿在出生后第一天就出现黄疸，或黄疸过重，或黄疸持续时间过长（超出上述一般正常范围），或反复出现，就是病理性黄疸了，应该请医生诊治。

新生儿尿布疹

尿布疹是宝宝常见的皮肤病。无论是市场出售的纸尿裤，还是家庭使用的传统尿布，只要使用不当，质量不合格，或是护理不当，都有可能发生尿布疹。再加上宝宝皮肤薄嫩，每天大小便次数多，就更容易引发尿布疹。

尿布疹常发生于宝宝肛门周围、臀部、大腿内侧及外生殖器，甚至可蔓延到会阴及大腿外侧。尿布疹初期，宝宝的患病部位发红，继而出现红点，直至变成鲜红色红斑，会阴部红肿，慢慢融合成片。严重时会出现丘疹、水疱，甚至糜烂，如果合并细菌感染，则会产生脓疱。

因而，要选用质地柔软，吸水性强、透气性好的纯白色或浅色纯棉针织料的尿布。使用传统尿布时，一定要漂洗干净，最好用弱碱性肥皂洗涤，然后用热水清洗干净。而且要保持尿布垫的干燥，尿布和尿布垫应经常进行消毒，在日光下翻晒。

要及时更换被大小便浸湿的尿布，以免尿液长时间刺激宝宝的皮肤。

不要在宝宝身下垫用橡胶布、油布或塑料布直接接触宝宝的皮肤，以免其臀部长期处于湿热状态。

如宝宝大便次数较多时，除了要用清水冲洗小屁股外，还要涂上防止尿布疹的药膏。每次清洗后用干爽洁净的毛巾吸干水分，再让宝宝的小屁股在空气或阳光下晾一下，使皮肤干爽。如果发现宝宝的小屁股有轻微发红时，应及时涂抹护臀膏。

新生儿脐炎

新生儿脐炎是一种急性蜂窝组织炎。

若脐带残端消毒不严格，则可引起细菌感染，表现为脐部周围红肿，分泌物增多，并有臭味，可深及皮下组织形成脓肿，随病情进展进一步引起腹膜炎、肝脓肿和败血症等严重感染性疾病。因此，脐炎虽是小病，但处理不好，也会成为大患，不可轻视。

新生儿一旦患有脐炎，可到医院采取医疗措施，每天多做脐部消毒护理，清除脓性分泌物、保持局部清洁干燥，防止大小便污染。

在预防上要做到断脐时严格执行无菌操作；接触新生儿前后要洗手，新生儿衣物要保持柔软、清洁、舒适；新生儿脐部保持干燥，及时更换尿湿的尿布及尿裤；每天用碘伏擦拭脐部。

新生儿“鹅口疮”

新生儿“鹅口疮”是由白色念珠菌引起的疾病，一般发生在新生儿或婴儿的口腔黏膜上。

新生儿“鹅口疮”主要表现为口腔黏膜上附着一片片膜状的、奶块状的白色小块，分布于舌、颊内侧及腭部，有时可以蔓延至咽部。边缘清楚，若用棉棒擦拭，不能擦掉。

轻者无明显症状，不影响宝宝吃奶，严重者其口腔内黏膜长满一层厚厚的白膜，充血、水肿且疼痛，会妨碍宝宝正常吃奶。“鹅口疮”是可以治愈的，但重在预防。新生儿用具（奶嘴、奶瓶、毛巾、手绢等）要注意清洁，坚持消毒。母亲喂奶前要用湿毛巾将乳头擦洗干净，并注意给孩子多喂水，以利于病菌排出体外。

新生儿唇裂、腭裂

患唇裂的婴儿在吸吮乳汁时因口腔漏气往往吸不出乳汁，这时母亲要将乳房紧贴孩子唇裂的裂口处，这样可以减少漏气，有助于婴儿吸吮乳汁。对唇裂严重、自己不能吸吮乳汁的婴儿，可将母乳吸出后用滴管喂哺。

如果连口腔内的上膛及咽部的悬雍垂也都裂开，叫做腭裂。患腭裂的婴儿吸吮母乳时，乳汁往往难以吸出，即使吸出也易出现呛咳，有时乳汁从鼻孔呛出或出现憋气，甚至发生吸入性肺炎或窒息。这时可用吸奶器将乳汁吸出，然后用小勺贴在婴儿的口角处慢慢喂入。喂奶时最好让婴儿直立，以免呛奶。对有腭裂的新生儿，可用注射器抽取乳汁，并通过一根橡皮管沿口角缓缓注入。对于月龄较大的婴儿，可将牛奶、奶糕调成半流质，用小勺一口一口地喂入，这样可以大大减少呛奶的机会。

治疗方法只能采取手术修复。唇裂的修复时间可在半岁左右，而腭裂的修复时间则应在 2 岁左右比较适宜，术后还需进行发音训练。3 ~ 5 岁是儿童语言训练的最佳时期，如手术过晚，会影响幼儿发音训练的效果。

新生儿溶血病

新生儿溶血病是指母子血型不合，妈妈血型抗体与胎儿红细胞（抗原）发生同族免疫反应，导致红细胞溶解破坏的一种溶血性疾病。我国以 ABO 血型不合性溶血病最多见，Rh 血型不合性溶血病较少见。

新生儿溶血病的临床表现轻重不一，轻型溶血多见于 ABO 溶血病，生后数天内出现轻微黄疸，近似生理性黄疸，无贫血或轻度贫血。重型溶血主要见于 Rh 溶血病，除重度黄疸外，新生儿多有全身苍白浮肿、肝脾肿大、重度贫血、胸水、腹水、呼吸窘迫、精神反应差、不吃奶等危重症候，如不及时治疗，常在生后不久死亡，有的则死于宫内。

轻症溶血病可用蓝光照射，口服利湿退黄的中药，静脉注射人血白蛋白。重症溶血病需及时换血，静脉注射丙种球蛋白等。在蓝光箱内照射治疗时，要给新生儿戴上遮光眼罩以保护眼睛。由于箱内温度高于室温，要注意及时喂水。

避免不必要的输血可减少本病发生率。

新生儿肺炎

宝宝患肺炎主要表现为呼吸急促、呼吸不规则、咳嗽、吐沫等症状，或有不同程度口周、鼻周发青，部分足月宝宝也可有鼻翼扇动等症状。新生儿肺炎分为吸入性肺炎（吸入羊水、胎粪或乳汁等异物而发病）和感染性肺炎（宫内感染和出生后感染）。宝宝得肺炎没明显的咳嗽及呼吸困难，尤其早产儿得肺炎后很少有咳嗽，除了气急、萎靡、少哭、拒哺之外，还有口吐白色泡沫、口周三角发青、呻吟及点头呼吸等症状。分辨宝宝是否得肺炎的最简单的方法，就是数呼吸的次数。当宝宝每分钟呼吸超过60次时就有可能得了肺炎（也可能比肺炎还严重），应马上送医院诊治。胎粪吸入性肺炎与宫内感染性肺炎比一般肺炎更严重，治疗更棘手。凡诊断为肺炎的新生儿均需住院治疗。

新生儿败血症

新生儿败血症是指新生儿期致病菌进入血液循环，生长繁殖并产生毒素所造成的全身感染性疾病，发病率为1%～10%，早产儿发病率更高。

其早期症状多不典型，如精神差、烦躁不安、拒奶、发热等，早产儿可有体温低、拒奶、不哭、面色苍白、体重不增等表现。继之出现口周发青、呼吸增快、腹胀、黄疸、肝脾肿大、皮肤发花、出现瘀点、瘀斑等感染中毒表现。本病最易合并化脓性脑膜炎，其次可合并肺炎、肺脓肿、骨髓炎等。

新生儿免疫功能不成熟是败血症发生的内在因素，致病菌感染是败血症发生的外在因素。致病菌以革兰氏阴性葡萄球菌、肺炎链球菌、溶血性链球菌、大肠杆菌、金黄色葡萄球菌多见。感染途径分三种：

❶ 宫内感染：主要由于母亲患感染性疾病经胎盘传给胎儿，或羊膜早破、羊水污染所致。

❷ 产时感染：主要因为胎儿娩出时吸入或吞咽了产道中被污染的羊水所致。

❸ 产后感染：出生后因脐部、皮肤、黏膜、呼吸道、消化道和泌尿道感染而发展成败血症。

对患有败血症的新生儿，要积极采取医疗措施，保持其皮肤清洁，及时清除呼吸道分泌物，保持呼吸道通

畅。若呛奶较重，可改喂糕干奶，必要时可用鼻饲法。同时监测各项生命体征，如精神状态、体温、呼吸、脉搏等。

为预防败血症发生，新生儿的房间应整洁卫生，通风良好，日照充足，周围环境安静。接触新生儿之前注意洗手，感染患者一定不要接触新生儿。新生儿的各种物品，如奶瓶、奶嘴、尿布、被单等要注意消毒，选用婴儿专用护肤品。

新生儿败血症本身是一种全身感染性疾病，有时感染灶并不明显。若新生儿出现精神萎靡、体温升高或下降、拒奶、黄疸退后复现、呕吐、腹胀、皮肤瘀点、肝脾肿大等表现时，要警惕本病的可能。

新生儿腹泻

腹泻是指大便稀薄，水分多，呈蛋花汤样或绿色稀便，严重者水分多而粪质很少。造成宝宝腹泻的原因很多，诸如病毒或细菌感染，喂奶量或乳中含糖量过多，或宝宝受凉等。

也有少数宝宝是因对牛奶过敏或肠道缺少消化、吸收乳糖的酶所致。食量过少时大便次数也可增多，称为“饥饿性腹泻”，这时大便较松、色绿，次数虽多但量少，应与其他腹泻相区别。对于宝宝来说，腹泻有可能是感冒引起，但最常见的原因还是消化不良。

防治腹泻，首先要注意卫生。若母乳喂养的宝宝发生腹泻，可缩短每次喂奶时间，必要时妈妈可以在喂奶前半个小时饮一杯淡盐开水再哺乳。另外，可以适当给宝宝口服淡盐水、维生素 C。

腹泻轻者大便每天可 10 次以下，黄绿色，带少量黏液，有酸臭，蛋花汤样或薄糊状，脱水症状（前囟、眼窝凹陷）不明显。重者多数是肠道内感染所造成，大便每天多达 10 ~ 20 次或更多，黄绿色水样带黏液、伴呕吐及发烧，脱水症状明显，面色发灰，哭声低弱，精神萎靡，体重锐减，尿少等，很快会出现水与电解质紊乱和酸中毒等严重症状。

◉ **生理性稀便**　在给宝宝腹泻下定义以前，首先应考虑宝宝是否真正“腹泻”。由于正常新生儿的肠道功能尚未健全，不同喂养方式的宝宝大便性状也存在明显区别，因此，当宝宝出现大便次数多及稀便等表现时，可能还无法断定宝宝是否真的腹泻。如母乳喂养的新生儿，每天大便可多达7～8次甚至10～12次，大便通常较稀薄，如果宝宝精神好，吃奶好，体重增长正常，就不必担心。当然，对于人工喂养的宝宝，如每天大便5次以上，或大便中出现像鼻涕状的黏液，或含大量的水分，应及时找医生检查治疗。

症状：母乳喂养的新生儿，每天大便次数较多，较稀，色黄。宝宝精神好，吃奶正常，体重增长正常。

对策：合理喂养，加强护理，注意宝宝的精神、胃口、体重变化，一般无须处理。若怀疑是真腹泻，应考虑以下原因，或及时就医。

◉ **喂养不当引起的腹泻** 给新生儿喂食的奶粉过浓，奶粉不适合，奶粉中加糖，奶液过凉，或过早添加米糊等淀粉类食物，都容易导致新生儿积食，从而引起宝宝腹泻。

症状：腹泻，大便含泡沫，带有酸味或腐烂味，有时混有消化不良的颗粒物及黏液。常伴有呕吐、哭闹。

对策：纠正不科学的喂养方法。若症状未能改善，应到医院接受治疗。

◉ **奶粉过敏引起的腹泻** 有些宝宝会对奶粉蛋白质过敏，这种症状多出现于2～3个月的宝宝。有遗传性过敏体质的新生儿更容易产生对奶粉蛋白质的过敏症状。

症状：使用牛奶或奶粉喂养后有难治性、非感染性腹泻超过2周，大便可混有黏液和血丝，可伴随皮肤湿疹、荨麻疹、气喘等症状。

对策：根据医生的处方给新生儿喂食特殊的奶粉。

◉ **病毒或细菌感染引起的腹泻**

因病毒或细菌感染而造成的腹泻中最具代表性的是肠道轮状病毒感染。轮状病毒是秋冬季宝宝腹泻的主要病原。由轮状病毒引起的腹泻，约占秋冬季节宝宝腹泻的70%～80%，所以人们常把它称作秋季腹泻。

症状：大便呈黄稀水样或蛋花汤样。量多无脓血，应考虑轮状病毒感染。若大便含黏液脓血，应考虑细菌性肠炎。

对策：不要犹豫，立即到医院接受诊断和治疗。

新生儿出血症

新生儿出血症是由于维生素K依赖因子显著缺乏而引起的一种自限性出血性疾病，按发病时间可分为三

种，即早发型、经典型和晚发型。

早发型于生后24小时内发生出血，轻重不一，有的仅脐部少量渗血，重者胃肠道出血甚至颅内出血。

经典型临床最多见，多在生后2~6天发病，早产儿可晚至2周。表现为脐部残端渗血、皮肤出血、胃肠道出血或针刺处渗血，颅内出血，多见于早产儿。

晚发型常见生后1个月发病，患儿发育良好，突然起病，以颅内出血多见。凝血时间延长是确诊的主要方法。本病的预后一般良好，出血过多，治疗不及时可致死，颅内出血预后差。

一旦出现脐部出血，局部可用云南白药或凝血酶止血，带婴儿上医院诊治。有消化道出血表现者，应短暂禁食，待出血控制后及早喂奶。贫血明显者，可输新鲜全血。有颅内出血表现者，应避免不必要的搬动以减少刺激。病室保持安静，接触新生儿之前注意手部消毒以避免交叉感染。监测新生儿各项生命体征，如神志、呼吸、心率等。

在预防方面要特别注意，新生儿出生时常规肌内注射维生素K，预防出血。哺乳的妈妈应多吃富含维生素K的食物，如猪肝、菠菜、卷心菜等。若孕妇需长期服抗癫痫药，如苯妥英钠，怀孕后期应在医生指导下肌注维生素K，临产时再重复1次。长期腹泻或有肝胆疾病的患儿要注意补充维生素K。

新生儿缺氧缺血性脑病

新生儿缺氧缺血性脑病是新生儿窒息的严重并发症，临床分为轻、中、重三度，轻度预后良好。中、重度可留有神经系统后遗症，如癫痫、智力低下或脑瘫等，甚至死亡。

◉ **轻度** 一般在24小时内症状最明显，如兴奋、对刺激反应过强、肢体震颤、肌张力正常或稍高、新生儿反射稍活跃，呼吸规则等，一般无惊厥，预后良好。

◉ **中度** 嗜睡、反应差、肌张力降低、新生儿反射减弱、呼吸不规则，常伴有惊厥，症状在一周内消失，存活者可能留有后遗症。

◉ **重度** 神志不清、肌张力低下、新生儿反射消失、反复发生惊厥、呼吸不规则、瞳孔不对称、对光反射消失等，多在3周内死亡，存活者都留有严重后遗症。

缺氧窒息是造成本病最重要的原因，发生在宫内和产程中的窒息约占全部的90%，生后各种因素（如脐部疾患、呼吸暂停等）约占10%。

发生此病时要置新生儿于安静的环境中，减少干扰，抬高头位。同时注意监测各项生命体征，如体温、呼吸、脉搏等。病初患儿食欲一般不好，要适当减少喂奶量，待好转后再增加奶量。当脑病合并颅内出血时，应避免不必要的搬动。0～2岁的宝宝大脑处于快速发育的灵敏期，可塑性极强。及早进行感知刺激和动作训练可减轻后遗症。

新生儿破伤风

新生儿破伤风是因破伤风杆菌经新生儿的脐部侵入，其外毒素与神经组织结合导致牙关紧闭、全身强直性痉挛的一种严重感染性疾病。

新生儿破伤风表现为食欲差、呕吐、发热、颈部强直、头后仰，还可出现张口困难，若刺激或移动体位可引起抽搐，死亡率高。

新生儿破伤风主要由于接生时消毒不严格引起，到医院接受无菌接生，严格执行无菌操作，可以避免本病发生。

如果发生接生消毒不严的情况，要争取在24小时内到医院剪掉残留脐带的远端，重新结扎，并对脐带近端进行清洗、消毒，还要同时给新生儿注射破伤风抗素或抗破伤风免疫球蛋白。一旦发生破伤风，则以控制痉挛、保证营养、预防感染为主。

新生儿“红臀”的护理

宝宝“红臀”在医学上又称尿布疹。新生儿的娇嫩皮肤对刺激物质特别敏感，如长时间与皮肤接触的大小便、清洁杀菌药水、包裹得密不透风的潮湿环境等因素均易导致宝宝出现“红臀”。

◉ **症状特征** 尿布疹的主要表现是尿布包裹的位置皮肤发红，有时有脱屑或小水泡，严重时会有脓包，破皮及溃疡。合并霉菌和细菌感染会将尿布疹变得较为复杂，或加重尿布疹。

◉ **护理方法**

❶ 尽量不要给宝宝裹尿布，这是预防尿布疹的最佳方法。最好每天都让宝宝的小屁屁在空气中多晾几个小时，这样可以避免皮肤与尿液接触。

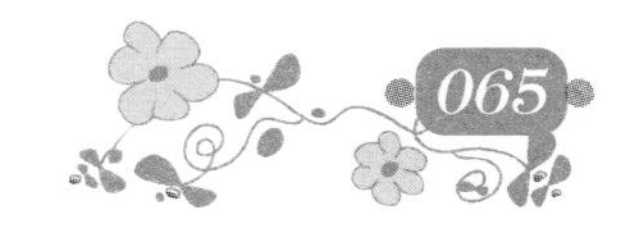

❷ 经常更换尿布。这也是预防尿布疹的方法，新生宝宝大约每 15 ~ 20 分钟就会排一次尿，虽然他们的尿量只有一汤匙，但是还是建议每隔 2 ~ 3 小时就更换干净的尿布，尤其是在宝宝大便之后，更应立即更换尿布。

❸ 如果是单纯性尿布皮炎（就是没有合并感染者），可擦护臀霜、油膏等宝宝护肤品。如果感染者，要去医院处理。

❹ 洗尿布不要用肥皂、洗衣粉等强刺激性物品。有小便的尿布要用开水烫，清水洗；有大便的尿布，可以用碱性不强的物品，如香皂洗，然后放在太阳底下晒。

爸爸妈妈在为宝宝清洗“红臀”时，应用手沾水轻柔地进行清洗，而不要用毛巾直接擦洗臀部，清洗完毕后要用毛巾轻轻吸干。在涂抹油类及药膏时，应把棉签贴在皮肤上轻轻滚动，而不能上下涂刷，以免加重疼痛和导致脱皮。

第三章 2个月宝宝的养护

第一节 宝宝的生长发育特点

体格发育

2个月的宝宝，面部长得扁平，阔鼻，小脸光滑了，皮肤也白嫩了，肩和臀部显得较狭小，脖子短，胸部、肚子呈现圆鼓形状，小胳臂、小腿也变得圆润了，而且总是喜欢呈屈曲状态，两只小手握着拳。所有这一切都表明，宝宝已经平安顺利地度过了新生儿期。

◉ **身高** 这个月的男宝宝平均身高为60.4厘米，女宝宝为59.2厘米。宝宝身高增长是比较快的，2个月可长3~4厘米。影响身高的因素很多，有喂养、营养、疾病、环境、睡眠、运动等，但这个月的宝宝身高的增长不受遗传影响。身高的测量也和体重一样，要按标准测量，有的父母自己测量往往有较大的误差。如果身高增长明显落后于平均值，要及时看医生。

◉ **体重** 这个月的男宝宝平均体重为6.1千克，女宝宝为5.7千克。宝宝体重增长较快，平均可增加1千克。人工喂养的宝宝体重增长更快，可增加1.5千克，甚至更高。但体重增加程度存在着显著的个体差异。有的这一个月仅增长500克，这也不能认为是不正常的，体重的增长并不是很均衡的，这个月长得慢，下个月也许会出现快速增长。

◉ **头围** 男宝宝的头围约为39.6

厘米，女宝宝约为38.6厘米。前半年头围平均增长9厘米，但每个月并不是平均增长。所以，只要头围在逐渐增长，即使某个月增长稍微慢了，也不必着急。总的趋势呈增长势头就是正常的，并不是这个月必须增长3～4厘米。经常会有父母为了宝宝头围比正常平均值差0.5厘米，甚至是0.3厘米而焦急万分，这是没有必要的。

◉ 囟门　宝宝的前囟被众多的父母所重视，尤其是老人，更加重视宝宝的前囟，认为是宝宝的命门，不能触摸，否则宝宝会变成哑巴。虽然从科学上来讲触摸宝宝的前囟是不会使宝宝变哑巴的，但前囟是没有颅骨覆盖的地方，一定要注意保护，非必要不可触摸宝宝的前囟，更不能用硬的东西磕碰前囟。宝宝的前囟会出现跳动，这是正常的，前囟一般是与颅骨齐平的，如果过于突出或过于凹陷都是异常。

视觉发育

双眼炯炯有神，似乎可看清任何东西。当和妈妈的眼神接触后会不停地凝视。此时期的宝宝，可得知母亲眼、口等部位，也会以眼睛追寻动态的东西。在这之前，宝宝无法一起使用双眼，只会左右滚动，但2个月后双眼就能协调注视一样东西了。

听觉发育

这个月的宝宝已能辨别出声音的方向，能安静地倾听周围的声音、轻快柔和的音乐，更喜欢听爸爸妈妈说话，并能表现出愉快的表情。当宝宝哭闹时，妈妈如果哄他，即使声音不高，宝宝也会很快地安静下来。如果宝宝正在吃奶时听到爸爸或妈妈的说话声，便会中断吸吮动作。宝宝对突如其来的响声和强烈的噪声，会表现出惊恐和不愉快，还可能会因此受到惊吓而啼哭。这个时期的宝宝对爸爸妈妈的声音很敏感，也非常乐于接受。

语言发育

刚出生的宝宝主要通过哭来与家人交流，到了2个月左右，宝宝开始发出“啊—啊—啊”和“喔—喔—喔”这样的元音。如果家人试着回应，他可能又会“啊—啊—啊”地作答。随后他会发出“a”“ai”“e”“ei”“hai”“ou”等音节。父母应该经常拥抱宝宝，和宝宝说话，让他熟悉父母的声音，分辨说话声和非说话声。这也是初始的发音训练，让宝宝将自己的声音同听到的声音联系起来，使其对外界的语言刺激更为敏感。

嗅觉发育

宝宝在胎儿时期嗅觉器官即已成熟，新生儿依靠成熟的嗅觉能力来辨别母亲的奶味，寻找乳头和母亲。这个月的宝宝总是面向着妈妈睡觉，就是嗅觉的作用，宝宝是在闻妈妈的奶香。

心理发育

满月后，宝宝开始注意经常照顾他的人，并会用目光追随，好像是在说："嘿，我知道你是谁。"喜欢被妈妈拥抱，喜欢听妈妈的心跳。吃奶时，眼睛不时看着妈妈，喜欢和妈妈进行目光交流，甚至会手舞足蹈起来。如果宝宝到3个月大后还不会与成人目光接触，应该做一次视力检查，以排除眼睛方面的疾病。

从出生第5周开始，宝宝出现社会性微笑。当父母冲着宝宝微笑时，他会报之以微笑。开始时这种微笑并没有特别的指向，无论谁逗他，他都会表现出这种微笑。渐渐地，宝宝开始出现有差别、有选择的社会性微笑，对熟悉的人比对不熟悉的人笑得更多，对熟悉的人会无拘无束地微笑，而对不熟悉的人则带有一种警惕的注意。

2个月时，当宝宝注意看某种东西时，如果把这种东西拿走，他会用眼睛去寻找，说明宝宝已有了短时记忆。

运动发育

宝宝俯卧，面部与床呈45°角，双腿屈曲时，头部能向上抬几秒钟。仰卧时，头能跟随视线内色彩鲜艳的物体缓慢转动180°。

情感与社会行为发育

宝宝每天将花费更多的时间观察他周围的人并聆听他们的谈话。他明白他们会喂养他，使他高兴，给他安慰并让他舒服。当看到周围人笑时他感到舒心，他似乎能知道他自己也会微笑。而他咧嘴笑或做鬼脸的动作和表情将变成真正的对愉快和友善的表达。他开始会表现出悲痛、激动、喜悦等情绪了，可以通过吸吮使自己安

静下来。在宝宝情绪很好时，可对着他做出多种面部表情，使宝宝逐渐学会模仿面部动作或微笑。应敏感地对待宝宝最初的情绪体验，尽量细心和耐心地与宝宝交流。

感知发育

满月后，宝宝的视觉发育非常迅速。1 个月龄时开始出现头眼协调，头及眼可跟随水平方向移动的物体转动到身体的中线（90°）并注视 20 秒，但当物体移出视线时还不会跟踪。

出生 6 周的宝宝已经能够看清 30～60厘米远的物体。已经初步具备双眼视觉，即利用两跟与物体距离的不同发现物体的远近。有区别颜色的能力，能够看到红色、橙色、绿色和黄色，随后可以看到蓝色。喜欢看图形的细节，喜欢注视带小格子的棋盘图案。

在哭闹或手脚活动时听到突然的声音会停止哭闹或终止活动。会辨别声音的方向，比如在宝宝一侧耳后大约 15 厘米处摇铃，如果宝宝听到了会转过头向发声的方向寻找声源。听到悦耳的声音会微笑并安静地倾听；睡眠中突然听到尖叫或刺耳的音乐时会表现出全身扭动手足摇动等烦躁不安的样子。

在品尝甜、咸、酸等不同的味道时会表现出不同的反应。对强烈的刺激气味会表现出不愉快。出生后 2 个月对痛刺激反应开始敏锐，女婴对疼痛较男婴敏感。

皮肤感觉发育

宝宝的皮肤感觉发育还不成熟，不能确定受刺激部位，不能出现局部逃避反应，而是引起全身性运动。对寒冷的刺激较敏感，外界温度低时就会啼哭，甚至发生战栗，保温后马上安静下来，对热的刺激较迟钝，对过烫的热水袋不知道躲避，因而易引起烫伤，父母必须小心。触觉在某些部位较敏感，轻划其手掌或足底时能引起手指或脚趾的运动。痛觉发育较差，不敏感，若对宝宝皮肤某一点进行刺激，他感觉到的却是该点所在整个部位的疼痛。

第二节　宝宝的日常护理

注意宝宝的排便

宝宝粪便的次数、性状、颜色、气味与宝宝的年龄，食物的种类及宝宝的消化、吸收功能有着密切的关系。它是反映宝宝胃肠功能的一面镜子，父母可以通过观察粪便来调整宝宝的饮食。

◉ 母乳喂养宝宝的大便　母乳喂养的宝宝，粪便呈黄色或金黄色，稠度均匀如药膏状，或有颗粒，偶尔稀薄而微呈绿色，呈酸性反应，有酸味但不臭。每天排便2～4次，如果平时每天仅有1～2次大便，突然增至5～6次大便，则应考虑是否患病。如果平时大便次数较多，但宝宝一般情况良好，体重不减轻而照常增加，则不能认为有病。

◉ 人工喂养宝宝的大便　牛乳喂养的宝宝，大便呈淡黄或土灰色，质较硬，呈中性或碱性反应。由于牛奶中的蛋白质多，有明显的蛋白分解后的臭味。大便每天1～2次，如果增加奶中的糖量，则排便次数增加，便质柔软。

◉ 宝宝一吃就拉的护理　刚把尿布换得干干净净，抱起来吃奶，还没吃几口，就听到“扑嚓嚓”拉屎的声音，妈妈会认为宝宝不正常，就给宝宝吃药，或者马上给宝宝更换尿布。遇到这种情况，妈妈不要急于换尿布，其一是打断了宝宝吃奶，会由此导致宝宝吃奶不成顿；其二易引起宝宝把刚刚吃进的奶溢出来，加重溢乳程度；其三会增加护理负担，可能在整个喂奶过程中拉几次，如果拉一次，就马上换，恐怕要换几次。这样一次次折腾宝宝，中断喂奶是不好的。所以，应等宝宝吃完奶再换。

培养良好的睡眠习惯

满月后，宝宝开始显示昼夜规律，晚上睡眠时间可延长到4～5个小时，白天觉醒时间逐渐有规律。睡眠质量的好坏对宝宝的健康影响很大，睡眠质量好是指能按时入睡、按时醒，睡够应睡的时间，睡得深沉，睡醒后精神饱满、情绪愉快，为此从

小就要养成不抱、不拍、按时、自然入睡的好习惯。睡前不要让宝宝过度兴奋，睡前半小时应让他自己安静地玩一会儿，使其情绪平静下来。当宝宝将要上床入睡时，电视的声音要放小一些，灯光也要暗一些，白天应挂上窗帘，大人的说话声应尽可能放低。特别要注意被子不要太厚，避免宝宝有燥热的感觉。

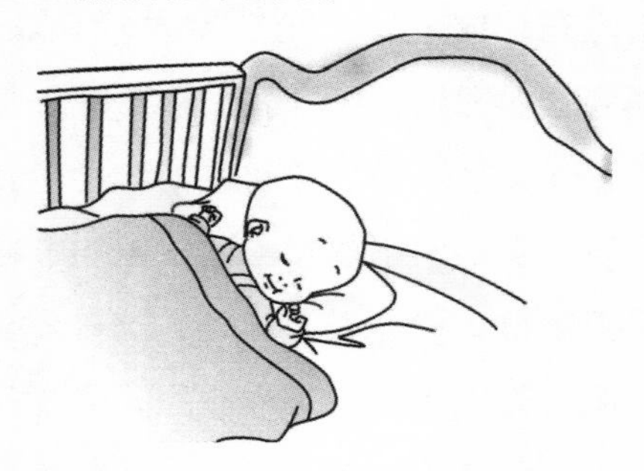

警惕小宠物的危害

生活中很多家庭会养一些小宠物，而这些小宠物会因为无意的伤害，如咬、抓人类而给人带来一些危险，尤其是小宠物身上携带的一些病毒、细菌等对家人的危害很大。而婴儿自护能力弱，抵抗力弱，所以家里如果养小宠物，更是会伤害到小宝宝，并且其危害有时也是很严重的。

避免小宠物给宝宝造成伤害，最好的办法就是家里不要养小宠物，尤其是从孕妇怀孕前3个月就开始不要养，并且小宠物的窝居、用具等等要清理出去，房子可进行适当的物理消毒，并且要进行通风、日晒等处理。

宝宝使用枕头的方法

宝宝的枕头过高或过低，都会影响呼吸通顺和颈部的血液循环，影响睡眠的质量和白天的精神状态。为宝宝选枕头应根据宝宝的年龄和生理特点来确定。

1个月内的宝宝，脊柱基本是直的，头相对较大，几乎与肩同宽，平卧时，后脑勺和背部处于同一平面，因此没有必要使用枕头。宝宝溢乳，也不应用加高枕头的方式来解决，应让他向右侧卧，把上半身垫高些。婴儿期枕头的高度在3～4厘米左右为好，长度与宝宝的肩同宽最为适宜。

枕头内的填充物也是有讲究的。中国传统上有让孩子睡米枕头的习惯，北方人喜欢放入高粱米或绿豆，南方人则多放入普通的大米。实际上，太硬的枕头不适宜新生儿，长时间睡在上面，宝宝头部出汗后来回摩擦，有的会摩出圈环状秃发，或使枕骨过于扁平。而长期侧睡，又会导致头骨生长不对称，这些都不利于脑组织的健康发育。最好选择较软的蒲草、芦花、荞麦皮、谷皮、木棉等材料做枕芯，其中木棉最佳。

宝宝的衣着

1~2个月的婴儿上衣仍以开襟小短衫最适宜，腋下系着带子，其衣服可随着小儿长大而放松。此外婴儿脖子短，容易溢奶，这种衣服便于围放小毛巾。为了婴儿活动及更换尿布的方便，应该尽早给婴儿穿裤子。婴儿的衣服应用带子固定，避免用纽扣以防划伤皮肤。

穿衣的多少要根据气候来定。因为婴儿活动或哭闹容易出汗，所以不要穿得太多。有的家长害怕孩子着凉，习惯给孩子捂得很多，而衣服穿得多则出汗多，遇到冷空气就容易出现伤风感冒。一般情况下婴儿可比成人少穿一件衣服。衣服穿得少些便于婴儿活动，有利于增强体质。

宝宝的理发

1~2个月的宝宝头发一般不会长得很长，脑袋后面的头发好像要被磨掉似的。但有的宝宝头发也会长得很快，乱蓬蓬的，在这种情况下，可将长的部分剪掉。因为宝宝还小，皮肤很嫩。所以还不能用剃刀，弄不好碰伤皮肤会造成细菌感染的，所以只用剪刀剪短就行了，不必在意是否整齐好看。

宝宝的生活拒绝噪音

宝宝的成长需要一个安静而舒适的生活环境，嘈杂的环境和噪音对宝宝的正常发育有极大的危害。

宝宝的中枢神经系统发育尚未健全，长期受噪音刺激会使脑细胞受到损害，影响大脑发育，使孩子的智力、语言、识别、判断和反应能力的发育受到阻碍。

噪音还影响婴儿的睡眠，易造成生长激素分泌减少，影响小儿的正常发育，个子长不高。

噪音还会使小儿的食欲下降，消化不良。因此，父母要为孩子创造一个安静舒适的环境，只有这样，才有利于孩子的健康成长，使孩子更聪明、更活泼。

宝宝应适当进行户外活动

宝宝2个月时，抬头能力明显地

进步了。出去玩的时候，宝宝头也会直立地待上 20～30 分钟。这时，宝宝眼睛看东西的能力明显地提高了。从宝宝一出屋就兴奋不已的表现，我们可以判断出他已看出外面的世界很精彩。

◉ 清新的空气浴　户外空气浴可以使宝宝的皮肤、呼吸道黏膜接受外界空气的冷与热的刺激，这些刺激传递到大脑可提高神经中枢对体温的调节能力，并增强宝宝适应大自然和抵御疾病的能力。并且户外新鲜空气比室内的空气含氧量高，有利于宝宝呼吸系统和循环系统的发育。

◉ 温暖的日光浴　宝宝在进行户外空气浴的同时还可以接受紫外线的照射。这会让宝宝自身产生更多的具有活性的维生素 D，将有利于钙的吸收，避免佝偻病的发生。当然要注意避免暴晒，如果阳光较强，应该去阴凉处，或选择避开上午至下午阳光较强的一段时间。

◉ 丰富的视听　宝宝在户外看到的人和物远远多于家中，这些丰富的视听刺激以及与人的交流和沟通均有利于宝宝智力的发育。

警惕旧的婴儿用品的危害

一些父母可能会为了节约，给宝宝使用一些旧的婴儿用品，有些是自己年龄大的宝宝曾经用过的，也有的可能是亲友们赠送的。可是这些旧的玩具和婴儿用品，也可能会给宝宝带来危害：

比如这些旧的用品可能已经有损坏或丢失的部分，也可能已经不符合近期的安全标准了。而且，这些旧的婴儿用品往往已经没有包装，也就无法找到它适合的年龄、使用说明和安全介绍，所以存在问题就会很多。而且还有一个不好的地方是：旧的婴儿用品，很可能会携带病毒、寄生虫、细菌等等，小宝宝在使用了这些旧的物品后，很容易感染病菌，患上某种疾病，所以家长要注意，一些旧的婴幼儿用品一定慎用。

如果打算给小宝宝使用旧的婴儿用品，那么，首先要注意卫生，尽量用开水烫洗，并要放在太阳下曝晒，

有助于消毒。另外，要使用旧玩具、旧餐椅、旧家用秋千或其他二手婴儿用品前，要仔细检查它们的损伤或缺失的部分。它们所携带的带子、绳索、安全带，不要长于18厘米。关注一些国家最新颁布的产品安全标准，拿到旧婴儿用品时，先要一一核对。另外，出厂10年以上的金属或带油漆的玩具，可能带有一些有毒的化学元素，也不要给宝宝玩。

宝宝的眼睛护理

1~2个月的宝宝分泌物还很多，很容易长眼屎、流鼻涕等，而且由于生理上的原因，许多孩子会倒长睫毛，如果倒长睫毛，因为受刺激眼屎会更多。洗完澡后或眼屎多时，可用脱脂棉花蘸一点水，由内眼角往眼梢方向轻轻擦。如果眼屎太多，怎么擦也擦不干净，或出现眼白充血等异常情况时，可请眼科医生诊治。

给宝宝进行按摩

经常对宝宝进行按摩是培养父母和宝宝间亲情的一种行之有效的方法。宝宝在出生后的第一年里，触摸感觉是情绪满足和安全感的主要来源。按摩的方法：

首先，给宝宝的按摩力度一定要轻，以免伤害其幼嫩的血管和淋巴管。其次，为宝宝按摩时，要从宝宝的头抚摩到躯体，然后从躯体向外抚摩到四肢。主要的按摩部位包括以下几处。

❶ 头部按摩：轻轻按摩宝宝头部，并用拇指在宝宝上唇画个笑容，再用相同方法按摩下唇。

❷ 胸部按摩：双手放在宝宝两侧肋线，右手向上滑向宝宝颈部，再复原。左手以同样方法进行。

❸ 腹部按摩：按顺时针方向按摩宝宝腹部，在脐痂未脱落前不要按摩。

❹ 背部按摩：双手平放在宝宝背部，从颈向下按摩，然后用指尖轻轻按摩脊柱两边的肌肉。

❺ 上肢按摩：将宝宝双手下垂，用一只手捏住其胳膊，从上臂到手腕轻轻扭捏，然后用手指按摩手腕。用同样方法按摩另一只手。

❻ 下肢按摩：按摩宝宝的大腿、膝部、小腿，从大腿至踝部轻轻挤捏，然后按摩脚踝及足部。在确保脚踝不受伤害的前提下，用拇指从脚后跟按摩至脚趾。

勤给宝宝清洁

◉ **勤给宝宝洗手和脸** 婴儿皮肤柔嫩，皮下血管丰富，容易受损伤和并发感染，因此要经常进行皮肤清洁护理。

给婴儿洗手、洗脸时，要注意避免孩子的皮肤受损伤。水温不要太热，以和体温相近为宜。婴儿要有专用的脸盆和毛巾。给婴儿洗脸不用肥皂，以免刺激皮肤。婴儿经常会把手放到嘴里，也会用手去抓东西，因此，洗手时可适当用些婴儿皂。

给婴儿洗手、洗脸时，大人可用左臂把婴儿抱在怀里，或让婴儿平卧在床上，也可让宝宝坐在大人的膝头，使宝宝的头靠在大人的左臂上。由大人蘸水擦洗。洗手、脸的顺序是先洗脸，后洗手。洗完要用毛巾拭去婴儿脸上的水，不要用力擦洗。

◉ **勤给宝宝洗头** 婴儿新陈代谢旺盛，有的婴儿前囟处的头皮有一些黄褐色油腻性鳞屑，这是婴儿脂溢性皮炎造成的。有的婴儿因不常洗头，也会结痂。因此，婴儿应常洗头，以保持头部清洁，避免生疮，同时也有利于头发的生长。

每天给婴儿洗澡时可先洗头。夏天婴儿出汗多，每天洗 1 ~ 2 次澡，可同时洗头。如果宝宝头上结痂，可适当涂些熟过的植物油，使之软化后再逐渐洗去。

洗头时，大人可坐在小椅子上，用左臂腋下夹着婴儿身体，左手托着婴儿头部，使其面朝上。用右手轻轻洗头。一般不用肥皂，可间隔使用婴儿洗发液，每周 1 ~ 2 次。注意不要让水流到婴儿的眼睛及耳朵里。

洗完后可用软的干毛巾轻轻擦干头上的水，用脱脂棉擦干耳朵，及时擦掉不慎溅入耳朵的水。

◉ **勤给宝宝洗澡** 给宝宝洗澡主要是为了清洁皮肤，有助于皮肤的呼吸作用。洗澡还可以加快血液循环，促进婴儿的生长发育。条件许可时应每天给婴儿洗澡。

婴儿皮肤柔软，易发生感染，因此，要用专用盆给婴儿洗澡，在洗澡之前必须把盆洗刷干净。

洗澡前还要做好其他准备工作，如大人要先洗净手和肘部，把婴儿要更换的衣服及尿布准备好。冬季及春秋季节，要把婴儿的衬衣和外衣套在一起。还要准备好纱布或柔软的小毛巾、大浴巾或婴儿毛巾被、婴儿皂或婴儿浴液、爽身粉、熟过的植物油、脱脂药棉棒等。

给宝宝洗澡时，室温最好保持在24℃～26℃，水温以37℃～38℃为宜。试水温的简单方法是用大人的肘弯部试水，感到不凉或不烫即可。水的深度要盖过婴儿全身的大部分。

洗澡时，给婴儿脱去衣服，如是冬季，可先用柔软的绒布或较大的毛巾将婴儿身体包好，然后将婴儿抱起，用左手及左前臂托住婴儿的头颈及背部，用大拇指及中指捏着两耳耳孔，防止水进入宝宝耳朵。再用左腿托好婴儿身体，使婴儿脸朝上。

先洗脸和头，然后解去包在婴儿身上的绒布或毛巾，将婴儿放入盆中，左手臂托住婴儿的头、颈、背，使婴儿斜躺盆中，用右手轻柔地洗。

洗完后，将婴儿抱出，用浴巾裹好，轻轻给婴儿擦干，尤其要注意擦干腋下、颈下、腹股沟等部位，并适当用些爽身粉。

警惕床上用品的危害

生活中，我们总能看见家长们喜欢用一些毛茸茸的靠枕或毛绒玩具、蓬松柔软的被褥、弹簧床垫等等为宝宝布置一个“安乐窝”，可是这样的舒适柔软的床上用品，则很可能会导致宝宝窒息，尤其是3个月以内的宝宝，睡觉时很可能会堵住他们的面部，使他们无法呼吸甚至出现窒息。虽然近年来，国际上一直都在倡议“安全睡眠”运动，因此婴儿猝死综合征（SIDS）有明显的下降趋势。但是，还是有一些婴儿因为床上用品过大过软而出现窒息。

不要过度的溺爱宝宝，也不要盲目追求时尚，给宝宝布置床铺时，最好用较硬的床垫、床罩和床单要紧紧裹在床垫上。并且不要给小宝宝使用枕头、靠垫、弹簧床垫，不要在他的婴儿床上摆放毛绒玩具。不要给宝宝使用过大、过软的被子。可以给宝宝购制或定做一个适合他使用大小合适的睡袋，这样则可以有效且安全地保证小宝宝睡眠。

不要给宝宝掏耳朵

听觉功能是语言发展的前提。如果耳朵听不到声音，就无法模仿语言，因而也就无法学会语言，就会成为哑巴，这对婴儿的智力发育极为不利。因此，保护好宝宝的听力是非常重要的。

不要给宝宝掏耳朵，不要让宝宝耳朵进水，以免引起耳部疾患。

防止宝宝将细小物品如豆类、小珠子等塞入耳朵，这些异物容易造成外耳道黏膜的损伤。

如果出现此类问题，应该去医院诊治，千万别掏挖，以免损伤鼓膜，引起感染。

给宝宝拍照勿用闪光灯

年轻的父母都喜欢给小宝宝拍照，如满月留念、百日留念、周岁留影等。由于婴儿幼小，不便外出拍照，因此，大多在室内用闪光灯拍照。其实这样拍照会损害婴儿的眼睛。

初生婴儿眼球尚未发育成熟，非常怕光。如果用闪光灯对准婴儿拍照，强烈的光束会刺激婴儿的眼睛，哪怕是 1/50 秒的电子闪光灯，也会损伤婴儿眼球中对光异常敏感的视网膜。闪光灯距离越近，其伤害程度越严重。所以，应避免用闪光灯给婴儿拍照。

第三节　宝宝的喂养

调整喂养时间

对于 2 个月的宝宝来讲，仍然继续坚持纯母乳喂养，只要母乳充足，吃奶就很有规律。一般每隔 3～4 小时吃一次。在这段时间，注意不要让宝宝养成吃吃停停、长达二三十分钟的坏毛病。

◉ 把握喂奶时间　宝宝吃奶的时间不宜过长，从乳汁的成分来看，先吸出的母乳中蛋白质含量高，而脂肪含量低，随着吸出奶汁的量逐渐增多，母乳中脂肪含量逐渐增高，蛋白质的含量逐渐降低。吃奶时间过长，会使脂肪摄入过多，容易引起宝宝腹泻。其次，乳汁已吸空，再含着奶头，吸入的都是空气，容易造成溢乳。一般认为一侧乳房的哺乳时间为 10 分钟。吸奶最初 2 分钟，已经可以吃到总乳汁量的 50%，最初 4 分钟，可吃到总乳汁量的 80%～90%，最后的 5 分钟几乎吃不到多少奶。

◉ 喂奶时间的间隔

❶ 母乳喂养。妈妈们要有意识地

将母乳喂养形成规律，约3小时左右喂一次。若宝宝吃奶40分钟仍未吃饱，或者当母乳喂养宝宝的体重不能增加时，可能是你的乳汁供应不足，可以适量增加配方乳喂养或转为配方乳喂养就可以解决。

❷ 人工喂养。当不能对2个月大的宝宝采用母乳喂养时，应每隔4小时喂奶1次，每天共喂6次，牛奶喂养的宝宝奶量每次约100毫升，即使吃得再多的宝宝，全天总奶量也不能超过1000毫升。如果宝宝仍吃不饱，可以加奶粉。

不要宝宝一哭就喂奶

哭，是宝宝表达自己需求的一种方式，以吸引父母们对他的重视与满足。有些妈妈一看见宝宝哭，就马上给宝宝喂奶，这会加剧喂养的不规律。对于2个月的宝宝，不到时间，就是哭也不要给他吃。如果你实在不忍心，可以给宝宝买个安抚奶嘴，因为宝宝并不是真的饿了，那只是一种口欲，要嘴里含着奶头他就舒服了，就满足了，而并非真的要吃。你也可以带他到户外走走，分散注意力，宝宝就会忘了哭了。

保证母乳喂养的质量

如果新生儿在出生后一个月内能够适应母乳，便可继续供给母乳至断奶为止。一个半月到两个月的婴儿，哺乳的间隔为3小时，每天约需7次。母亲在喂奶前必须把手洗净，更换内衣，并注意乳头的清洁。

1个月后，婴儿的吸奶力增加，有时会误伤乳头，所以要认真检查是否发生了乳头破裂。同时，在哺乳时应避免让婴儿吸吮同一个乳头过久。

母乳的分泌受到妈妈身心状况的影响，所以产妇对自己的身体和精神各方面都应密切注意，其中，睡眠和营养的充足都是不可或缺的要素。

一般来说，以母乳喂养的产妇胃口很好，然而，妈妈疲劳过度、睡眠不足的却会严重影响食欲。

为了恢复体力，并且提高母乳量，产妇应多吃蛋白质、维生素C含量丰富的猪肝、牛奶和蔬菜等，务必使产妇吸收的营养达到均衡。

需要重点补充的营养素

当宝宝体内血钙不足时，可发生手足抽搐症，常伴有不同程度的佝偻病症状。这时应及时补充钙剂，而且要与含维生素 D 的药物如鱼肝油等配合应用。

◉ 补充钙剂视情况而定　为了防止宝宝患佝偻病，应常规补充维生素 D。那么，是否也应常规补充钙剂呢？这要看具体情况而定。宝宝每天钙的需要量为 400～600 毫克，母乳每升含钙约 300 毫克，牛奶每升约含 1250 毫克。因此正常情况下，母乳和牛奶喂养的宝宝都不需要补充钙剂。千万不要把钙剂当成营养品。钙过量不仅无益反而有害。

◉ 向太阳要维生素 D　要经常把宝宝带到户外晒太阳，每天不少于 20 分钟，可上下午各一次。当阳光较强时，应该去阴凉处，或选择避开上午至下午阳光较强的一段时间，身体照样可获得紫外线。值得注意的是日晒时不要把宝宝遮掩的太严实，尽量多露出皮肤，也不能让宝宝在房子里隔着玻璃窗晒太阳，因为紫外线很难透过去。要向妈妈特别提出的是经阳光照射体内合成的维生素 D 剂量是十分安全的。

◉ 药物性维生素　宝宝出生 2 周即应开始补充维生素 D，每天服用 400 国际单位，如果是维生素 A 和维生素 D 混合制剂，选择时一定注意其中维生素 A 与维生素 D 剂量的比例是否是 3：1，这样不易出现过量。在夏天户外活动十分充分时，宝宝可不服用维生素 D。有的妈妈觉得鱼肝油是维生素 D，多吃几滴只有好处没有坏处，其实不然。鱼肝油虽然能促进宝宝对钙的吸收，但千万不可服用过量。因为药物性维生素 A 和维生素 D 易在体内储存过度而引起蓄积中毒，因此切不可给宝宝长期大量使用。

人工喂养不可超量

出生 1 个月后，婴儿的胃口愈来愈好，常无法控制自己的食量，因此家长应密切注意这种情况。

出生时体重在 3000～3500 克的宝宝，每天喝奶量约为 700 毫升，到 1～2个月时，每天喝 800 毫升是极正常的事，有些食欲奇佳的宝宝，甚至每天可以喝到 1500～1800 毫升，但要注意不可超过这个标准。

宝宝的食量各有不同，而身体较瘦的宝宝，只要精神饱满，健壮活泼，也就无须在意哺乳量的多少了。

母乳和牛奶混合喂养

当宝宝第 2 个月时，有的妈妈的

奶水就不足了，这时，添加婴幼配方奶粉就成了唯一的选择。在此强调一下，千万不能给宝宝喝纯牛奶或鲜牛奶，因为纯牛奶或鲜牛奶中含有酪蛋白，这是宝宝幼嫩的肠胃所无法消化的，严重的会引起腹泻等问题。

对于混合喂养，最重要的一点是，不可同时用母乳、配方奶混合喂养宝宝。否则会导致宝宝消化不良或腹泻，影响宝宝的生长发育。

正确的做法是：要喂母乳就全部喂母乳，即使这次宝宝没吃饱，也不要马上喂配方奶，而是应该等下次喂奶时再喂配方奶。如果宝宝上一顿母乳没有喂饱，那么，下一顿一定要喂配方奶；如果宝宝上一顿母乳吃得很饱，到下一顿喂奶时间了，妈妈感到乳房很胀，那么，这一顿就仍然喂母乳。

总而言之，应该以母乳为主，配方奶为辅。宝宝可以连续两顿吃母乳，中间加一顿配方奶；也可以连续三顿吃母乳，中间加一顿配方奶。这样做有两个好处：一是有利于母乳的分泌，宝宝越吃妈妈的奶，妈妈乳汁分泌得越多；相反，妈妈的乳汁越不让宝宝常吃，也就越少。二是母乳仍然是这个月宝宝的最佳食品。

混合喂养的原则

混合喂养最重要的一点原则是：不要一顿既吃母乳又吃奶粉。如果这一顿宝宝吃奶粉吃得很饱，到下一顿喂奶时间了，妈妈觉得乳房很胀，挤一下，奶水也比较多，这顿就仍然喂母乳。这是因为母乳不能攒，如果不及时排空，就会逐渐减少乳汁的分泌。母乳吃得越空，分泌得越多，因此妈妈应该胀奶就喂，慢慢地就能满足宝宝的需求了。

感冒药、烟、酒对母乳的影响

不少妈妈担心吃感冒药以及吸烟、饮酒对宝宝发育有影响，这种担心是有道理的，但也要视情况而定。

妈妈服药后一部分药物会进到母乳中。但是，一般来说妈妈只吃几天药，对孩子不会有影响。若是吃药天数偏长，尤其是一些特殊药，就可能会影响到宝宝。

妈妈感冒后服药时最好告诉医生自己目前正在喂奶，咨询医生是否继续让宝宝吃奶。

吸烟肯定会影响到母乳。室内吸烟会使宝宝受被动吸烟之害，故父亲也应戒烟。妈妈要绝对禁烟。

如果妈妈喝酒，母乳中就会含有酒精成分，对孩子有一定影响，所以，哺乳期不应喝酒。

职场妈妈怎样哺乳

根据我国的政策，一般女性产后应该有6个月的产假。但由于社会节奏加快，有些业务紧张的公司只给两个月假。而对宝宝来说，母乳喂养最好能坚持10个月至1年，这就势必产生母乳喂养与妈妈工作时间安排上的矛盾。这个矛盾在小城镇较容易解决，因为城市小，路途不远，妈妈可在工作期间或午休时回家哺乳，或由家人抱宝宝到工作场所哺乳。对自由职业妈妈来说也容易解决，因为她可自行调整时间安排。但在大城市的大多数上班族妈妈，从家到单位往返往往要一两个小时，这样做就不可能了。如果属于这种情况，妈妈要继续母乳喂养可采取以下措施：

早上出门前和傍晚回家后给宝宝各哺喂1次母乳。

说服单位领导给予方便，尽量不安排须提前到达单位或下班后须延时滞留单位做的工作，尽量不要安排出差、长时间开会等工作。

第四节　宝宝的能力培育与训练

早教未必越早越好

一说到早教，许多父母就以为是教得越早越好。其实，宝宝的心理、行为发育是遵循一定规律的，不是仅凭教育和训练的方法就能改变的，只有在神经系统发育成熟的前提下，教育和训练才能促进宝宝的发育。父母切不可对孩子的发育提出超出其年龄阶段的要求，也不要一味地将自己的孩子与其他的孩子进行比较。在普遍规律下，每个孩子都有自己的发育时间表，也都有自己的先天优势和先天劣势，比如，有的孩子说话早，而有的走路早。父母爱孩子首先就要接受自己的孩子，不要总是期望自己的孩子处处领先，这样不仅会给孩子造成压力，也会使父母处于焦虑之中，不利于孩子的健康成长。

语言能力训练

多与宝宝交流，能促进宝宝的身心健康和智力发展。妈妈与宝宝一起玩耍，会增加母子间情感交流，使宝宝产生一种欢快的情绪惯性，这是宝宝心理健康的标志。

◉ 经常和宝宝交流　宝宝过了满月之后，在高兴时会发出“咿咿呀呀”的声音，虽然这还不能算是说话，但却是开始说话的第一步。这时妈妈或爸爸应因势利导，多和宝宝说话。虽然宝宝不懂每一个字的确切含义，更不能对此作出正确的回应，但宝宝在听到你的声音时，就会安静下来，专注地看着你嘴唇的动作，有时还会兴奋地扭动身体。这种有意识的语言“交流”，不仅能加强宝宝与爸爸妈妈之间亲密的感情联系，而且可以满足宝宝与他人交往，甚至身体接触的需求，为宝宝发展语言能力及社会交往行为奠定基础。在和宝宝进行语言“交流”时，要面对面说话，发音口型要准确，声音要轻柔。当宝宝注视着你时，你可以慢慢地移动头的位置，设法吸引宝宝的注意力，让宝宝的视线随你移动。这样做不但锻炼了宝宝的听力，也锻炼了宝宝的视力。

◉ 吹泡泡　吹泡泡能运动宝宝的嘴唇肌肉，为以后宝宝说话奠定良好的基础。让宝宝仰卧在手臂中，妈妈的脸与宝宝的脸距离约为25厘米。妈妈说：“宝宝乖，看妈妈，舔舔嘴。”然后舔舔嘴，说：“宝宝也来舔一舔”，然后从头开始。妈妈说：“宝宝乖，看妈妈，吹泡泡。”然后用唾液吹出一个小泡泡，说：“宝宝也来吹一个”，然后从头开始。也可以把舔嘴唇和吹泡泡换成其他锻炼嘴部肌肉的小运动，保持新鲜感。

◉ 重复宝宝的发音　从诞生的那一天起，宝宝就开始了他模仿的历程。很小的时候宝宝就会模仿大人的脸部表情，父母朝他吐吐舌头，他也会学样。宝宝会动动手指，学父母的手势了。两个月的宝宝会跟着大人发出声音，父母对他笑，他也会以笑脸

回应；父母张开双臂，他也会张开双臂了。这个时期的宝宝是个观察者，他能用眼睛盯着父母所指的事物并把眼光落在这个事物上。当他看到父母用舌头、嘴唇发出声音时，会模仿他们自发地发出一些无意识的单词，如“呀、啊、呜”等。对于宝宝咿呀学语发出的呢喃声，父母要尽可能去模仿。这样的回应会使宝宝很兴奋，就像拿到了一个新玩具。为了得到应答，宝宝会更积极的学发声。模仿时，父母与宝宝面对面，仔细倾听并重复宝宝发出的声音，将他发出的声音立刻转换成字，如将“啊”变成妈妈，每发一次重复音节就停顿一下，给宝宝模仿的机会。

听觉能力训练

母亲的声音是宝宝最喜爱听的声音之一。母亲用愉快、亲切、温柔的语调，面对面地和宝宝说话，可吸引宝宝注意成人说话的声音、表情、口型等，诱发宝宝良好、积极的情绪和发音的欲望。另外，父亲低沉而富有磁性的声音，宝宝也非常喜欢，父亲要多跟宝宝说话。此外，还可以通过让宝宝听不同种类的声音来训练听力。

◉ 听声音　可选择不同旋律、速度、响度、曲调或不同乐器奏出的音乐或发声玩具，也可利用家中不同物体的敲击声如钟表声、敲碗声等，或改变对宝宝说话的声调来训练宝宝分辨各种声音。当然，不要突然使用过大的声音，以免宝宝受惊吓。

◉ 转头　父母可在宝宝周围不同方向，用说话声或玩具声训练宝宝转头寻找声源。注意在移动玩具时，将玩具发出声响。当宝宝的头能朝左朝右各转90°时，游戏就可以停止了。

情感培育训练

◉ 呼唤婴儿　方法：妈妈（或爸爸）经常俯身面对婴儿微笑，让其注视自己的脸。然后，妈妈将脸移向一侧，轻声呼唤婴儿的名字，训练婴儿的视线随妈妈的脸移动。

注意：妈妈（或爸爸）呼唤婴儿的声音应柔美，切勿尖高。

◉ 看脸谱　方法：给婴儿看各种脸谱，如猫、狗、兔、猴及人物脸谱。婴儿喜欢看脸，看到这么多形形色色、色彩鲜艳的脸谱，婴儿会高兴得“咿咿呀呀”直叫，并伸出小手去摸。通过看脸谱可以培养婴儿丰富的感情。

注意：不要给婴儿看鬼神之类不健康的脸谱。

触觉能力训练

妈妈要多为宝宝创造一些机会，让宝宝接触各种不同质地、形状的东西，如硬的小块积木、塑料小球、小瓶盖和小摇铃，软的海绵条、毛绒玩具、橡皮娃娃、吹气玩具、衣领、被角、蔬菜、水果……在天气好的时候可以带宝宝到户外去触摸大自然，或干脆带些大自然里的东西回来让宝宝触摸，如干净的树叶、小草、小石头等，妈妈可以握着宝宝的小手，让宝宝摸一摸，一边摸一边说："毛线团，软软的；小钢球，硬硬的，凉凉的……"以丰富宝宝的触觉，促使宝宝产生抓物的欲望，锻炼手的抓握能力。

妈妈每天都应该给宝宝做手指按摩操。按摩的部位可以是手指的背部、手指肚及两侧，但重点是指端。因为，指尖上布满了感觉神经，是感觉最敏锐的部位，按摩指端更能刺激大脑皮层的发育。按摩可以在洗澡或洗手时进行，也可以在喂奶时进行。妈妈要用自己的拇指和食指捏住宝宝的某根手指，从指根轻轻滑向指尖，一根手指一根手指轮流做，每个指头每回按摩两个8拍，每天1~2次。

视觉能力训练

引导宝宝用眼睛去看悬挂的玩具，训练宝宝逐渐学会用眼睛追随着视力范围内移动的物体，并训练宝宝视线随物体做上下、左右、圆圈、远近、斜线等方向运动，来刺激视觉发育，发展眼球运动的灵活性及协调性。还要开阔宝宝的眼界，这对开发他的智力大有好处。

◉看气球　在宝宝睡床上方约7.5厘米处悬挂一个体积较大、色彩鲜艳的玩具，如彩色气球。妈妈一边用手轻轻触动气球，一边缓慢而清晰地说："宝宝看，大气球！"或"气球在哪儿啊?"悬挂的玩具不要长时间固定在一个地方，以免宝宝的眼睛发生对视或斜视。

◉看世界　挑选一个好天气，把宝宝抱到室外，让他观察眼前出现的人和事物，如大树、汽车等等，并缓慢清晰地反复说给他听。这时的宝宝会手舞足蹈地东看西看，非常开心。

外出时间可由 3～5 分钟逐渐延长至 15～20 分钟。

感觉能力训练

利用日常生活，发展宝宝各种感觉。如吃饭时，用筷子蘸菜汁给宝宝尝尝，吃苹果时让宝宝闻闻苹果的香味、尝尝苹果的味道，洗澡时，让宝宝闻闻肥皂的香味，用奶瓶喂奶时，让他用手感受一下奶瓶的温度等等。这些均有助于宝宝感觉能力的发展。

◉ 抓玩具　分别把不同质地的玩具放在宝宝的手中保留一会儿。如果宝宝还不会抓握，可轻轻地从指根到指尖抚摸他的手背，这时他的握持反射就会中断，紧握的小手就会自然张开。此时可把玩具塞到他的两只手里，并握住宝宝抓握玩具的手，帮助他抓握，提高他的触觉能力，训练手的技能。

◉ 握手指　把食指放在宝宝的手心让他抓握，并轻轻触动他的手向他“问好”，引起他的兴趣。待宝宝会抓后，父母再把手指从宝宝的手心移到手掌边缘，看他能否抓握。反复动作，直到他熟练。

第五节　宝宝的常见问题与应对

宝宝小便次数减少怎么办

新生宝宝小便次数频繁，几乎十几分钟就会尿一次。可是进入第 2 个月以后的宝宝排尿次数却逐渐在减少。爸爸妈妈就很担心，是不是喂养有什么不对呢?

其实，这多半是因为宝宝逐渐长大，膀胱也比原来大了，能更多更久地储存尿液了。现在宝宝不尿则已，一尿甚至能把褥子都尿湿。但小便次数少，也有可能是缺水。夏季是易缺水的时节，此时如果又发现宝宝不但尿的次数减少，而且每次尿量也不多，嘴唇还可能发干，这就证明缺水了，应该赶紧给宝宝补水。

宝宝便秘的处理

宝宝便秘后，排便困难的宝宝排便时会因肛门疼痛而哭闹不安，多日便秘的宝宝还会出现精神不振、食欲

不好、腹胀等症状。更严重的往往数天不解大便，有时大便中还会夹有血丝及黏液，这是由于干燥的粪便擦伤肠黏膜所致。排便时肛门疼痛，甚至可导致外痔及直肠脱垂，希望引起父母的重视。幼儿是肠道发育的关键时期，便秘处理不当将影响孩子一生。防治婴幼儿便秘，主要可从以下几个方面着手。

◉ 训练宝宝定时排便　一般从3个月左右开始，就可以有意识的训练宝宝养成按时排便的习惯，使其逐渐形成条件反射，定时产生便意，避免宝宝出现便秘。

◉ 便秘的治疗　对便秘的宝宝应注意因果同治。发现宝宝便秘可每天早晨空腹服用适量蜂蜜，用右手掌心自宝宝右下腹向上绕脐顺时针轻轻按摩十余次，以达到蠕肠通便之作用，如果便秘严重，则应及早带宝宝看医生，以排除先天性巨结肠、肛门直肠狭窄等疾病情况。

关注宝宝的异常表现

◉ 宝宝拒喝母乳、奶粉及其他食物　如果宝宝不愿喝奶，且精神不好，就可能是身体不适的表现，应留意宝宝有无腹泻或发热等症状。

◉ 宝宝脸色和平时不一样　如果宝宝面红耳赤，就需要测量体温，看是否发烧。如果宝宝脸色发青，可能是由于某种原因导致缺氧或发绀，这时要紧急就诊。

◉ 宝宝浑身无力，没有精神　宝宝如果浑身无力，没有精神，嗜睡，还伴有低烧、呕吐、痢疾或便秘症状，就要立刻就诊。

◉ 宝宝呼吸加速或变缓　宝宝发烧时会出现呼吸急促的现象。呼吸时肚子鼓起明显，鼻子或喉咙呼吸急促，就可能是呼吸困难。如果宝宝脸色发青，呼吸变慢，很可能是休克的前兆，要马上就诊。

◉ 宝宝哭个不停　如果宝宝哭泣方式和平时不同，像突然被火烫了一样剧烈哭泣，就可能是某个部位疼痛的信号。

宝宝湿疹的护理与治疗

湿疹发生在吃奶期的宝宝，因此，民间则多叫做“奶癣”，是婴儿最常见的皮肤病。婴儿湿疹一般在宝宝出生2个月左右开始出现。

◉ 诱发湿疹因素　由于婴儿的皮

肤细嫩，抗病能力较差，因此很容易患各种皮肤病，但湿疹不是感染引起的。一般过敏体质是发病的主要原因，外界各种激发因素是发病或加剧的诱因。比如，有的宝宝由于皮脂分泌过于旺盛，于是在头皮、眼睑、外耳道内、鼻周、耳周、股沟等处出现脂溢性湿疹，不过这种湿疹不是很痒。有的宝宝是因为衣服穿得稍多，或内衣上残留有洗涤剂，或者接触了宠物身上的绒毛等引起湿疹。或者服用了某种易引起过敏的药物也会引起湿疹。冬春季节患湿疹的宝宝更为多见。

◉ 湿疹的症状　湿疹初起时，其皮疹多呈对称性、弥漫性和多形性，表现为颜面皮肤的红斑、米粒样丘疹、疱疹、糜烂、渗液和结痂等，其边界不清、炎症反应明显。可遍及整个颜面部和颈部，严重的患儿手、足和胸腹部也可见到，局部皮肤有灼热感和痒感，因而患儿往往显得烦躁不安，头颈在衣领处摩擦或是用手搔抓，有的则由此而引起细菌的继发感染。有的患儿因皮疹的反复发作，可转为慢性，病程迁延数月甚至数年，其皮疹主要表现为皮肤的浸润、增厚而致皮纹粗糙，但其周围边界清楚。

◉ 湿疹的治疗　在宝宝患了湿疹后，应将宝宝的指甲剪短，尽量避免宝宝用手搔抓。在穿着上，要给宝宝穿棉织品的衣服，并且勤换内衣和尿布，勤洗澡，以保持皮肤的清洁预防细菌的感染。在洗澡时，用温热水，不要使用成人使用的肥皂，而应当选用适合宝宝的沐浴液或其他油性物质，有利于保持宝宝皮肤的弹性及湿度。然后在宝宝的患处涂抹炉甘石洗剂，以减轻宝宝的瘙痒。如果患处已经被宝宝抓破就要在患处涂抹抗生素药膏。由于多数湿疹瘙痒难忍，有的还连绵不断，所以会使宝宝睡眠不安，应当及时给予治疗。

第四章 3个月宝宝的养护

第一节 宝宝的生长发育特点

体格发育

在这个月，宝宝的身高、体重、头围等都有不同程度的增长，不过身高和体重的增长是呈跳跃性的，是个连续的动态过程。

◉ 身高　这个月男宝宝平均身长63厘米，女宝宝平均身长61.6厘米。前三个月婴儿身高每月平均增加3.5厘米。满两个月的孩子身高可达57厘米，这个月孩子的身高可增长3～4厘米，到了两个月末，身高可达60厘米。

虽然身高是逐渐增长的，但是，并不一定都是逐日增长的，也会呈跳跃性。有的宝宝半个月都不见长，但又过了一周，却长了将近三周的水平。

◉ 体重　这个月的男宝宝平均体重约为6.9千克，女宝宝体重约为6.4千克。这个月宝宝体重可增加900～1250克，平均体重可增加1千克。这个月应该是宝宝体重增长比较迅速的一个月。平均每天可增长40克，一周可增长250克左右。但在体重增长方面，并不是所有的孩子都是渐进性的，有的呈跳跃性，这两周可能几乎没有怎么长，下两周快速增长了近200克，出现了对前段的补长趋势。

◉ 头围　这个月男宝宝头围为41厘米，女宝宝为40.1厘米。头颅的大小是以头围来衡量的，头围的增长与

脑的发育有关。月龄越小头围增长速度越快，这个月婴儿头围可增长约1.9厘米。婴儿头围的增长是有规律的，是一条逐渐递增的上升曲线。

◉ 囟门　前囟和上个月比较没有多大变化，不会明显缩小，也不会增大。前囟是平坦的，可以看到和心跳频率一样的搏动。这是正常的，一般父母不敢触摸孩子的囟门，也不敢测量囟门的大小。囟门大小也有个体差异，有的孩子囟门很小，仅仅1厘米×1厘米大，有的囟门就比较大，可达3厘米×3厘米。

视觉发育

宝宝的视线随物体转动角度可达180度，他还能看清几米远的物体，并对带有音乐的、色彩鲜艳的玩具最感兴趣。

听觉发育

这个时期的婴儿已经能够区分语音和非语音，还能区分不同的语音，对音乐的感知能力也是父母难以想象的。早在胎儿期，宝宝就喜欢音乐而讨厌噪声。妈妈在孕期可能已有这样的体会，当听悦耳的音乐时，腹中的胎儿会比较安静。遇到噪声时，如路过施工现场，会出现乱动情况。有研究证明，孕妇在孕期时，如果居住区有施工现场，出生后的孩子会爱哭，显得易烦躁。这个月的婴儿已经能初步区别音乐的音高。

语言发育

婴儿在有人逗他时，会发笑，并能发出“啊”“呀”的语音，如发起脾气来，哭声也会比平常大得多。这些特殊的语言是孩子与大人的情感交流，也是孩子意志的一种表达方式，家长应对这种表示及时做出相应的反应。

嗅觉发育

这个月，宝宝可以用动作对不喜欢的味道作出明确的反应。比如给他闻刺激性的气味，他会主动把头转开，有时候还会用手把他不喜欢的东西推开，如果闻到了醋等刺激性的味道，宝宝会出现耸肩膀、缩脖子等可爱的动作。

味觉发育

宝宝能分辨出母乳的味道，如果

突然让他改喝奶粉，他有时会坚持不喝，这表示宝宝已经有了味觉。

心理发育

第3个月的宝宝喜欢听柔和的声音。会看自己的小手，能用眼睛追踪物体的移动，会有声有色地笑，表现出天真快乐的反应。对外界的好奇心与反应不断增长，开始用咿呀的发音与你对话。

第3个月的宝宝脑细胞的发育正处在突发生长期的第二个高峰的前夜，不但要有足够的母乳喂养，也要给予视、听、触觉神经系统的训练。每日生活逐渐规律化，如每天给予俯卧、抬头训练20～30分钟。宝宝睡觉的位置应有意识地变换几次。可让宝宝追视移动物，用触摸抓握玩具的方法逗引发育，可做婴儿体操等活动。

这个时期的宝宝最需要人来陪伴，当他睡醒后，最喜欢有人在他身边照料他，逗引他，爱抚他，与他交谈玩耍，这时他才会感到安全、舒适和愉快。

总之，父母的身影、声音、目光、微笑、爱抚和接触，都会对宝宝心理造成很大影响，对宝宝未来的身心发育，建立自信、勇敢、坚毅、开朗、豁达、富有责任感和同情心的优良性格，会起到很好的作用。

运动发育

运动发育分为大运动和精细运动两个方面，遵循自上而下，由近到远，从不协调到协调，先正向动作后反向动作的规律。这一阶段，宝宝的大运动发育主要是抬头动作的出现和熟练。新生儿俯卧时能抬头1～2秒，慢慢地，抬头的时间会越来越长，也会越来越稳，不仅在俯卧位能很稳地抬起头，竖抱时和仰卧位被拉起时也能保持头部竖直，还能转动自如。宝宝的视野一下子开阔了很多，观察事物的角度也更加多样化。俯卧位能交替踢腿，这是要匍匐的开始。

刚出生的宝宝，手的动作并不受意识的支配，常常是胡乱摇动，碰到物体时可出现抓握反应。1月龄时，用细柄的拨浪鼓触碰宝宝的手掌，他会紧紧握住2～3秒钟不松手。开始发现自己的手，能打开和合拢手指。喜欢玩自己的手，并把手或手里抓住的物品放进嘴里“尝一尝”。2月龄时能将手中的拨浪鼓举起来，仰卧位时能用手指抓自己的身体、头发和衣服。3月龄时握持反射消失，手不再握成拳头，经常处于张开的状态。看到物体会全身乱动，并企图抓扒。

感觉发育

当听到有人与他讲话或有特别的声响时，宝宝会认真地听，并能发出咕咕的应和声，会用眼睛追随走来走去的人。

如果宝宝满 3 个月时仍不会笑，目光呆滞，对背后传来的声音没有反应，应该检查一下宝宝的智力、视觉或听觉是否发育正常。

第二节　宝宝的日常护理

要防止宝宝脑部缺氧

在人体所有器官中，大脑是耗氧量最大的器官，宝宝脑重量占体重的10%左右，而耗氧量却占全身的 50%左右。如宝宝发生缺氧，则首先受损的就是大脑。明显脑缺氧可引起抽搐、昏迷等症状，甚至会危及生命。幸存者也将因受损后的大脑恢复困难而致终生残疾及智能低下。这和“大脑易受损期与脑部激增期的发育相一致”的特点有关，两者均是从妊娠 25 周时开始，持续至出生后 2 岁。

宝宝要不要穿袜子

回答是肯定的。因为婴儿处于不断生长发育时期，各个器官、系统发育不成熟，体温调节功能也是如此，产热能力小，散热能力大，末梢血液循环不好。如果给婴儿穿上袜子，可以从一定程度上起到保暖作用，避免着凉。此外，随着年龄的增长，婴儿活动范围扩大，尤其是下肢活动增加，蹬踩机会多，损伤皮肤、脚趾的机会也就增多了，穿上袜子就能减少这些损伤。另一方面，活动范围大，婴儿皮肤接触外界环境的机会增多了，一些脏东西，比如尘土、线头、细菌等有害物质，就可通过娇嫩的皮肤侵袭婴儿，增加感染机会，穿上袜子就能对皮肤起到保持清洁卫生的作用。所以说，穿袜子有许多好处。但是，在为婴儿选择袜子时，最好选择透气性能好，柔软，适合婴儿脚大小的袜子，以免影响脚的正常发育。

晚上换尿布不要过勤

有的宝宝一晚上都不换尿布，也不吃奶，这对爸爸妈妈和宝宝的休息都是好的，妈妈没必要把宝宝弄醒换尿布、把尿或喂奶。如果宝宝因为不换尿布而发生臀部糜烂，出现尿湿疹，可在夜里轻轻给宝宝换一次尿布，但尽量不要把宝宝弄醒。有些宝宝比较敏感，如果因为换尿布而引起哭闹，不能很快入睡，就更不要更换尿布了，可在睡前给宝宝臀部涂些鞣酸软膏，以有效防止宝宝臀部糜烂。

宝宝睡觉蹬被子

立秋后天气转凉，半夜里婴儿将被子蹬掉，受凉后就可能引起感冒及其他疾病。但是有些婴儿就是喜欢蹬被，让爸妈很头疼。妈妈可以采取以下措施进行防范：

❶ 让婴儿保持舒服睡姿。有的婴儿睡姿不正，如果是因为仰睡或俯睡而引起的呼吸不畅，“憋得难受”会引起蹬被，不妨让婴儿右侧卧。睡姿正确，因憋气睡不着的事就不会发生了。

❷ 被子厚薄合适。婴儿所盖的被子要随季节而更换，厚薄要与气温相适应。

❸ 室内温度适宜。除了寒冷天气要关紧窗户，平时室内窗户应适当打开通风，但婴儿床不应在空气对流的“风口”。

❹ 睡觉以前，别给婴儿讲紧张刺激的故事，否则，往往使得婴儿睡不安稳而蹬被。

❺ 比较小的婴儿，不妨做一个宽松带拉链的睡袋。这样可以保证不会蹬被。

练习用勺子喝水

勺子与奶瓶不同，比较适合喂较稠的液体和半固体食物。让宝宝改变吸吮的方法，学会见勺张嘴需要一段适应过程，从满月后开始练习，为以后喂辅食做准备。开始用小勺时盛1/3～1/2的液体，将小勺伸进宝宝舌中部，把小勺略作倾斜，将液体倒入宝宝的嘴里，勺子仍留在舌中部，待宝宝吞咽时接住从咽部返流出的液体。宝宝要连续咽两三次才能将嘴里的液体全部咽下，这时再将勺子取出喂第二勺。注意不要用勺子用力压宝宝的舌中部，否则会引起呕吐。

宝宝习惯吸吮，常用吸吮的口形将唇撅起，如勺子难以进入舌中部，要稍等片刻，等宝宝把嘴张开。这时最好的办法是同宝宝讲话，大人说“把嘴张开”，并做张嘴动作让宝宝模仿，宝宝张开嘴时马上将勺子放入。经过反复练习，大约到出生第三个月时宝宝就能学会见勺张嘴了，这时就好喂多了，液体也较少在吞咽时返流出来。

注意保护宝宝的听力

◉ 预防能损害宝宝听觉的疾病　要防止某些损害婴儿听觉器官的疾病的发生，如流脑、乙脑、病脑、结脑、麻疹、中耳炎等。

◉ 慎用或禁用可能损害宝宝听力的药物　链霉素、庆大霉素、卡那霉素、妥布霉素、小诺霉素、巴龙霉素、新霉素等氨基糖苷类药物，这些药物有较强的耳毒性，可引起听神经的损害。

抗生素引起的耳聋与用药剂量和时间长短有关，用药剂量越大，时间越长，造成的危害越大。

◉ 不要让宝宝接受噪音刺激　婴儿的听觉神经和器官发育不够完善，外耳道比较短而且窄。耳膜较薄，所以不宜接受强声刺激。各种噪音对婴儿不利，会影响婴儿的听觉器官，使听力降低。甚至引起噪声性耳聋。

◉ 精心保护宝宝的耳朵　不要给婴儿挖耳朵，防止耳道内进水，否则会引起耳病，影响听力。

别忽视宝宝的哭声

这个月的宝宝个体差异更加明显。爱哭的可能更爱哭，而且还会有意地哭闹了。如不让他拿什么，他会用哭抗议；看不到妈妈，会因依恋妈妈而哭；醒了没人陪，会因寂寞而哭闹。这就是宝宝哭的积极意义，妈妈不要把宝宝的哭当成他“饿了”、“渴了”、“尿了”、“拉了”等消极信号。爸爸妈妈如果总是忽视宝宝的哭，不愿意多陪宝宝玩、多抱抱宝宝，会使宝宝变得焦躁不安和孤僻，长大后与人的交往能力将会存在缺陷。

宝宝腿弯不一定缺钙

3个月的宝宝如果腿弯属正常的生理现象，而不是缺钙的表现。因为宝宝在母亲腹中呈屈曲状态，出生后看起来腿仍弯曲。另外，从宝宝的身体比例看，头大，上身比腿长，因此，看起来腿又短又弯。如果怀疑宝宝缺钙的话，应结合全身的症状，找医生进一步确诊和治疗。

宝宝吃奶时睡着了怎么办

几个月的宝宝在吃奶时睡觉是常事，但这很容易使乳汁误入宝宝气管，并使宝宝形成不良吮吸的习惯。这时妈妈可以用手轻轻捻捻宝宝的耳朵，让宝宝继续吃，直到吃饱。如果宝宝不醒，可先安顿宝宝睡下，当宝宝醒了要吃奶时再喂。这也要求妈妈掌握好宝宝的睡眠规律，不要在宝宝想睡时喂奶。

如何去除宝宝头上的乳痂

有些家长会发现，婴儿的头皮上有一层黄褐色的乳痂。这层乳痂是由婴儿头皮皮脂腺的分泌物积聚而形成的。如果家长经常给婴儿洗头，就不会产生乳痂，出现乳痂与家长护理的方法密切相关。有的家长十分害怕触碰婴儿的颅囟，认为这个地方不能摸碰，更不敢给婴儿洗头；有的家长是怕婴儿弱小，洗头会受凉。因此，天长日久，乳痂越积越多，以致婴儿头上形成一层厚厚的乳痂，很不卫生，同时也不好看。当婴儿头皮上有了乳痂怎么办呢？下面教给家长们一个清除婴儿头皮乳痂的方法。

头皮乳痂可用清洁的植物油来清洗。方法是将植物油加热后放凉以备使用，这样做的目的是使植物油消毒。将冷却的植物油涂在乳痂处，然后用小梳子慢慢地、轻轻地梳一梳，头皮乳痂就会脱落下来，然后再用婴儿皂和温水洗净。清洗头皮乳痂时动作要轻柔，不要用梳子硬刮，更不要用手指甲去硬抠，以免弄破头皮引起感染。同时婴儿颅囟处是可以洗的，只要动作轻柔，是不会伤害婴儿的。洗头后还要注意防止婴儿受凉，可用小毛巾遮盖或戴上小帽子。头皮乳痂结得比较厚的，需要用油多“闷”几次，多洗几次，才能除净。

第三节　宝宝的喂养

谨慎对待牛初乳制品

正常饲养的、无传染病和乳房炎症的健康母牛分娩后72小时内所挤出的乳汁称为“牛初乳”。初乳有许多重要功能，因而有人期望通过添加牛初乳提高宝宝的抗感染能力。然而即使是牛初乳，其成分也是很复杂的，经低温真空干燥提炼的牛初乳能否直接食用要审慎思考。医学卫生学认为：只有未曾滥用过抗生素，在饲料中不曾添加激素，有完整、正常的健康记录，产犊3头以上的奶牛所分泌的初乳，经过特殊加工工艺处理后才可以供人直接食用。牛初乳毕竟是母牛产犊后3天内的奶，其蛋白质含量及构成、矿物质和维生素含量并不符合宝宝需要，因此不能直接用来作为宝宝的日常主食乳品。但也不排除将牛初乳作为辅食，与普通奶粉配合使用，牛初乳中某些活性成分得以发挥其功能的可能性。此外，有人宣传可用牛初乳替代人乳，并期望用牛乳或配方奶粉取代人乳，这是违反医学常识的，因为人乳所特有的抗病原体的作用是任何人工加工产物所无法替代的。

调整母乳喂养的时间

这个月，宝宝每次喂奶间隔时间变长，以前3个小时就饿得直哭的宝宝，现在可以睡上4～5小时了。如果宝宝体重持续增加，而且睡眠时间延长，说明宝宝已经具备了存食的能力，那么爸爸妈妈就没必要在宝宝睡熟时，把宝宝叫醒喂奶了。有的宝宝奶量小，有可能一天只喝3次奶，爸爸妈妈会因此着急，其实只要宝宝精神状态好，是不需要过分担心的。

3个月宝宝的喂养要点

宝宝在这个时期生长发育特别迅速。每个宝宝的奶量因初生体重和个性的不同，各有差异。

由于营养的好坏关系到宝宝今后的智力和体质，因此乳母一定要注意饮食，以保证母乳的质和量。

由于宝宝胃容量增加，每次的喂奶量增多，喂奶的时间间隔也相应延长了，大致可由原来的3个小时左右延长到3.5～4个小时。这个月的宝宝消化道中的淀粉酶分泌不足，所以不宜多喂健儿粉、奶糊、米糊等含淀粉较多的代乳食品。

为补充维生素和矿物质，可用新鲜蔬菜（如油菜、胡萝卜等）给宝宝煮菜水喝，也可以榨果汁在两顿奶之间喂给宝宝。

怎样提高母乳质量

母亲的营养与乳汁质量有很大关系。母亲的饮食需要营养全面、均衡，要改掉挑肥拣瘦、偏食的饮食习惯。好在做母亲的为了孩子什么都舍得，加上生育后胃口大开，饮食上不会太挑剔。做丈夫的要让孩子的母亲吃得好，要在采购食品时花点心思，尽量使食物丰富多样、合理搭配，因为没有一种食物能包纳所有的营养素，食物多样化能弥补单种食物的不足，以保证乳母营养全面，授给孩子优质的乳汁。乳母吃的主食不要过分讲究精米白面，应粗细粮搭配，以增加乳汁中的B族维生素。每天喝上一定量的牛奶，无论对下奶或是提高奶的质量都有很大的好处。乳母应多吃菜，多吃蛋白质、钙、磷、铁含量多的食品，比如鸡蛋、瘦肉、鱼、豆制品等，多吃含维生素丰富的各种蔬菜，比如青菜、菠菜、胡萝卜等。另外，多喝些菜汤，如鸡汤、鱼汤、排骨汤等，使乳汁量多营养又好。此外，饮食中要排除那些带刺激性的食物，如辛辣、酸麻等食物。

为了保证乳汁的分泌，乳母除了需要饮食丰富，还需要有规律的生活，尤其是睡眠要充足，情绪要饱满，心情要愉快。

给宝宝适量食用鱼肝油

给宝宝补充鱼肝油能帮助钙的吸收，预防佝偻病。每天最多喂宝宝一粒鱼肝油，长期过量食用鱼肝油，会导致维生素A或维生素D过量，造成中毒。如果宝宝发生维生素A中毒，可引起颅内压增高，出现头痛、恶心、呕吐、烦躁、精神不振、前囟隆起等症状，常被误认为是患了脑膜炎。

如果宝宝发生维生素A慢性中毒，就会出现食欲不好、发热、腹泻、口角糜烂、头发脱落、皮肤瘙

痒、贫血、多尿等症状。

如果发现宝宝出现以上症状，要立即停服鱼肝油，少晒太阳，立即到医院急诊。

宝宝大脑发育的营养保证

人的大脑主要需要脂类、蛋白质、糖类、B族维生素、维生素C、维生素E和钙这7种营养成分。

脂质是胎儿大脑构成中非常重要的成分。胎儿大脑的发育需要60%的脂质。脂质包括脂肪酸和类脂质，而类脂质主要为卵磷脂。充足的卵磷脂是胎儿大脑发育的关键。

胎儿大脑的发育需要35%的蛋白质，蛋白质能维持和发展大脑功能，增强大脑的分析理解及思维能力。糖类是大脑唯一可以利用的能源。

维生素及矿物质能增强脑细胞的功能。

为促进脑发育，除了保证足量的母乳外，还需要给母亲添加健脑食品，以保证母乳能为宝宝的发育提供充足的营养。

常用的益智健脑食品有：动物脑子、动物肝脏、动物血、鱼肉、鸡蛋、牛奶、大豆及豆制品、核桃、芝麻、花生、松子、各种瓜子、金针菇、黄花菜、菠菜、胡萝卜、橘子、香蕉、苹果、红糖、小米、玉米等。

为添加辅食做准备

从开始仅凭哺乳而吃饱的婴儿，到能由勺吃到辅物，可是一件了不起的事。婴儿对妈妈的信赖是最关键的，所以，在给宝宝增加食物时，不要突然给他喂，要面带笑容，有耐心地喂。为了使宝宝适应他有生以来第一次接受奶以外的辅食，开始可以喂点白开水，逐渐喂果汁、汤，有时也可以喂点婴儿食品。

给宝宝喂酸牛奶的坏处

酸牛奶是儿童喜爱的一种营养饮料。它是用鲜牛奶或脱脂牛奶为原料，经消毒灭菌后，用纯培养的乳酸菌发酵而制成的，是奶制品中营养最佳的品种。

酸牛奶中的蛋白质由于受到乳酸的作用形成微细的凝乳，变得更容易消化吸收。乳酸菌在人体肠道中还能合成人体必需的维生素B_1、维生素C、维生素E和叶酸等。

酸牛奶虽是一种有助于消化的健

康饮料，但不可随意用酸牛奶喂养婴幼儿，因为酸牛奶中含钙量少。对于生长发育需要大量钙元素的婴幼儿是不利的。

酸牛奶中的乳酸菌生成的抗生素，虽能抑制和消灭很多肠道病原菌的生长，但同时也破坏了对人体有益菌群的生长条件，还会影响正常的消化功能。尤其是婴幼儿在患胃肠炎时，如果给他们喂酸牛奶，还可能会引起呕吐和坏疽性阑尾炎。

人工喂养勿过度

◉ 吃奶量小的宝宝也可能很健康　奶量小的宝宝，看起来会瘦一点，但爸爸妈妈不用去羡慕那些胖嘟嘟的宝宝。胖或瘦与宝宝应具备的能力没有任何关系。心急的爸爸妈妈在给小奶量儿喂食时会把奶粉调浓，这也是不可取的。事实上，宝宝少食不是因为胃小，而是因为其身体需要的营养量少。

◉ 奶量要控制在900毫升以下　肥胖多出现于人工喂养的宝宝中。经母乳喂养的虽然也有肥胖的宝宝，但通常来说母乳易于消化，即使过量也不会使宝宝肝脏及肾脏疲劳。针对人工喂哺的情况，这个月龄的宝宝奶量要控制在900毫升以下。也就是如果每天喂6次奶，每次喂奶量应在150毫升以下；如果每天喂5次奶，则每次喂奶量应在180毫升以下。爸爸妈妈还要注意，市场上给2个月宝宝食用的“断乳食品”罐头是绝对不能给这个月宝宝吃的，这些食品含糖量高，宝宝一旦喜欢上了，就很容易发胖。

◉ 宝宝肥胖有害健康　这个月的宝宝食欲增强，但不能因为宝宝食欲好就不断增加牛奶量，这样势必会造成宝宝营养过量，人为造成宝宝的“厌食牛奶症”。宝宝肥胖，心脏必须进行超负荷的工作，肝脏及肾脏也要对摄入的营养进行处理，而不能得到休息。然而宝宝身体的超负荷在表面上是看不出来的，甚至很多父母会认为胖嘟嘟的宝宝更可爱并错误地以为宝宝越胖越健康。

宝宝没兴趣吃奶怎么办

有的宝宝吃得少，好像从来不饿，对奶也不亲，给奶就漫不经心地吃一会，不给奶吃，也不哭闹，没有吃奶的愿望。对于这样的宝宝，妈妈可缩短喂奶时间，一旦宝宝把奶头吐出来，把头转过去，就不要再给宝宝吃了，过两三个小时再给宝宝吃。这样每天摄入的总量并不少，足以提供宝宝每天的营养需要。

要多给宝宝喂水

水是人体中不可缺少的重要部分，也是组成细胞的重要成分，人体的新陈代谢，如营养物质的输送、废物的排泄、体温的调节、呼吸等都离不开水。水被摄入人体后，约有1%～2%存在体内供组织生长的需要，其余经过肾脏、皮肤、呼吸、肠道等器官排出体外。水的需要量与人体的代谢和饮食成分相关，小儿的新陈代谢比成人旺盛，需水量也就相对要多。3个月以内的婴儿肾脏浓缩尿的能力差，如摄入食盐过多时，就会随尿排出，因此需水量就要增多。母乳中含盐量较低，但牛奶中含蛋白质和盐较多，故用牛乳喂养的小儿需要多喂一些水，来补充代谢的需要。总之孩子年龄越小，水的需要量就相对要多。一般婴幼儿每日每千克体重需要约120～150毫升水，如5千克重的孩子，每日需水量是600～750毫升，这里包括喂奶量在内。

第四节　宝宝的能力培育与训练

语言、认知及智能训练

3个多月的宝宝，听力有了明显发展。在听到声音以后，能将头转向声源。当听到成人与他说话时，他会发出咿呀声或报以微笑来表示应答。

❶ 玩具能握在手中看一眼：仰卧时，将玩具放在手中，宝宝确实能注视手中的拨浪鼓，而不是看附近的东西。但他还不能举起拨浪鼓来看。

❷ 持久的注意：把较大的物体放在宝宝视线内，宝宝能够持续的注意。

❸ 见物后能双臂活动：让宝宝坐在桌前，若将方木堆和杯子分别放在桌面上，宝宝见到物品会自动挥动双臂，但还是不会抓取物体。

触觉能力训练

在给宝宝洗澡时，用手多触摸宝宝的皮肤；宝宝每天起床穿衣前和睡觉脱衣后，爸爸妈妈多触摸宝宝的身体，屋里较暖时，可帮助宝宝做被动操，增加与宝宝接触的机会。3～4 个月之后，妈妈把宝宝抱起来指认家中一些物体或各种玩具，然后扶着他的小手去摸一摸，并鼓励宝宝去抓握玩具、水果等物品。

视觉能力训练

◉ 对事物的追视能力　父母要有意识地训练宝宝的视觉集中的能力和对事物的追视能力。视觉集中能力要从新生儿期就开始训练。可在距宝宝眼睛约60 厘米的地方悬挂一些色彩明艳的物体，并注意定时调整方位，训练宝宝把目光集中在某一物体上的能力。训练追视能力可用颜色鲜艳、有声音、能运动的物体吸引宝宝的注意，训练他用目光追视物体并随物体的移动而移动，也可跟宝宝玩“藏猫”的游戏，即大人用衣物或毛巾遮住脸，或是躲在他人身后，让宝宝寻找。

◉ 区分颜色、形状和大小的能力

父母可以开始有意识地训练宝宝区分颜色、形状和大小的能力。平时让宝宝多接触各种颜色，如有意识地让宝宝看各种颜色的图画、报纸及其他有颜色的物体。在宝宝接触各种色彩的过程中，成人用语言讲述各种色彩的名称，以语词强化宝宝对色彩的分辨能力。给宝宝某一玩具，或教他认识某一事物时，强调让他记住不同事物的颜色、形状、太小的特点，然后与别的事物加以比较，分析它们的差异等。这样宝宝养成了习惯，积累了经验，辨别能力自然会得到提高。

◉ 判断物体之间的距离　父母可以开始有意识地训练宝宝准确的估量空间距离。宝宝判断物体距离远近的水平很低，我们常常可以见到宝宝发现一件距他很远、用手根本够不着的东西时，仍然伸手去抓的现象。这是由于宝宝不能准确估量物体空间距离的缘故。对此，家长应该注意为宝宝提供各种玩具或物体，让他能够触摸各种不同距离上的玩具，在实际生活中学习掌握物体之间的距离并且逐步准确化。

社交能力训练

母亲抱婴儿照镜子，在镜前安静地让他看一会儿，告诉他这是宝宝，那是妈妈。然后在镜前做一些动作，把婴儿的小手举起，摸摸镜子，再摸摸鼻子。开始婴儿双眼盯着镜子觉得奇怪，多看几回后他变得轻松甚至笑起来。家长应多让婴儿照镜子，在镜中婴儿渐渐认识自己的模样，逐渐有了自我意识。经常照镜子的婴儿会注意到自己的脸上的器官，较快学会认识它们。可以让婴儿玩一些打不碎的小镜子，你会发现婴儿在照镜时有多种表情，他会对镜子笑，做鬼脸，同它说话，伸手到镜子后面摸那个同他一模一样的小人会使婴儿心情愉快。

听觉能力训练

3 个月的宝宝对声音有定向反应。此时，父母可在不同方向摇动玩具或呼叫宝宝，训练宝宝辨别声音来源的能力。宝宝还能倾听音乐的声音，对轻快、柔和的旋律表现出微笑和手脚轻轻晃动等愉快情绪。

◉ **辨别声源的能力** 各种能发出声音的材料都可作为训练工具，如小铃、八音盒、钥匙串、勺子轻敲碗边等。宝宝玩时，爸爸妈妈在宝宝的左边、右边、上边、下边、前后等处摇铃或发出其他的响声，让宝宝辨别声音从何处发出。听觉发育好的宝宝能将头转向声源方向，发育不太好的宝宝经过多次训练以后，也能正确地辨别声源。训练时注意声音要由近及远，逐日推移。

给宝宝听音乐：为宝宝播放悠扬的音乐，让音乐围绕在宝宝的耳畔，这会刺激宝宝的大脑发育，在头脑中的音乐处理中心激荡起一系列强有力的反应，而人类头脑中的音乐处理中心恰恰与数学、语言和其他高级神经活动中心重合。因此，通过这种音乐刺激，提高的不仅是宝宝对音乐的敏感性和感受能力，而且还会促进宝宝大脑高级认知活动区的发展。当然，我们提倡在生活中播放背景音乐，并不是要让宝宝整天地听音乐。宝宝的听觉器官正处于发育阶段，鼓膜、中耳听骨、内耳听觉细胞都很脆弱，长时间的音乐会让他们产生听觉疲劳，扰乱宝宝的心绪。所以一般 1 次不要超过 15 分钟。需要注意的是，不要给宝宝听立体声音乐，因为立体声音量一般比较大，立体声进入耳道内没有缓和与回旋的余地，会直接刺激宝宝的听觉器官，时间一长，会损伤宝宝的听力。

◉ **宝宝最喜爱听的声音** 母亲的声音是宝宝最喜爱听的声音之一。母亲用愉快、亲切、温柔的语调，面对面地和宝宝说话，可吸引宝宝注意成

人说话的声音、表情、口形等，诱发婴儿良好、积极的情绪和发音的欲望。可选择不同旋律、速度、响度、曲调或不同乐器奏出的音乐、发声玩具发出的声音、或改变对宝宝说话的声调来训练宝宝分辨各种声音。当然，不要突然使用音量过大的声音，以免宝宝受惊吓。

动作能力训练

3个月的宝宝主要是仰卧着，但已有了一些全身肌肉的运动，因此要在适当保暖的情况下使宝宝能够自由地活动。一般3个月的宝宝能从仰卧翻到侧卧，这时家长可训练宝宝翻身。如果宝宝有侧睡的习惯，学翻身比较容易，只要在他左侧放一个有意思的玩具或一面镜子，再把他的右腿放到左腿上，再将其一只手放在胸腹之间，轻托其右边的肩膀，轻轻在背后向左推就会转向左侧，重点练习几次后，家长不必推动，只要把腿放好，并用玩具逗引，宝宝就会自己翻过去。以后光用玩具不必放腿就能做90°的侧翻。再以后可用同样的方法帮助宝宝从俯卧位翻成仰卧位。如果没有侧睡习惯，家长可让宝宝仰卧在床上，大人手拿宝宝感兴趣的能发出响声的玩具分别在宝宝两侧逗引他，并亲切地对宝宝说:“宝宝，看!多漂亮的玩具啊!”训练宝宝从仰卧位翻到侧卧位。

宝宝完成动作后，可以把玩具给他玩一会儿作为奖赏。宝宝一般先学会仰俯翻身，再学会俯仰翻身，一般可每日训练2~3次，每次训练2~3分钟。

第五节　宝宝的常见问题与应对

宝宝身体的奇怪声响

◉ 关节弹响声　婴儿韧带较薄弱，关节窝浅。关节周围韧带松弛，骨质软，长骨端部有软骨板，主关节做屈伸活动时可出现弹响声。随着年龄增大，韧带变得结实了，肌肉也发达了，这种关节弹响声就消失了。有的成年人，若关节活动不正常仍可出现弹响声，有的挤压指关节时可出现

清脆的弹响声，如无特殊症状，属正常现象。若膝关节伸屈有响声，伴有膝部疼痛，应排除先天盘状半月板，若髋关节出现关节弹响声，应排除先天髋关节脱位。

◉ 胃叫声　胃是空腔脏器，当内容物排空以后，胃部就开始收缩，这是一种比较剧烈地收缩，起自贲门，向幽门方向蠕动。我们都知道，不论什么时候，胃中总存在一定量的液体和气体，液体一般是胃黏膜分泌出来的胃消化液。气体是在进食时随着食物吞咽下去的，胃中的这些液体和气体，在胃壁剧烈收缩的情况下，就会被挤捏揉压，发出叽叽咕咕的叫声，所以婴儿腹中出现叫声可能是饥饿的信号，但在胃胀气、消化不良时也可出现这种声音。

◉ 肠鸣声　肠管和胃一样，都属空腔脏器，肠管在蠕动时，肠管内的气体和液体被挤压，肠间隙之间腹腔液与气体之间揉擦也可出现咕噜声，叫肠鸣音，一般情况下需要听诊器听诊方能听到。声响大时，裸耳即可听见，正常婴儿可听到，腹胀时或患肠炎，肠功能紊乱时可听到较明显、频繁的响声。

◉ 疝响　人体内的脏器或者组织本来都有固定的位置，如果它离开了原来的位置，通过人体正常或不正常的薄弱点或缺损、间隙进入另一部位即形成疝。常见的有腹股沟斜疝、股疝、脐疝等，多是肠管疝入“疝囊”内，当令其复位时可出现响声。当挤压“疝”时可发出“咯叽”的响声。还有罕见的横膈疝，食管裂孔疝，即腹腔中的空腔脏器疝入胸腔，在肺部听到肠鸣音或胃蠕动声等。疝是病症，应及时治疗。

缺铁性贫血

缺铁性贫血是由于体内铁缺乏致使血红蛋白减少引起。在婴幼儿期发病率最高，对宝宝健康和智能发育危害较大。

◉ 导致宝宝患缺铁性贫血的因素　导致宝宝发生缺铁性贫血的因素主要有以下三种。

❶ 生长发育快。婴幼儿期生长发育最快，3～5个月时为初生体重的2倍，1岁时体重为初生时的3倍。早产儿体重增加更快。随体重增加血容量也快速增加，如不添加含铁丰富的食物，婴儿尤其是早产儿很容易缺铁。

❷ 铁摄入不足。引起缺铁的主要原因是小儿铁摄入不足。人乳、牛乳中含铁均很低，但人乳中铁50%可被吸收，牛乳中铁吸收率约为10%。正常足月儿从母体储存的铁可足够供应生后3~4个月造血的需要。从母体储铁最多是在胎儿期最后3个月，所以早产儿体内储铁较少。如果生后不及时补充，缺铁多是不可避免的。

❸ 铁丢失过多。正常婴儿每天排泄铁比成人多。用未经处理的鲜牛奶喂养婴儿可能造成婴儿因蛋白过敏而产生少量肠出血，造成缺铁。此外，慢性腹泻、反复感染均可影响铁的吸收、利用和增加消耗，促使贫血发生。

◉ 缺铁性贫血对宝宝的危害　在贫血出现前缺铁就可危害宝宝的健康。缺铁除影响血红蛋白生成外，还影响肌红蛋白合成，使体内某些酶活性降低，从而影响全身各器官功能。缺铁性贫血表现为面色苍白、乏力、不爱活动、食欲下降、常呕吐、腹泻，可能出现口腔炎、舌炎、胃炎和消化不良等症状。缺铁影响小儿智力发育，表现为烦躁不安，精神不振，较大儿童多表现为精神不集中、记忆力减退。机体抵抗力下降，容易感染疾病。

◉ 缺铁性贫血的防治　为了防治缺铁性贫血，应提倡母乳喂养，注意膳食合理搭配。对于早产儿，从生后2个月开始用铁剂预防。6个月以后应定时查血红蛋白，如血红蛋白在110克/升以下即为贫血。明显贫血应及时找医生治疗。

一般用硫酸亚铁、富马酸铁、葡萄糖酸铁等，按医生嘱咐服药。两餐之间服铁剂最好，可减少胃肠刺激，同时服用维生素C可促进铁的吸收。铁剂的服用应持续到血红蛋白正常后1~2个月，以补足铁的储存量。

宝宝夜啼

不少宝宝白天好好的，可是到晚上就烦躁不安，哭闹不止，人们习惯上将这些孩子称为“夜啼郎”。这是婴儿时期常见的睡眠障碍。

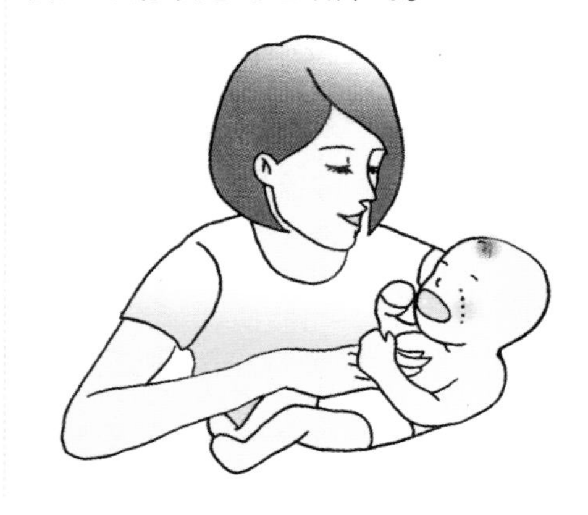

◉ 生理性哭闹　宝宝的尿布湿了或者裹得太紧，饥饿，口渴，室内温度不合适，被褥太厚等，都会使小儿感觉不舒服而哭闹。对于这种情况，父母只要及时消除不良刺激，宝宝很快就会安静入睡。此外，有的宝宝每到夜间要睡觉时就会哭闹不止，这时父母若能耐心哄其睡觉，宝宝很快就会安然入睡。

◉ 环境不适应　有些宝宝对自然环境不适应，黑夜白天颠倒，父母白天上班他睡觉，父母晚上休息他"工作"。若将孩子抱起和他玩，哭闹即止，对于这类孩子，可先尝试把休息睡眠时间调整过来，必要时需请儿童保健医生作些指导。

◉ 白天睡得过多　纠正宝宝夜啼要消除诱因。对宝宝生物时钟日夜颠倒的现象要逐步纠正，妥善安排生活秩序，白天不要让宝宝的睡眠次数过多、时间过长，宝宝醒时要充分利用声、光、语言等刺激，逗引他，延长清醒时间。晚上则要避免其过度兴奋而不睡或产生夜惊，要革除半夜再吃一顿的习惯。卧室内外要安静，温度适宜。

◉ 疾病的影响　一些疾病也会影响宝宝夜间的睡眠，对此，要从原发疾病入手，积极防治。患佝偻病的宝宝夜间常常烦躁不安，家长哄也无用。有的宝宝半夜三更会突然惊醒，哭闹不安，表情异常紧张，这大多是白天过于兴奋或受到刺激，日有所思，夜有所梦。此外，患蛲虫病的宝宝，夜晚蛲虫会爬到肛门口产卵，引起皮肤奇痒，宝宝也会烦躁不安，啼哭不停。如果宝宝得病了，除了哭闹还会有其他异常。妈妈可能不了解疾病的症状，但肯定会觉察宝宝有异常。父母应该最了解宝宝，宝宝出现丝毫变化父母都会看在眼里，父母的任务就是发现异常并及时看医生。

先天性甲状腺功能低下

先天性甲状腺功能低下是一种新生儿内分泌障碍的常见疾病。

◉ 发病原因　甲状腺体发育不全，甲状腺激素合成障碍；妈妈患甲状腺功能亢进，孕期用抗甲状腺素制剂或用放射性碘治疗者等等，都可抑制胎儿甲状腺素产生，也可致甲状腺功能低下。因为胎儿的生长不完全依赖甲状腺素，所以大多数宝宝出生时可为正常新生儿。出生后由于甲状腺低，常会有这样的体征表现：体温低、不爱动、嗜睡、食欲不好、哭声

小或嘶哑，皮肤干而粗糙、发凉、少汗、前囟门大、心率慢。出现便秘、脐疝、生理性黄疸时间延长等。

◉ **处理方法** 该病发生比较隐性，它直接影响宝宝脑组织及骨骼发育，导致智力低下及身材矮小，即呆小症。早期发现、早期治疗可使宝宝生长发育正常。因此，目前国内许多医院已开展了此病的筛查工作，在出生后 72 小时取足跟血，用放射免疫法测定血清中 TSH 浓度，如高于 20 微单位/毫升即应接受治疗指导。治疗采用甲状腺素作为替代疗法，可予甲状腺素片剂。应用方法多为从小剂量开始，逐渐加至维持正常发育的剂量。治疗必须在有经验的儿科医生指导下进行，以免发生意外。

避免宝宝摔伤

这个月的宝宝，由于还不会爬，翻身也不是很好，妈妈不用担心宝宝会从床上摔下来，当宝宝睡着后会抽空干些家务，保姆也会偷闲休息一会。可是，不知道哪一天，宝宝会翻身了，而且翻得很快，或在睡眠中踢被子，身体会移动到了床边，稍微一翻身，就可能会掉下去，

如果知道了宝宝会翻身或会爬，家人会格外小心的，反而不容易发生这样的意外。而这个月是最容易发生这种意外的，父母一定要加以注意。如果是保姆看管宝宝，一定要再三嘱咐，千万不要远离宝宝，时刻想到宝宝会翻到床下去。

带宝宝乘车时也要注意，妈妈要始终保护宝宝的头部，紧急刹车时，会引起很大的冲击力，使宝宝的头部或脊柱受到伤害。乘坐私家车，一定要用优质的专用座椅固定宝宝。未满 12 岁以前，不允许宝宝自己或抱着宝宝坐在副驾驶的座位上。

宝宝脱水

如果宝宝在呕吐、腹泻、发热或出汗时流失了大量水分，而摄入的水分又不足以补充，如冲泡牛奶过浓时，就会发生脱水现象。脱水可以分为容易缓解的轻度脱水、中度脱水和危及生命的严重脱水等。

若发现宝宝超过 6 小时没有尿，小便暗黄、气味浓烈，嗜睡倦怠，嘴巴发干，嘴唇干裂，哭时没有眼泪，说明宝宝轻度脱水了，你必须赶快采取措施防止脱水进一步加重。如果宝

宝脱水严重，则应当根据脱水性质有针对性地在医院里接受输液等治疗。治疗宝宝脱水的同时，妈妈还要继续给宝宝喂奶。

宝宝鼻塞

非疾病性鼻塞不需要治疗，可以用吸鼻器帮助宝宝清理鼻道。如果宝宝眉弓或脸颊上有小红疹，或眉弓上有像头皮样的东西，宝宝就是"渗出体质"，也叫"泥膏体质"，往往较胖，还时常腹泻。这样的宝宝容易出现鼻塞。如果父母有鼻塞史，宝宝鼻塞就是家族倾向了。

婴儿鼻腔狭窄，鼻黏膜血管丰富，极易受外界因素刺激，出现鼻黏膜水肿、渗出，鼻涕增多，出现鼻痂，堵塞鼻孔，造成呼吸困难。

解决的办法是使室内空气新鲜，湿度、温度适宜，让婴儿逐步适应自然，接受新鲜空气，减少室内尘埃密度，每天用软布做成捻子，轻轻捻动带出鼻内分泌物。但对于有鼻黏膜水肿的宝宝，不能改善鼻塞症状，但也不要着急，慢慢会好的，这是自然过程，一般不超过1个月。

宝宝易受惊吓

在平时的生活中，有的宝宝睡觉时家里只要有一点点声音就会被惊得手脚一伸一缩，稍微大一点的声音，比如楼下摩托车发动的声音，就会把宝宝吓得哭出声音；家里的电话铃声突然响了，就可能把他从睡梦中惊醒，浑身发抖，放声大哭。宝宝这是胆小吗？遇到这种情况，妈妈要这样做。

❶ 重温在母体的温馨：如果宝宝受到惊吓而哭闹时，要把宝宝抱起来，并用手轻轻拍打宝宝，让宝宝听听妈妈的心跳声使宝宝重温母体的温馨。

❷ 给宝宝营造适宜的成长环境：一方面，不要让宝宝受到太大声音的刺激；另一方面，也不要让宝宝的生活环境过于安静，给予适当的声音刺激有利于宝宝听觉的发育。

第五章

4个月宝宝的养护

第一节　宝宝的生长发育特点

体格发育

在这个月，宝宝的身高、体重的增长有所放缓，这是发育中的正常现象，爸爸妈妈不要过于担心。很多动作较前三个月熟练了很多，且很多动作呈对称性，扶立时双腿已经能够支撑身体。

◉身高　这个月男宝宝的平均身长达到64.6厘米，女宝宝的平均身长达到63.4厘米。宝宝身高增长速度与前三个月相比，开始减慢，一个月平均增长约2厘米。但与一岁以后相比还是很快的。只要没有疾病，就不要为宝宝一时的身高不理想而担心。身高的增长是连续动态的，静态的一次或一个月的测量值，并不能说明是否偏离了正常生长标准。

◉体重　这个月男宝宝的平均体重达到7.5千克，女宝宝达到7千克。宝宝体重可以增长900～1250克。如果体重偏离同龄正常儿生长发育标准太多，就要寻找原因，除了疾病所致以外，大多数是由于喂养或护理不当造成的。

◉头围　男宝宝的平均头围为42.1厘米，女宝宝为41.2厘米。这个月婴儿头围可增长1.4厘米，婴儿定期测头围可以及时发现头围过大或过小的问题。如果超过或低于正常标准太多，则需要请医生检查，是正常的变异，还是疾病所致。

◉ 囟门　这时婴儿后囟早已闭合，前囟在 1.0～2.5 厘米不等，如果前囟大于3.0 厘米或小于0.5 厘米，应该请医生检查是否有异常情况。前囟大可见于脑积水、佝偻病，前囟过小可见于狭颅症、小头畸形、石骨症等。囟门的检查多要靠医生。有的医生在测量囟门时，没有考虑到个别婴儿囟门呈假性闭合，就是说从外观上看囟门像是闭合了，其实是头皮张力比较大，类似闭合，但颅骨缝仍然没有闭合。这些不解释清楚，会给父母带来不必要的担心。父母也不要因为宝宝囟门大就认为是佝偻病，盲目补充钙剂。

视觉发育

宝宝对鲜艳的颜色分外感兴趣，已能辨别红色、蓝色、黄色之间的差异，一般偏爱红色或蓝色。能追视 2～3 米距离内的物体。宝宝开始有了立体视觉，在看平面画和立体画时目光注视立体画的时间更长。

语言发育

4 个月的孩子在语言发育和感情交流上进步较快。高兴时，会大声笑，声音清脆悦耳。当有人与他讲话时，他会发出咯咯咕咕的声音，好像在跟你说话。

听觉发育

宝宝吃饱奶后，心满意足地躺在那里，舞动着手脚撒欢。妈妈轻轻一声“宝宝”的呼唤，就使宝宝的头和眼睛，随着妈妈声音的来源一起转动，宝宝可以听见妈妈的声音并看到妈妈的笑脸了。4 个月的宝宝，听力明显增强，只要在耳朵边发出声音，宝宝就会跟着声音的来源转头。如果声音太大或刺耳，宝宝就会因惊恐而啼哭。

大动作发育

宝宝的身体协调能力有所发展。翻身时能用前臂支撑起胸部；能在爸爸妈妈的帮助下从仰卧位变为俯卧位；竖抱时头能竖直，眼睛能向四周看。

精细动作发育

宝宝喜欢吸吮手指，手指一碰到嘴巴，就会条件反射地吸吮起来，这让宝宝得到类似吸吮母乳的安全感。同时，宝宝的手能互握，会抓衣服、头发和脸。

情感发育

婴儿借着哭声、笑声吸引母亲的注意，让母亲关心自己，借着这一连串的关系，更加深了母子间的感情。3个月时，婴儿还不会把母亲当做是一位特殊的人物看待。不过3个月后，婴儿就会对母亲表现出特殊的亲密，如果母亲不在身边，就会哭泣，看到母亲就会发出笑声。到了4～6个月后，有些婴儿已经开始认人。换言之，此时期的婴儿已将母亲当做是特殊人物看待，他知道只有母亲了解自己，而这一点也令母亲欣慰，就愈加疼爱婴儿。

社会行为发育

随着智力的发育，宝宝对看过的东西多少有点记忆，能够区分爸爸妈妈和其他家人。宝宝对妈妈的依恋愈来愈强，当熟悉的面孔出现时，宝宝会认出来，对陌生人有的宝宝则会做出躲避的姿势。

心理发育

4个月的宝宝喜欢从不同的角度玩自己的小手，喜欢用手触摸玩具，并且喜欢把玩具放在嘴里试探着什么。能够用咕咕噜噜的语言与父母交谈，有声有色还挺热闹。会听自己的声音。对妈妈显示出格外的偏爱，离不开妈妈。父母要多进行亲子交谈，如跟孩子说笑，给孩子唱歌。或用玩具逗引，让他主动发音，要轻柔地抚摸他，鼓励他。

味觉、嗅觉发育

宝宝辨别味道的能力更进一步，已经能分辨出味道上的细微差别。

第二节　宝宝的日常护理

不同季节宝宝盖被子有别

在给宝宝盖被子时，要根据宝宝的特点，依据不同的季节、不同的气候条件、不同的温度变化来合理地给宝宝盖被子。

◉春季　被子的重量以1～1.5千克为宜，不同的温度条件下处理方

法稍有不同：①室内温度为10℃～15℃时，让孩子把手脚盖好，不伸出被窝，只露出头部，睡姿要平仰或侧卧。②室温为15℃～25℃时，盖好被子后，允许婴儿把双手放在被子外。③室温为25℃～30℃时，特别是遇上闷热的天气，可让婴儿把手、脚露在被子外面，但要盖好胸口、腹部。

◉ 夏季　初夏季节，在我国大部分地区气温一般已经上升到30℃以上，在南方地区甚至更高，天已较热。当婴儿熟睡时，处于比较安静的状态，最好拿薄毛巾盖好腹部，否则，很容易引发感冒或因肠胃受寒引起消化不良、腹泻等症状。除了要用薄毛巾被盖好婴儿腹部，父母还得多多留意，及时将婴儿踢掉的毛巾被盖好。

◉ 秋季　秋季的气温变化和春季往往比较接近，因此可以参考春季的处理方法。

◉ 冬季　冬季气温降到0℃左右，特别是遇上寒流时，会更加寒冷。在我国北方地区气温甚至在0℃以下，即使是南方也常常因冷空气南下而大幅降温，这时更应该做好宝宝的防寒保暖。一般来说，在冬季，宝宝的被子应为2.5千克左右为好。当然，如果温度很低的话，可以更厚些。婴儿被窝应捂严塞紧，脚部的被子往下向里折，这样，婴儿像包在一个小睡袋中，会睡得很香甜，也不容易感冒。

男婴与女婴护理上的差异

◉ 男婴护理　如果发现男婴阴囊变大，阴囊皱褶减少，变得透明，可能是发生了鞘膜积液。有的婴儿可在一岁左右自行吸收，所以不严重的话，不要急于手术治疗。

有疝气的婴儿一旦出现不明原因的哭闹，有疝气嵌顿的可能。如果是疝气，要注意躺下后是否能够还纳回去，如果不能还纳，可能疝入阴囊的肠管发生嵌顿，使被嵌顿的肠管缺血坏死，这就要及时看医生了。

◉ 女婴护理　要注意预防阴道、尿道炎，洗臀和擦屁股时，要从前向后洗擦，以免使肛门周围的大肠杆菌污染阴道或尿道。女婴更容易患尿布疹，尤其在炎热的夏季，最好不使用尿布。如果使用尿布，也不要把尿布紧兜在臀部，要留有一定的空隙。

预防宝宝睡偏了头

宝宝出生后，头颅都是正常对称

的，但由于婴幼儿时期骨质密度低，骨骼发育又快，所以在发育过程中极易受外界条件的影响。如果总把宝宝的头侧向一边，受压一侧的枕骨就会变得扁平，出现头颅不对称的现象。

1岁之内的宝宝，每天的睡眠占了一大半甚至2/3的时间，因此，预防宝宝睡偏了头，首先是要注意宝宝睡眠时的头部位置，保持枕部两侧受力均匀。另外，宝宝睡觉时习惯于面向母亲，在喂奶时也把头转向母亲一侧。为不影响宝宝颅骨发育，母亲应该经常和宝宝调换位置，这样，宝宝就不会总是把头转向固定的一侧。

如果宝宝已经睡偏了头，家长应用上述方法进行纠正。一旦宝宝超过了1岁半，骨骼发育的自我调整已很困难，偏头就不易纠正了，会影响宝宝的外观美。

宝宝是否一哭就抱

宝宝从4个月开始就会“磨人”了，这时他们啼哭常常并不是因为饥饿，也没有什么不舒服，更多的是因为周围没有人，他哭是盼望有人来照顾他。这时往往是你抱起他，他就不哭了。从这时起要与3个月以前“一哭就抱”有所区别了，以免养成宝宝的“抱癖”。

当然，这并不意味着由于4个月以后的宝宝有可能养成抱癖，因此当他啼哭时就不抱抱他，不理他，随他哭去。正确的做法是父母既要照顾宝宝的情绪，又不要每当宝宝啼哭时都立即将他抱起。不妨这样做：听到宝宝发出的哭声后，走到他的小床旁，用手抚弄他的脸蛋儿，轻轻地拍拍他，亲切地对他微笑、用温柔的声音对他说话。在多数的情况下宝宝会安静下来。如果你这样做了，宝宝还是一个劲地哭，就应该把他抱起来，哄哄他，给他以爱抚，稳定下他的情绪。注意千万不要抱得太久，宝宝满足后，可以轻轻地把他放回小床，并在他旁边守候一会儿，待宝宝高高兴兴地安静下来以后再离开。

关注宝宝的睡眠

从第4个月开始，宝宝白天睡的时间比以前缩短了，而晚上睡得比较香，有的宝宝甚至一觉睡到天亮。一般每天总共需睡15～16小时。由于宝宝在睡眠时间上的差异较大，大部分的宝宝上午和下午各睡2个小时，晚上8点左右入睡。

◉ 观察宝宝睡眠时的冷暖　睡眠，在人的生命过程中占有非常重要的地位。对宝宝更是如此。宝宝香甜安稳的睡眠，将给宝宝的身心发育带来非常好的帮助和影响。宝宝睡觉时，妈妈或爸爸要时刻关注宝宝的冷暖，如果妈妈害怕宝宝睡觉时过冷或过热，因不好掌握而总放心不下，可以用手摸摸宝宝的后颈，摸的时候注意手的温度不要过冷，也不要过热。如果宝宝的温度与你手的温度相近，就说明温度适宜。如果发现颈部发冷时，说明宝宝冷了，应给宝宝加被子或衣服。如果感到后颈湿或有汗，说明可能有些过热，可以根据具体情况去掉毯子、被子或衣服。

◉ 变换宝宝小床的方向　父母应该创造条件，让宝宝衣着单薄甚至光着身子自由地伸展身体，练习技能。最好在洗澡前配合空气浴进行。要经常让他俯卧，练习抬头、支撑全身，从仰卧翻到俯卧，并将身体从一侧转向另一侧。要经常变换孩子小床的位置或变换睡的方向，以免把头睡偏。

◉ 让宝宝自己决定睡眠时间　一般认为宝宝的个体差异大，睡眠时间为12～16小时，具体时间长短与宝宝的体质和父母睡眠时间长短有关。只要宝宝本身精神状态好，食欲正常，无消化方面问题，体重增长良好，家长无需顾虑，让宝宝自己决定睡眠时间就好了。贪睡的宝宝可以比睡觉少的宝宝一天多睡4～5个小时，这种差异是可以存在的。

不必干预宝宝啃手指

这个月宝宝不但会吸吮小拳头，还会吸吮拇指，啃小手，啃玩具。这是婴儿发育过程中出现的正常表现，不要把这些行为认为是不良习惯而加以限制，也不要认为这是宝宝没有吃饱，或由于宝宝缺乏爸爸妈妈的关照而感到孤独。只有宝宝到了一岁以后或更大些，还吸吮手指，这才是“吮指癖”了。宝宝长大了出现“吮指癖”，这和妈妈在宝宝婴儿期有没有干预其吮指，没有直接的因果关系。

让宝宝养成良好的睡眠习惯

到了这个月，妈妈应该帮助宝宝养成了良好的睡眠习惯，大致情况应该这样：

早晨起来，洗脸，吃奶，洗澡，听听音乐，和妈妈交流，练练发音，再到户外活动。

到了午饭前开始睡觉，等到妈妈把饭吃完了，宝宝会醒来，吃奶，再和妈妈玩一会儿，开始睡午觉，一睡可能就是3～4个小时，醒来后再吃奶。天气好的话，会非常高兴到户外晒太阳，看看花草树木，人来人往和穿梭的车辆，小猫、小狗、小鸟、小鸡更是宝宝喜欢追着看的小动物。

太阳快落山了，回到室内摇摇手里的玩具，听听音乐，看看新挂上的鲜艳的画，床旁新挂上的玩具。如果哭一会儿，那是要练嗓音，增加一下肺活量。或者是饿了，渴了，给宝宝吃喝就会安静下来。让宝宝看一眼电视里色彩斑斓的广告，不看了或开始闹人了，就马上把宝宝抱离。看电视不能超过5分钟。

给宝宝洗洗脸，洗洗小脚，洗洗小屁股，喂足了奶，也到了晚上七八点钟，开始睡觉了。一睡可能就到了后半夜，即使半夜起来1～2次，也是正常的，换换尿布，喂点奶，宝宝会马上入睡的。

这就是良好的睡眠习惯，妈妈可以对照一下自己宝宝的睡眠情况，给予必要的调整。有的父母，看到宝宝半夜醒了，因为担心宝宝闹，就全力陪宝宝玩，结果养成宝宝半夜醒来要求父母陪玩的习惯。父母如果坚持不住，不理睬宝宝，宝宝就开始哭闹，一来二去，成了闹夜的宝宝。而父母又可能认为宝宝缺钙，一系列错误的序幕就这样拉开了。

推宝宝外出要注意安全

天气好的时候，每天都应该推着宝宝出去晒晒太阳、呼吸呼吸新鲜空气。但是，现在的城市环境、交通和路面状况都很复杂，推孩子外出也会遇到许多安全问题，要特别注意。

◉ 避免吸入太多尾气　宝宝坐或躺在童车里的高度与汽车尾气管的高度很接近，特别是推宝宝过马路时，从发动着的汽车尾部推过去，汽车尾气的浓度最高，会让宝宝吸入更多有害物。因此，要尽量避免在汽车多的时候带宝宝外出，绕开狭窄又经常堵车的街道，过马路时最好把宝宝抱起来，不要让宝宝坐或躺在推车里。

◉ 推车上下台阶要小心　不能直接推着童车上下台阶，尤其是下台阶，强烈的震荡有可能伤到宝宝的大脑。遇到台阶最好是将宝宝抱出来，再将童车推上或推下。如果只有一个人，

可以把宝宝与童车一起抬起，但要注意不要抓童车的可活动部位，否则童车就有可能突然折起，夹伤宝宝。

◉ 下坡要注意控制速度　最好使用有减速功能的童车，如果没有，在下坡时要尽量控制好车速。

◉ 过马路时不要抢路　推着童车过马路时一定要等绿灯亮时再走，不要在红灯变成绿灯，或绿灯变成黄灯时抢行。如果是十字路口，当你面对的方向在变灯的时候，左右方向也在变灯，有些司机或是骑自行车、电动车的人也有可能想抢在变成红灯之前通过，这时很有可能发生交通事故。

◉ 进出楼门防止宝宝被撞着　有的人推着童车进出楼门时喜欢用童车顶开楼门，或是把童车的位置放在距楼门最近的地方，这样对于坐在童车里的宝宝来说是非常危险的。若有人在前面推开门或是从对面推门进入，关回来的门会与童车发生碰撞，容易伤到宝宝。因此，在推童车进楼门时要把童车放在推车人的身后，先打开楼门，用身体挡住门，让童车从身前通过。把童车推到门打开不会碰到的安全区，推车人再进出楼门。要看看门口进出的人是否很多，人多时可在一旁等一会儿，待人少了再走。

宝宝房间不宜摆放花卉

有些花卉除了花粉致病外，某些部位也含有毒素。例如：仙人掌的汁有毒，皮肤被扎破会发炎；夹竹桃的枝叶含有夹竹甙，误食以后会很快中毒；丁香、茉莉花有强烈的香味，会引起过敏反应等。因此，婴儿居室不宜摆放花卉。

注意宝宝消化功能的加强

这一时期的宝宝，消化功能逐渐成熟，口腔、胃肠道、胰腺、肝胆等脏器不断成熟。所有动物在幼小时期，消化功能总是较早成熟的，这种成熟符合自然发展规律，没有消化吸收就谈不上生命的发育。4～6个月的宝宝有了咀嚼的欲望，这时候的宝宝不再满足于吸奶和吞咽，随着牙龈内牙胚的发育，宝宝想磨练一下牙龈，此时给宝宝些稍微稠一点的食物，宝宝会很乐意接受。由于添加了一些半流质或糊状的食物，宝宝较少或不发生吐奶了。

当然这也与咽喉、食道肌肉的发育以及功能逐步完善有关。4～6个月宝宝的胃容量有了很大增加，达到

150毫升，有些宝宝一天吃上3～4瓶牛奶也不成问题。胃液、胃消化酶也逐渐增多。肝脏功能天天完善，胆汁分泌增加，对脂肪的消化能力增强。总的消化吸收能力也大大增强。

洗澡的危险性增加了

这个月的婴儿，洗澡已经不让妈妈怎么摆弄都行了，开始淘气了，会有自己的兴趣和要求，比如你给他洗脸，他正想用小手拨水玩，妈妈就要和宝宝商量说，咱们先洗脸，洗完脸再玩；宝宝可能听不懂，但不这样商量，宝宝真的会生气的。

洗澡时宝宝也不再像以前好抱了，会从你手中溜出，掉到水里或磕到盆沿上。尤其是给宝宝身上打了婴儿皂或浴液，就更光滑了。新生儿期用的小浴盆现在要换成大浴盆了，洗着洗着，水可能凉了，千万不要因为水凉了，就直接往浴盆中加热水，这是非常危险的。尽管你有把握不烫着宝宝，但还是不要这样做，意外往往就是这样发生的。

莫搂着宝宝睡觉

有些年轻妈妈喜欢睡觉时将孩子搂在怀里，以为这样便于照顾孩子，防止孩子着凉。其实，这是一种不当的做法。

搂着孩子睡觉，孩子的头多枕在妈妈胳膊上，妈妈只能呈侧卧姿势。这种体位睡久了，受压肢体会感到麻木不适，引起自觉或不自觉翻身，这样很容易把孩子惊醒，甚至压伤孩子。

搂着孩子睡觉，孩子的头常捂在被窝里，被窝里空气很污浊，不利于孩子排出二氧化碳和吸进氧气。如果长时间氧气供应不足，就会影响孩子的大脑发育。可见，搂着孩子睡觉，不论对大人还是对孩子都是不利的。

轻轻摇晃宝宝有好处

爱抚婴儿正确的方法是轻轻抚摸婴儿的全身。摇晃婴儿常常作为一种止哭的方法，当婴儿大哭时只要轻轻一摇或轻拍，婴儿的哭声就会停止。若轻轻哼上几句催眠曲，婴儿会睡得更快。

有规律的轻轻摇动可使婴儿内耳前庭接受刺激，产生平衡感觉，可加快学步的进程，还可促进孩子动作的发育。

第三节　宝宝的喂养

4个月宝宝的喂养要点

4个月的宝宝已经进入断奶准备期，单纯的母乳喂养已经不能满足宝宝的生长需要了。所以，除了吃奶以外，要逐渐增加半流质的食物，为以后吃固体食物做准备。宝宝随年龄增长，胃里分泌的消化酶类增多，可以食用一些淀粉类半流质食物，先从1～2匙开始，以后逐渐增加。宝宝不爱吃就不要喂，千万不能勉强。

在这个时期，宝宝从母体当中带来的铁含量已经开始减少，宝宝容易出现贫血，需要在饮食中得到补充。因此，要在辅食中注意增补含铁量高的食物，例如蛋黄中铁的含量就较高，可以在牛奶中加蛋黄搅拌均匀，煮沸以后食用。贫血较重的宝宝，可由医生指导，口服补血药物等，千万不要自己乱给宝宝服用铁剂药物，以免产生不良反应。

另外，在添加辅食的过程中，要注意宝宝的大便是否正常以及有无不适应的情况，每次添加的量不宜过多，应该循序渐进地使宝宝的消化系统得到适应。

4个月宝宝的食量差别较大。如果人工喂养，一般的宝宝每餐150毫升就能吃饱了，而有些生长发育快的宝宝，一次就可以吃200毫升。

增加辅食的方案

4个月的婴儿食入量差别比较大，仍应坚持纯母乳喂养。有的生长发育快的宝宝，食奶量较大，有的还要加糕干粉等。除了吃奶以外，要逐渐增加半流质的食物，为以后吃固体食物做准备。

◉ **增加辅食的方法**　给宝宝增加辅食要注意方法。4个月的宝宝肠胃功能还未完善，要选择适合他的食物来制作辅食，不要一下子就让宝宝吃各种不同的辅食，辅食的添加要从少到多，从细到粗，不要立刻用辅食代替配方乳。总之，增加辅食要循序渐进。

◉ **从一种到多种**　要按照宝宝的营养需求和消化能力逐渐增加食物的

种类。刚开始时，只能给宝宝吃一种与月龄相宜的辅食，如果宝宝的消化情况良好，排便正常，再让他们尝试另一种。千万不能在短时间内一下子增加好几种辅食。

◉ 从稀到稠　宝宝在开始添加辅食时，都还没有长出牙齿，因此妈妈只能给宝宝喂流质食品，逐渐再添加半流质食品，最后发展到固体食物。如果开始就添加半固体或固体的食物，宝宝肯定会难以消化，导致腹泻。应该根据宝宝消化道的发育情况及牙齿的生长情况逐渐过渡，即从菜汤、果汁、米汤过渡到米糊、菜泥、果泥、肉泥，然后再过渡成软饭、小块的菜、水果及肉。

◉ 从细小到粗大　宝宝的食物的颗粒要细小，口感要嫩滑，因此菜泥、果泥、蒸蛋羹、鸡肉泥、猪肝泥等“泥”状食品是最合适的。这不仅锻炼了宝宝的吞咽功能，为以后逐步过渡到固体食物打下基础，还让宝宝熟悉了各种食物的天然味道，养成不偏食、不挑食的好习惯。而且，蔬菜“泥”中含有纤维素、木质素、果胶等，能促进肠道蠕动，容易消化。另外，在宝宝快要长牙或正在长牙时，妈妈可把食物的颗粒逐渐做得粗大，这样有利于促进宝宝牙齿的生长，并锻炼他们的咀嚼能力。

断乳期添加辅食的条件

◉ 开始流口水　一直盯着父母的食物，好像很想吃的样子，流出很多口水。

◉ 脖子比较硬实　脖子比较硬实，即使立着抱也没有问题。

◉ 蠕动嘴唇　一看到父母吃东西，就一起蠕动嘴唇，好像在吃东西。

◉ 如果靠着东西，就能坐住　把宝宝的手放在前边，背部垫上东西，宝宝就可以坐着。

哪些婴儿不宜吃普通奶粉

在某些特殊情况下的婴儿，对所吃的奶粉应有所选择。

◉ 早产儿　这些婴儿生长快，需要量多，如果吃普通奶粉，容易出现水肿。可选择早产儿奶粉，因其主要含有易于消化的乳清蛋白、脂肪酸和较多的钙和磷等，且热量又高，很适宜早产儿。

◉ 患肠炎、痢疾的婴儿　可选用无乳糖奶粉，这些婴儿的肠道被病菌侵害，肠内缺乏消化乳糖的“乳糖酶”，如果给全脂奶粉，因含乳糖多，就会加重病情。

◉ 持久性腹泻患儿　这些婴儿消化功能差，应给予易消化奶粉，奶粉内含有各种人体胃肠道易消化的葡萄糖来代替普通奶粉中乳糖，用甘油三酯代替脂肪，用水解糖蛋白代替普通奶蛋白，所以极易消化和吸收。

◉ 正在腹泻、消化不良的婴儿　这些婴儿应给低脂奶粉（即脱脂奶粉），如果给全脂奶粉（即普通奶粉）很可能加重腹泻，但不可长期食用低脂奶粉，否则将导致热量不足，发生营养不良。

◉ 食欲缺乏，不喜欢进食的婴儿　喂给“活性乳”比较好，因其易被吸收，增加食欲，又含有多种维生素和矿物质，很适宜一般食欲缺乏的婴儿。

◉ 对动物蛋白、牛奶、奶制品过敏的婴儿　可给予豆奶，豆奶含有大量豆蛋白、维生素、无机盐类，而不含动物蛋白，也不含乳糖，豆奶中采用葡萄糖代替乳糖，因此很适宜长期腹泻或对动物蛋白过敏的婴儿食用。

牛奶不能与钙粉同服

人工喂养的宝宝到了3个月后便开始加喂一些钙片或钙粉，以防止宝宝缺钙。应当注意的是钙粉不能和牛奶一起喂。因为钙粉可以使牛奶结块，影响两者的吸收。有些父母为了喂宝宝方便、省事，常喜欢把钙粉混合到牛奶中一起给宝宝吃，这样的补钙方法是不科学的。

增加蛋白质的摄入

蛋白质，用于维持婴幼儿新陈代谢，身体的生长及各种组织器官的成熟。所以这一时期处于正氮平衡状态。对蛋白质不仅要求有相当高的量，而且对质的要求也很高。

◉ 蛋白质的摄入量　母乳可以为新生儿提供高生物价的蛋白质，而人工喂养的宝宝由于蛋白质的质量低于母乳，所以，蛋白质的需要量高于母乳喂养的宝宝。母乳喂养时蛋白质需要量为每日每公斤体重2克，牛奶喂养时为3.5克，主要以大豆及谷类蛋白喂养时则为4克。另外，婴幼儿的必需氨基酸的需要量远高于成人，同时由于婴儿体内的酶功能尚不完善，其必需氨基酸的种类也多于成人，即对于成人来说是非必需氨基酸，而对于婴儿来说是必需氨基酸，如半胱氨酸和酪氨酸。婴儿自身不能合成这些氨基酸，只能从食物中供给。动物性蛋白中必需氨基酸的质和量都强于植物性蛋白，母乳中的蛋白质都含有各种必需氨基酸，也包括半胱氨酸和酪氨酸在内。

◉ 蛋白质过量的危害　大多数父母都知道，蛋白质摄入对于婴幼儿的生长发育的重要性，但是他们或许不知道过量摄入蛋白质却可能是有危害的。任何营养素的摄入量都应以满足机体需求为标准，过量营养素的摄入可能对人体造成不良的影响，尤其是对消化、代谢和排泄器官发育都不成熟的婴儿。蛋白质是构建身体和发挥生理功能的重要物质，蛋白质分解代谢的产物则必须依赖肝脏转化和肾脏排泄，超过身体需要、未被利用的蛋白质只会增加婴幼儿的代谢负担。良好的蛋白质营养只需适量且高质，“好吸收、高利用、少负荷”的蛋白质，在满足婴幼儿对营养需求的同时，还可有效降低代谢负担，有助于其全面健康的生长。

如何添加蛋黄

4个月的孩子可以添加含铁较丰富、又能被婴儿消化吸收的食品了，鸡蛋黄是最适合的食品之一。开始时将鸡蛋煮熟，取1/4蛋黄用开水或米汤调糊状，用小匙喂，以锻炼婴儿用匙进食的能力。婴儿食后无腹泻等不适后，再逐渐增加蛋黄的量，半岁后便可食用整个蛋黄了。应当注意的是，不要随意增加蛋黄的食用量。

为宝宝冲米粉的要诀

在已消毒的宝宝餐具中加入1份量米粉，量取4份温奶或温开水，温度约为70℃；将量好的温奶或温开水倒入米粉中，边倒边用汤匙轻轻搅拌，让米粉与水充分混合。倒完奶或水后，千万别忘记要先放置30秒，让米粉充分吸水，然后再搅拌；搅拌时汤匙应稍向外倾斜，向一方向搅拌

均匀即可。

理想的米糊是：用汤匙舀起倾倒时，米糊能成炼奶状流下。如成滴水状流下则表明调得太稀，难以流下则表明太稠。米粉可以混合菜泥、果泥、肉泥、面条等一起喂给宝宝。

第四节　宝宝的能力培育与训练

语言能力训练

◉ **模仿发音练习**　让宝宝学会模仿唇形，发出辅音。现阶段宝宝的学习就是一个模仿过程，模仿能力越强，学到的东西就越多，语言也不例外。妈妈同宝宝说话时，话要简单，口形明确，以利于宝宝模仿。辅音中有意义的字如“打”要用手去打，“拿”要用手去拿。说“爸爸”时指着父亲，说“妈妈”时指着母亲，使宝宝能在咿啊之外发出更多的辅音。妈妈在发音时要慢而长，一次只教一个辅音，待宝宝学会并巩固后再学新的辅音。要先学直观的词，如妈妈、爸爸、哥哥等。

◉ **应答发音练习**　除了把宝宝抱在怀里说话、逗玩外，还要把宝宝放在摇篮里逗玩，特别是当宝宝感到寂寞而哭闹时，要走到床边，和他说笑一会儿。这样宝宝就会踢腿、抬手、挺腰，一边咯咯地笑，一边和你“咿咿呀呀”地“讲话”，你要同样去应答他，让他的情绪得以充分激发，全身得以充分的活动。这就是对宝宝最初的发音训练，使他能把自己发出的声音同耳朵听到的自己的声音联系起来。同时，这个活动又是母子感情交流的好方式。这项活动可以顺延到宝宝能发出“爸爸”、“妈妈”等重叠音为止。

视觉能力训练

妈妈或爸爸要在过去几个月的视听训练基础上，用声音或动作吸引宝宝的视线，并让视线随之转移。或让宝宝的视线从妈妈转移到爸爸，或者在宝宝注视某个玩具时，迅速把玩具移开，使宝宝的视线随之移动，也可以用滚动的球从桌子一侧滚到另一侧让宝宝观看。此外，还可以在窗前或利用户外锻炼的时机，让宝宝观察户外来往的行人或汽车等移动物体。

认识能力训练

4个月的宝宝，早上睡醒后，很快就能完全清醒过来，而且马上就要起床，好像新的一天有很多事等待他去做似的。的确，由于感觉的发展和对身体控制能力的提高，面对这丰富多彩的世界，你的小宝宝需要你倾注更多的爱和时间，陪他读一读周围世界这部活“书”。父母要有计划地教宝宝认识他周围的日常事物。宝宝最先学会认的是眼前变化的东西，如能发光的、音调高的或会动的东西，像灯、收音机、机动玩具、猫等。认物一般分两个步骤：一是听物品名称后学会注视，二是学会用手指。开始你指给他东西看时，他可能东张西望，你要吸引他的注意力，坚持下去，每天至少5～6次。通常学会认第一种东西需要用15～20天，学会认第二种东西用12～18天，学会认第三种东西用10～16天，也有1～2天就学会认识一种东西的。这要看父母是否能敏锐地发现宝宝对什么东西最感兴趣。宝宝越感兴趣的东西，认得就越快。要一件一件地学，不要同时认好几件东西，以免延长认识时间。

社交能力训练

◉ 抚摸妈妈的脸　妈妈要经常俯身面对宝宝，朝他微笑，对他说话，做种种面部表情，与此同时，拉着宝宝的手摸你的耳朵，摸你的脸，边拍边告诉他“这是妈妈的脸”，然后发出阵阵好玩的声音，使宝宝高兴，并对你的脸感兴趣。然后，和宝宝同时照镜子，看宝宝的反应。

◉ 做藏猫游戏　用毛巾把你的脸蒙上，俯在宝宝面前，然后让他把你脸上的毛巾拉下来，并笑着对他说：“喵。”玩过几次之后，宝宝会把脸藏在衣被内同大人做“藏猫”游戏。让他喜欢注视你的脸，玩时有意识地给予不同的面部表情，如笑、哭、怒等，训练宝宝分辨面部表情，使他对不同表情有不同反应。

动作能力训练

人们常说“生命在于运动”，其实智力的发展也在于运动。运动包括大运动和精细动作。运动可以使宝宝变得动作协调、反应灵敏、健康活泼。

宝宝通过运动来感知周围的世界，通过在运动中的不断尝试和调整

来掌握一个动作（如：爬、走）。运动时，大脑不断接受外来的刺激信息，根据这些信息做出判断，并发出调整的指令使动作更协调。如此反复，能促进脑细胞的发育，使婴幼儿的反应和判断能力逐渐增强，记忆力加深，认知能力得到发展，从而促进智力发育。所以说，运动与智力密切相关。在婴幼儿期，由于脑细胞功能的可塑性，运动与智力发育的关系更为密切。

手部动作训练

目的：一般宝宝从 2 个月起两手就能握在一起，到 4 个月时两手可以相对捧东西，这时应通过训练加以强化，使之适应精细动作，促进五指分化。两手对捧是脑手协调进一步发展的结果。训练五指分化更是宝宝发育中一项极为重要的训练内容，因为五指分化使宝宝发育又进一个新的阶段。

方法：用奶瓶喂奶或喂水时，让宝宝两只小手捧上奶瓶，大人协助，逐渐让宝宝自己为之。

注意：大人要掌握好奶瓶的角度，勿使宝宝喝呛了。

宝宝能力开发应注意的问题

◉ 充分认识家庭教育的重要性

学校教育固然可以使学生掌握知识，提高水平。但好的家庭教育，更能开发儿童智力，为更好地掌握知识奠定基础，从某种意义上讲，人的命运几乎取决于家庭环境和教育。

◉ 破除天才论　遗传因素对人的智力发展是有影响的，但并不是起着决定性作用。“天才”不是生而知之，而是学而知之，是靠后天教育影响形成的。

◉ 不要揠苗助长　应尊重宝宝的成长特点，遵循儿童智力发展规律，循序渐进，因势利导，不可超越宝宝智力发展的可能性。

◉ 要有毅力　人才的培养周期性长，不可一劳永逸，必须持之以恒。三天打鱼，两天晒网，这样是培养不出人才的。同时，注意方法的多样化和灵活性，不管多么好的方法，没有好的形式绝不会收到好的效果。

◉ 智力发展与非智力因素的发展是不能分开的　比如，学习兴趣、意志、性格是智力发展的动力，并能弥补智力的不足，改善大脑的工作状态。

第五节　宝宝的常见问题与应对

宝宝舌系带过短

舌系带过短，俗称“袢舌”，一般是在喂奶时发现婴儿吃奶裹不住奶头，出现漏奶现象，或者是婴儿接受体格检查时被医生发现的。有些粗心的父母直到孩子学讲话时，看到孩子发音不准特别是说不准翘舌音如“十”“是”等时才发现。但是，也有些是因家长特别娇惯孩子，使孩子讲话不清，这种情况经正确的语音训练多半能够纠正。

舌是人体中最灵活的肌肉组织，可完成任何方向的运动。在舌下正中有条系带，使舌和口底相连。如果舌系带过短就会发生吸吮困难、语言障碍等。若发现孩子在6个月以前就舌系带过短，应及时到医院做进一步检查，确诊后可立即进行手术。当孩子学说话时发现有以下情况：如让孩子伸舌时，舌头像被什么东西牵住似的；舌尖呈“V”形凹入，舌系带短而厚等，就可以确诊。舌系带手术的时间最好是在6岁以前完成，这样既不影响孩子身心健康，又不影响孩子学习。

宝宝水痘的防治

水痘是由水痘带状疱疹病毒初次感染引起的急性传染病，传染率很高，主要发生群体在婴幼儿，以发热及成批出现周身性红色斑丘疹、疱疹、痂疹为特征。冬春两季多发，其传染力强，接触或飞沫均可传染。易感儿发病率可达95%以上，学龄前儿童多见。临床以皮肤黏膜分批出现斑丘疹、水疱和结痂，而且各期皮疹同时存在为特点。该病为自限性疾病，病后可获得终身免疫，也可能在多年后感染复发而出现带状疱疹。

◉ 水痘的症状　水痘的潜伏期为14～15天。水痘发病急骤，大都先见皮疹，同时有中、低度发热及不适等症状。皮疹多数见于躯干和头部，也可见于腋部、四肢稀少，偶见于掌心和脚底。皮疹初期为红色小斑疹和丘疹，隔数小时或一日后很快变为疱疹，呈椭圆形，大小不等，周围有红晕，

以后结痂，至2～3周才完全脱落，脱落后一般不留痕。皮疹数目多少不定，在1～6日内皮疹相继分批出现，在同一患者身上，可以同时看到斑丘疹、水疱、结痂，这是水痘的特点，病中可伴发脑炎、肺炎、败血症等。

◉ **水痘的治疗** 出水痘的宝宝要隔离患儿2～3周，直至皮疹干燥结痂或痂皮脱落就没有传染性了。要将宝宝的被褥、衣服和用具进行彻底消毒。宝宝的鼻涕、脱落的痂皮要用卫生纸包上烧掉。餐具要煮沸消毒5～10分钟，玩具、家具、地面可用肥皂水或来苏水擦洗消毒，被褥，衣服可在阳光下曝晒4～6小时。室内要通风，保持空气新鲜。要勤给宝宝洗手，勤剪指甲，防抓破水痘引起感染。让宝宝不去抓痘痂，痂盖被抓掉后，会留下小麻坑。注意多给宝宝饮水，吃清淡易于消化并富含营养的食物，如面条、稀饭、牛奶、豆浆、鸡蛋等。多吃些水果，多喝些绿豆汤等。

宝宝抽风的护理

惊厥又称惊风，俗称抽风，是小儿较常见的紧急症状，尤其多见于婴幼儿，是由大脑皮质功能暂时紊乱所致。

孩子出生不久后就发生抽风的原因主要是产伤，其次是各种感染如新生儿败血症、新生儿破伤风等。满月以后发生抽风的原因是缺钙引起的婴儿手足搐搦症，或是脑膜炎、败血症等，少数病儿是由于先天代谢异常或先天畸形引起。

据统计，小儿惊厥的发病率是成人的10～15倍，其中3～6个月的婴儿发病的比例几乎占了2/3。

由于小儿神经系统发育还不成熟，抽风的形式多种多样，常常表现为呼吸暂停、脸色发紫、两眼睁大、全身发硬、四肢抽动。有的孩子抽风时仅表现为眼的异常活动，如凝视、眨眼、眼球抽动，或者面部抽动，做咂嘴动作，有时呼吸暂停，四肢有时像游泳似的划动。有的表现为先是某一个肢体抽动，以后又转换到另一个肢体抽动。也有的可表现为仅仅一侧面部或一侧肢体抽动。总之，没有一定规律。一般经数秒至几分钟即可缓解，少数会反复发作或持续不止。

在正常小儿入睡或清醒时，当打开包被时，小儿肢体有时会快速的抖动几下，这不是抽风，当肢体抖动时如果轻轻按压住肢体，可以使抖动的肢体停止抽动，若是抽风轻轻按压是止不住的。

宝宝感冒、哮喘的护理

一般在感冒流涕、发热后的一两天，有些宝宝会开始咳嗽，伴随着咳嗽症状逐渐加重，出现气喘，宝宝呼气延长，呼吸急促，每分钟达50次以上，甚至还会憋气。妈妈可以明显地感觉到宝宝的呼吸道阻塞。咳嗽、气喘时口唇青紫。

对付气喘最好的办法是预防，加强身体锻炼，增加户外活动，增强宝宝机体抗病能力，避免感冒的发生；合理穿衣，不要忽冷忽热；若家中有上呼吸道感染的患者，则应尽量与宝宝隔离，如果不得不与宝宝接触，最好戴口罩；定期通风换气，室温要适宜，并保持一定湿度；在室内烧烤食物时，一定要开窗；避免宝宝接触小动物，家里不要养小猫、小狗。另外，尘螨是诱发小儿气喘主要的过敏源，要注意一些细小的生活习惯，每天起床后一定要叠被，不要给宝宝买填充玩具和毛绒玩具，家中避免使用地毯和挂毯。必要时可给宝宝应用疫苗预防，可从鼻腔内喷入或滴入减毒病毒疫苗，可以预防或减轻上呼吸道感染病症。对已发生气喘的宝宝，应及时带去医院诊治。

预防宝宝呼吸道传染病

宝宝由于发育不健全，体温调节功能差，对寒冷气候的适应能力低，所以在冬季常易患流感、流腮、麻疹、百日咳等呼吸道传染病。这些传染病早期酷似感冒，极易被误诊，如治疗不及时，不仅会造成疾病流行，还很容易发展为肺炎。宝宝一旦得了呼吸道传染病，再合并感染上肺炎，就会增加治愈的难度，出现呼吸急促、鼻翼扇动、喘憋、烦躁等症状，严重的可出现抽搐、昏迷，甚至危及生命。

那么，在冬季该怎样预防宝宝患呼吸道传染病呢？首先，要加强锻炼，注意增加营养，让宝宝多在户外

活动，常晒太阳，呼吸新鲜空气，以增强身体的抵抗能力和对寒冷气候的适应能力。其次，在疾病流行期间，不要带宝宝去公共场所，外出时要戴口罩，以减少被传染的机会。应注意室内通风，定期用食醋熏蒸消毒。此外，应适时接种流感、麻疹等疫苗，提高宝宝的免疫力。

宝宝患了呼吸道传染病应及时去医院诊治。在家要加强护理，室内空气要新鲜，不要在宝宝的居室里吸烟，室温最好保持在18℃～20℃之间，相对湿度保持在55%，空气过于干燥会刺激气管黏膜，加重咳嗽和呼吸困难。室内要保持安静，保证宝宝睡眠。家长要遵医嘱按时给宝宝用药。鼻腔及咽喉分泌物过多时要及时清除，并随时密切观察宝宝的病情变化，一旦出现口唇发紫、出汗、四肢发凉等病状，要及时请医生处理。

预防宝宝肺结核

结核病是由结核杆菌引起的人畜共患的慢性传染病。可在各种组织器官中形成结核结节和干酪样坏死灶，是一种蔓延于世界各地的常见病、多发病。

接种卡介苗可预防儿童结核病。特别是那些严重类型，如粟粒性结核、结核性脑膜炎等。接种对象是新生儿及从未接种过卡介苗的儿童。接种卡介苗可出现特殊形式的局部反应，如接种两周左右局部出现红肿，然后局部化脓。化脓的地方一般会在3个月左右结痂，形成瘢痕。化脓破溃时，可涂甲紫溶液，勤换内衣，以防感染。以上变化是正常反应过程。无须特殊处理。偶尔出现接种部位的同侧腋下淋巴结肿大，可以热敷处理，接种部位如已软化形成脓疮，要请医生诊治。

第六章 5个月宝宝的养护

第一节 宝宝的生长发育特点

体格发育

◉ 身高　这个月男宝宝身高平均为67厘米，女宝宝身高平均为65.5厘米，宝宝身高平均可增长2.0厘米，如果宝宝身高与平均值有一些小的差异，父母不必不安。身高是个连续的动态过程，要定期进行测量，了解身高的增长速度。

◉ 体重　这个月男宝宝体重平均为8千克左右，女宝宝体重平均为7.5千克左右，婴儿体重增长速度开始下降，这是规律性的过程。4个月以前，婴儿每月平均体重增加900～1250克，从第4个月开始，体重平均每月增加450～750克。

◉ 头围　这个月男宝宝头围平均为43.0厘米，女宝宝头围平均为42.1厘米，婴儿头围的增长速度也开始放缓，平均每个月可增长1.0厘米。头围的增长也存在着个体差异，婴儿头围增长是呈规律性逐渐上升的趋势，有正常增长值，也有差异的正常范围。爸爸妈妈要定期测量头围，可及时发现头围异常，如果头围过小，要观察婴儿是否有智能发育迟缓的症状，如果头围过大，应确定宝宝是否有脑积水、佝偻病等。

◉ 囟门　正常宝宝5个月大时前囟门可随着头围的增加而略变大，但一般不大于3.0厘米，不小于1.0厘米，也不向外突出。此时宝宝的后囟

门已经闭合。这个月宝宝的囟门可能会有所减小了，也可能没有什么变化。如果婴儿头发比较茂密，就不容易发现前囟的变化，妈妈也不会格外注意前囟的情况。如果头发比较稀疏，或把头发剃得光光的，前囟就会看得很清楚，妈妈喂奶时，甚至会看到宝宝囟门一跳一跳的，很是害怕。不用担心，这是正常的。

视觉发育

现在宝宝才能辨别红色、蓝色和黄色之间的差异。如果宝宝喜欢红色或蓝色，不要感到吃惊，这些颜色似乎是这个年龄段宝宝最喜欢的颜色。在这时，宝宝的视力范围可以达到几米远，而且将继续扩展。他的眼球能上下左右移动注意一些小东两，如桌上的小点心；当他看见妈妈时，眼睛会紧跟着妈妈的身影移动。在宝宝面前滚动皮球，他会紧盯着皮球，皮球滚到哪儿，宝宝的视线就会追逐到哪儿。在宝宝睡床顶上悬吊一只气球，宝宝的眼球会随着气球的晃动而转动。

语言发育

这个时期的宝宝在语言发育和感情交流上进步较快。当有人与他讲话时，他会发出咯咯咕咕的声音，此时宝宝的唾液腺正在发育，经常有口水流出嘴外，还常出现把手指放在嘴里吸吮的毛病。

动作发育

5个多月的婴儿懂事多了，体重已是出生时的2倍。口水流得更多了，在微笑时垂涎不断。如果让他仰卧在床上，他可以自如地变为俯卧位。坐位时背挺得很直，当大人扶助孩子站立时，能直立。在床上处于俯卧位时很想往前爬，但由于腹部还不能抬高，所以爬行受到一定限制。

5个多月的孩子会用一只手够自己想要的玩具，并能抓住玩具，但准确度还不够，往往一个动作需反复好几次。洗澡时很听话并且还会打水玩。5个多月的孩子还有个特点，就是不厌其烦地重复某一动作，经常故意把手中的东西扔在地上，拣起来又扔，可反复20多次。也常把一件物体拉到身边，推开，再拉回，反复操作。这是孩子在显示他的能力。

听觉发育

这个月爸爸妈妈会发现，当宝宝啼哭的时候，如果放一段音乐，正哭的宝宝会停止啼哭，扭头寻找发出音乐的地方，并集中注意力倾听。听到柔和动听的曲子时，宝宝会发出咯咯地笑声，而且小嘴里也咿咿呀呀地应和着，拍打着小手，显示出愉快、满意的表情。如果听到刺耳嘈杂的声音，宝宝就会表现出惊恐的样子啼哭起来。有时，爸爸妈妈叫宝宝的名字，宝宝会很快转过头来，眼睛热切地望着爸爸妈妈，似乎有应答的样子。对于能发出声音的玩具，宝宝更是喜爱，拍一拍，抓一抓，反复把玩，似乎想搞清楚，玩具是怎么发出声音的。

感觉发育

5个月的宝宝对周围的事物很感兴趣，喜欢与别人一起玩，特别与亲人一起玩。能识别自己的母亲和周围的人，也能识别常玩的玩具。

味觉发育

宝宝在辅食添加的过程中，味觉发育越来越敏感，会坚决拒绝他不喜欢的食物。

认知发育

随着孩子记忆力和注意力的加强，你会注意到一些迹象，表明他不仅在接受一些信息，而且也把它们应用到他的日常生活中。这一阶段他可以明白一个重要的概念——因果关系。在他踢床垫时，可能会感到婴儿床在摇晃，或者在他打击或摇动铃铛时，会认识到可以发出声音。一旦他知道自己弄出这些有趣的东西，他将继续尝试其他东西，观察出现的结果。对大人的脸非常有兴趣，抱他时，会用手指戳你的眼睛，会抓你的眼镜。叫他的名字时，能转过头去，朝声音方向寻找。这个月的宝宝，开始会注意镜子中的自己。

心理发育

5个月的孩子睡眠明显减少了，玩的时候多了。如果大人用双手扶着宝宝的腋下，孩子就能站直了。5个月的孩子可以用手去抓悬吊的玩具，会用双手各握一个玩具。如果你叫他的名字，他会看着你笑。在他仰卧的时候，双脚会不停地踢蹬。

这时的孩子喜欢和人玩藏猫咪、摇铃铛，还喜欢看电视、照镜子，对着镜子里的人笑。还会用东西对敲。宝宝的生活丰富了许多。家长可以每天陪着宝宝看周围世界丰富多彩的事物，你可以随机地看到什么就对他介绍什么，干什么就讲什么，如电灯会发光、照明，音响会唱歌、讲故事等。各种玩具的名称都可以告诉宝宝，让他看、摸。这样坚持下去，每天5~6次。

情感与社会行为发育

5个月大的宝宝听到母亲或熟悉的人说话的声音就高兴，不仅仅是微笑，有时还会大声笑。此时的宝宝是一个快乐的、令人喜爱的小人儿。宝宝的微笑现在已经随时可见了，而且，除非宝宝生病或不舒服，否则，每天长时间展现的愉悦微笑都会点亮你和他的生活。这时期是巩固宝宝与父母之间亲密关系的好时期。宝宝会伸手让妈妈抱，这是让妈妈非常开心的事情。爸爸也不妨试试，做出要抱宝宝的动作，观察宝宝是否会伸出小手给爸爸，让爸爸抱。

第二节 宝宝的日常护理

怎样抱宝宝

宝宝到了5个月时，就不满足于整天躺在床上了，迫切希望有人能抱着他，使其视野开阔，看看外面精彩的世界，而且还可以锻炼孩子颈部及肢体的肌肉，以及增加父母与孩子之间的感情。

怎样抱孩子才算正确，才能使孩子感到舒适并且使其肢体得到锻炼呢？通常有3种姿势。

◉ 横抱式　一面抱一面轻轻摇晃。家长将孩子的头枕在一侧胳膊肘上方，前臂和手托住其背、臀部，另一手从内侧托起孩子双下肢腘窝处。这个姿势孩子很舒适，而且孩子的脸与父母的脸挨得很近，有利于感情的交流。

◉ 直立式　双手臂环抱住孩子的臀部及下肢，让孩子的头靠着大人的肩膀。这种姿势孩子的视野最广，他可以看到更多的人和景物，而且上身可以左右转动，活动度更大，有利于锻炼其背部肌肉。

◉ 坐势　让孩子两腿跨在大人的髋部，大人两手从孩子腋下穿过托住其腰背部，这个姿势可以锻炼腰背部肌肉，有利于其早日独立坐稳。而且可以温柔地和他逗着玩，讲讲话，以利于情感的交流。

以上3种姿势可视不同场合交换使用。

正确使用儿童车

婴儿仅变换室内环境还不够，还要让婴儿接触更多的外界环境。从自然环境中接受丰富的信息来促进宝宝身心发展。另外，这个月龄的婴儿已能自己翻身，两手喜欢到处抓摸东西，并将抓到的物品放进嘴里，因此，无专人照料或大人一时疏忽，就可发生危险。解决以上问题的方法是准备一辆儿童车。

儿童车的式样很多，应选择可以放平的车，使婴儿躺在里面，拉起来也可以使婴儿半卧斜躺在小车里，也可以让婴儿坐在车里。车上装有一个篷子，刮风下雨也不怕了。车的轮子最好是橡胶的，推起来不至于颠簸得太厉害，这对婴儿的脑发育有利。

婴儿车尽量不要在那些高低不平的路上推，因为这样车子会上下颠簸，左右摇摆，不但推的人费劲，婴儿也很难受。另外，孩子坐在车里，要比推车人低得多，离地面很近，很容易呼吸到地面上的灰尘。所以，为了孩子的身体健康，家长推着小车散步时，要到车少、地平、环境优美的地方去。

不要强行制止宝宝哭

婴儿大脑发育不够完善，当受到惊吓、委屈或不满足时，就会哭。哭可以使宝宝内心的不良情绪发泄出去，通过哭能调和人体七情。所以哭是有益于健康的。有的家长在宝宝哭时强行制止或进行恐吓，使宝宝把哭憋回去，这样做使宝宝的精神受到压抑，心胸憋闷，长期下去，会精神不振，影响健康。当宝宝哭时，家长要顺其自然。宝宝哭后情绪稳定，就嬉笑如常了。

帮宝宝安然度过出牙期

长牙期的宝宝脾气变得比较暴躁，不易安抚，常常哭闹。宝宝更需要来自爸爸妈妈的呵护及关怀，它会让宝宝感觉温暖与舒适，并使情绪得到放松。

◉ 出牙期的症状　口水增多：出牙时的宝宝有个比较明显的特征，就是口水比较多，主要是因为他们的神经系统发育和吞咽反射差，控制唾液在口腔内流量的功能弱造成的，通常随年龄增大和牙齿萌出，流口水现象将逐渐消失。

萌牙血肿：牙龈上出现大小不等肿包，肿包的表面呈现出蓝紫色，肿块一般出现在即将出牙地方。

发热、腹泻：有些宝宝在长牙时还会有发热、腹泻的症状，大多数宝宝症状不会太严重，一般精神都比较好，食欲旺盛。

烦躁：出牙时的不舒服会让宝宝表现得烦躁不安，他们看起来比平时更爱哭，情绪不好，不过如果看到什么有趣的事情，通常就会安静下来。

◉ 正确护理　每次给宝宝吃完辅食后，可以加喂几口白开水，以冲洗口中食物的残渣。妈妈还可以将干净的纱布巾打湿后帮宝宝擦拭牙龈。乳牙长出后，必要时需用牙线帮助清洁牙缝。妈妈还可以戴上指套帮宝宝按摩牙龈。

妈妈可以准备一些专为出牙宝宝设计的磨牙饼干，还可以亲自制作一些手指粗细的胡萝卜条或西芹条，让宝宝啃咬，以缓解出牙时的不适。爸爸妈妈也可以将牙胶冰镇后给宝宝磨牙用。

培养宝宝单独玩

有一些宝宝在满五六个月后，只要妈妈一走开，马上就哭闹起来。所以，要设法让婴儿慢慢习惯一个人单独玩。如果妈妈一不在身边就哭，可先试着在孩子能看得到的地方让他自己玩，慢慢拉长距离。这样，孩子在床上或其他安全的地方可以单独玩半小时左右。

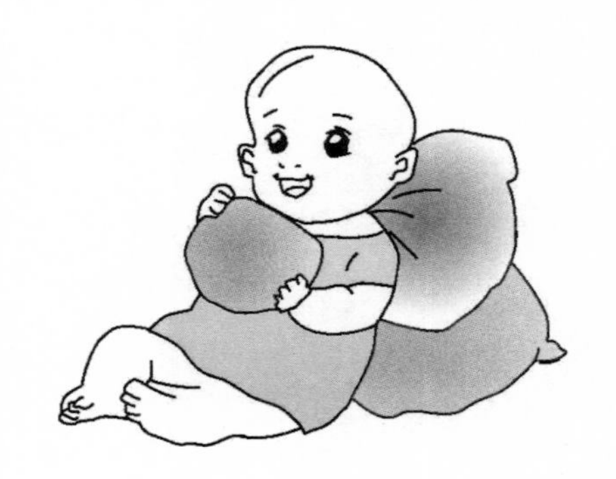

那些溺爱过度的孩子肯定任性、撒娇、很难自制，只要旁边一没有人就不高兴、大吵大闹、哭闹不休。培养孩子的自制力和忍耐力是育儿的一大重点。因此，千万不要过分溺爱孩子，尽量让他自己单独玩。

培养宝宝正确看电视

让宝宝看电视，会引起一些人的反对，怕对宝宝的视力有不良影响。其实如果看电视的方法正确，对宝宝还是有很多好处的。可以发展宝宝的感知能力，培养注意力，防止怯生。

4~6个月的宝宝已有了一定的专注力，而且对图像、声音特别感兴趣。这时，不妨让宝宝看看电视，但看电视的时间不要超过2~10分钟。看电视的内容要有选择，一般来说宝宝喜欢看图像变换较快、有声、有色、有图的电视节目，如儿童节目、动画片、动物世界，甚至一些广告节目等，这些节目都可作为宝宝看的内容。但要注意，每次看电视可选择1~2个内容，声音不应过大、过于强烈，以使宝宝产生愉快情绪，而且不疲劳为宜。

如何为宝宝测体温

观察婴儿体温，是了解婴儿健康状况的一个方面。为婴儿测体温时，家长要注意安全。

测量体温一般有三种方法，肛测、口腔测和腋下测。由于婴儿多动，且为无意识动作，故测量肛门和口腔的温度容易发生意外，一般采用腋下测量体温，这既方便、卫生，又安全。

测体温前，家长要将体温计的水银柱甩到35℃以下。然后解开婴儿的衣服，将体温计的水银端放置于婴儿的腋窝深处，并使婴儿屈臂夹紧体温计，10分钟后取出体温计，查看体温计的读数。

应该注意，婴儿在测体温时，家长要一直守候其旁，如婴儿自己不能夹紧腋窝，家长应从旁边助一臂之力，帮助婴儿夹紧至10分钟测毕体温。在测体温时，注意体温计应紧贴婴儿腋窝皮肤，切不可夹在内衣的外面，影响测温的结果。

婴儿正常体温在36℃~37℃之间，超过37℃为发热，37℃~38℃为低热，38℃~39℃中度发热，39℃以上是高热。对于发热的小儿，应每2～4小时测量一次体温，在服退热药后或物理降温30分钟后，应再测体温，观察婴儿的热度变化。此外还应注意，婴儿在哭闹后，或刚喝过热水后，或活动后不能马上测体温，如若测体温会发现体温上升。而吃冷饮或洗澡后也不要马上测体温，应在20分钟后再测体温。若腋窝有汗，应擦干腋窝再测体温。

第三节　宝宝的喂养

宝宝饮食喂养的特点

5个月的婴儿，由于活动量增加，热量的需求量也随之增加，纯母乳喂养已不能满足婴儿生长发育的需要。

如果必须人工喂养，5个月婴儿的主食喂养仍以乳类为主，牛奶每次可吃到200毫升，除了加些糕干粉、米粉、健儿粉类外，还可将蛋黄加到1个；大便正常的情况下，粥和菜泥都可以增加一点，可以用水果泥来代替果汁，已经长牙的婴儿，可以试吃一点饼干，锻炼咀嚼能力，促进牙齿和颅骨的发育。

在辅食上还可以增加一些鱼类，如平鱼、黄鱼、巴鱼等，此类鱼肉多、刺少，便于加工成肉泥。鱼肉含磷脂、蛋白质很高，并且细嫩易消化，适合婴儿发育的营养需要，但是一定要选购新鲜的鱼。

在喂养时间上，仍可按4个月时的婴儿喂养时间进行安排。只是在辅食添加种类与量上略多一些。

母乳仍是宝宝主要食品

母乳仍是第5个月宝宝的主要食品。现在基本的原则仍然是按需哺乳，但也要逐渐固定喂母乳时间和延长两次喂奶之间的时间，尤其减少晚间喂母乳次数。

妈妈每天平均哺乳6～8次，间隔3～4小时，每次哺乳20分钟左右。这个月的宝宝，只要母乳吃得好，妈妈乳量充足，宝宝体重就会正常增长，一般每天增加体重20克左右。

宝宝何时可以吃盐

食盐在膳食中是必不可少的调味品，如果没有食盐，各种饭菜将没有味道，会严重影响食欲。食盐也是体内钠和氯的主要来源，钠和氯是人体内必需的无机元素，起调节生理功能的作用。钠、氯在体内吸收迅速，排泄容易，约90%以上从尿中排出，一小部分从汗液排出。健康儿童排出量与摄入量大致相等，多食多排，少食少排，使体内钠、氯含量保持相对稳定。但6个月以内宝宝，尤其是怀胎不满8个月的早产儿，肾脏滤尿功能低，仅为成人的1/5以下，不能排泄过多的钠、氯等无机盐，应避免吃咸食。一般宝宝6个月后，肾脏滤尿功能开始接近成人，此时在逐渐添加的辅食中，可酌量给予咸食。

6个月前，宝宝的食物以乳类为主，逐渐添加少量乳儿糕、米粉等副食。这些食品内均含有一定量的钠、氯成分，可满足宝宝对钠、氯的生理需要。所以不必担心不吃咸味会对宝宝有什么不利。

食盐摄入过多会加重肾脏负担，肾脏长期负担过重，也有引起成年后患高血压的可能。如肾脏有病变，过重的食盐更会引起机体水肿。因此，宝宝的食品不宜过咸，仅以满足其食欲感即可，不能以成人口味作为标准来衡量咸淡。宝宝食盐的健康用量一般掌握在每天2.5克左右，6个月左右初食咸味时，量宜更少。

婴儿喂养要注意的问题

◉ 不吃小粒食品　孩子咀嚼能力差，舌的运动也不协调。小粒食品极易误吸进气管，造成危险。如花生米、玉米花、黄豆、榛子仁等都不宜给孩子吃。

◉ 不吃带骨的肉食　不要给孩子吃排骨，排骨的骨渣易刺伤口腔黏膜，或卡在喉头。吃鱼最好吃海鱼，家长把刺挑净，压成鱼泥给孩子吃，虾要把皮剥净。

◉ 少吃不易消化吸收的食物　如竹笋、炒黄豆、生萝卜、白薯等。

◉ 不吃太咸的食物　如咸菜、咸蛋等，孩子的饭菜宜清淡。

◉ 不吃太过油腻的食物　如肥肉、油炸食品等。

◉ 不吃不卫生的食品　特别是街头小摊的食物。

◉ 不吃辛辣刺激性食品　如酒精饮料、咖啡、可乐、浓茶及各种饮料，还有辣椒、大蒜等。

宝宝辅食的种类

这个月的宝宝，消化酶分泌逐渐完善，已经能够消化除乳类以外的一些食物了。为补充宝宝乳类营养成分的不足，满足其生长发育的需要，并锻炼宝宝的咀嚼功能，为日后的断奶做准备，没有添加辅食的宝宝此时也应该添加辅食了。

宝宝辅食的制作

本月宝宝添加的辅食主要以蔬菜汁和汤为主，蔬菜汁是取蔬菜中的汁液喂养宝宝；蔬菜汤则是将蔬菜切碎后，放水中加调料煮至宝宝可食的程度来喂宝宝。这些方法，都是为了让宝宝得到蔬菜中的营养素，以促进宝宝的生长发育。

蔬菜汁的做法大致与做果汁相同，将蔬菜切碎、捣烂，用纱布过滤榨汁。注意，有些蔬菜汁需加热煮熟，方可喂宝宝，而西红柿汁、黄瓜汁可不加热，直接喂宝宝，其他蔬菜应加热后喂。

菜汤的制作：什么蔬菜都可以，先用容易买到的蔬菜做。如果是有异味的蔬菜，应让宝宝逐渐适应，如芹菜、茴香、韭菜、香菜等等。将蔬菜泡一泡，用水洗净，然后将菜切得粉碎，放入锅中加水煮，水要正好将菜没过，一直煮到菜软为止，再放入少许盐、酱油等调料，煮开。味要淡些。

先喂一匙试试看，若肯喝，可以以后每次增加1匙，每日可喂7～10匙左右，应在喂奶前喂，不要用奶瓶喂，要用匙子喂，以促进宝宝习惯于用匙子吃东西。

严守哺乳时间

此时期吸乳的效率增加，本来已有减少哺乳量的趋势，现在又再度增加。

规定哺乳次数与间隔，并非忽视宝宝的欲望，而是尊重宝宝喂乳的意愿，逐渐延长间隔时间。宝宝若想吸乳，可供给白开水加以调整，到了5个月后，供给断奶食品，如果哺乳时间没有步入正轨就很难顺利进行。

此时期的宝宝一天哺乳5次，每次间隔4小时，最好以这种基准决定哺乳时间。

母乳不够的喂养方法

当每次给宝宝喂两侧乳房后，宝

宝仍哭闹不休，妈妈又找不出其他原因时，就要考虑宝宝可能没有吃饱。奶水不足时，宝宝情绪不安，睡眠不好，时间一长就会影响体格与智力发育。母乳不足时就要及时补充一些代乳品，也就是说，要用混合喂养的方法。可以先让宝宝吸空双侧乳房，再用小汤匙喂一些牛奶或其他代乳品。这种方法也叫补授法。混合喂养的牛奶量不一定要进行计算，可以根据宝宝的需要适当地补充即可。也可以在宝宝晚间临睡前吃一顿牛奶，如果宝宝夜里醒来，就给宝宝喂母乳，这样一来，免去许多麻烦，也有利于妈妈和宝宝的休息。

母乳不足时，母亲可以多喝些水和各种饮料，如果乳汁足够时，就不要喂宝宝牛奶。混合喂养时，不要用奶瓶和橡胶奶嘴，以免引起乳头错觉，导致宝宝不愿意吸妈妈的奶头。

宝宝的最佳饮料

宝宝的最佳饮料是白开水。有些父母喜欢给孩子喝甜果汁等代替白开水给孩子解渴，其实是不妥当的。

饮料里面含有大量的糖分和较多的电解质，喝下去后不像白开水那样很快就离开胃部，而会长时间滞留，对胃部产生不良刺激。孩子口渴了，只要给他们喝些白开水就行，偶尔尝尝饮料之类，也最好用白开水冲淡再喝。

给宝宝喝水的科学方法：

◉ 饭前不要给孩子喂水 饭前喝水可使胃液稀释，不利于食物消化，喝得胃部鼓鼓的，也影响食欲。恰当的方法是，在饭前半小时让孩子喝少量水，以增加其口腔内唾液的分泌，有助于消化。

◉ 睡前不要给孩子喂水 年龄较小的孩子在夜间深睡后，还不能自己完全控制排尿，若在睡前喝水多了，很容易遗尿影响睡眠。

◉ 不要给孩子喝凉开水 孩子天性好动，稍稍活动就往往浑身是汗，十分口渴。此时，有的家长常给孩子喝一杯凉开水，认为这样既解渴又降温。其实，大量喝凉开水容易引起胃黏膜血管收缩，不但影响消化，甚至有可能引起胃肠痉挛。

喂菜汤、菜泥、水果泥的方法

◉ 菜汤的喂法 取新鲜绿色蔬菜或胡萝卜 50 ~ 100 克洗净、切碎。锅内加少许水煮沸后将蔬菜或胡萝卜加

入，继续煮 7～8 分钟至熟烂。倒清洁的漏瓢中，去汤后用匙背压榨成细末过瓢孔，除去粗纤维，剩下的倒入碗中即可食用。

4～6 个月的宝宝初次吃菜汤可从少量开始，第一次吃 20～30 克菜汤，适应了再增加至 40～50 克。

◉ 菜泥的喂法　先将新鲜的蔬菜如菠菜、小青菜、胡萝卜、空心菜等，选任何一种取 50～100 克，洗净，切碎。往锅内放碗水煮沸后将切碎的菜放入锅内。继续以大火煮沸 6～7 分钟停止，将菜及汤倒入消毒的漏瓢内，漏下的菜泥盛入碗中，加少许盐即成。

初次吃菜泥的宝宝第一次可喂 1/2 汤匙（10～15 克），第 2 天如无不良反应增加到 1 汤匙（20 克），3～4 天后如无不良反应可增至 2 汤匙（30～40 克）。

◉ 水果泥的喂法　新鲜苹果 50 克，糖 10 克，将苹果去皮、切碎，以大火煮软后，加入糖，放入清洁的铁筛内，用匙压迫过小孔，即成苹果泥。

也可以将苹果洗净，削去皮，以小匙慢慢地刮，刮下的即成苹果泥，开始每次喂 1/2 汤匙，以后渐增，宝宝腹泻时吃点苹果泥有止泻作用。

喂养辅食的误区

有些父母缺乏喂养宝宝的知识，常常出现一些喂养误区，对宝宝的生长、发育极为不利。

宝宝 5 个月时，单纯的母乳喂养或配方奶粉喂养已不能满足宝宝生长需要，必须添加含有大量宝宝生长所需的营养素、又能适应其消化能力的泥糊状食物作为辅食。然而长期以来，有些父母对它的重要性认识不足，有些母乳喂养的宝宝到 8～9 个月时还没有建立喂泥糊状食物的习惯。不及时进食泥糊状食物，不但无法使宝宝得到全面的营养，而且由于 4～6 个月是宝宝促进咀嚼功能和味觉发育的关键时期，延迟添加泥糊状食物会使宝宝缺乏咀嚼的适应刺激，使咀嚼功能发育延缓或咀嚼功能低下，引起喂养困难，从而易产生语言发育迟缓、认知不良、操作智商偏低的现象。因此，我们鼓励给 4 个月以后的宝宝添加泥糊状食品，首选是有多种维生素和矿物质强化的营养米粉。要用小匙喂，只要每天坚持，经过 10 次左右宝宝都能学会吃米粉。同时要保证泥糊状食品的质量，逐渐添加不同颜色、不同味道和不同质地的食物，如蛋黄、菜泥、果泥、鱼泥、肝泥、肉泥等来刺激宝宝的味觉，同时满足生长发育的需要。

嚼食喂养害处多

很多家长出于“爱”心，吃香甜可口的食物便代为嚼碎尽快送到孩子的肚里。其实，这种嚼食喂养的做法是有害的。

◉ 传播细菌　正常人的口腔里仍存在各种大量的细菌，如果选择嚼食喂养的方式，就会把细菌带给孩子。尤其是患肺结核、肝炎、伤寒、痢疾、口疮、龋齿、咽喉炎的人，更容易把病菌带给孩子造成传染。宝宝的身体抵抗力弱，很容易因此而患病。

◉ 影响发育　咀嚼是消化食物的第一关。咀嚼不仅可以促使口腔分泌唾液，使食物得到初步消化，而且咀嚼的动作又可引发胃液的分泌，为食物进入胃内的进一步消化做好准备。而嚼过的食物细、松软、润滑，不需要孩子自己咀嚼了，也就失去了这一消化过程，自然也就降低了消化能力和吸收能力，久而久之，将使孩子的胃肠功能下降，消化液分泌减少，直至阻碍生长发育。

◉ 阻碍用餐能力的养成　经常嚼食喂养宝宝，会使宝宝形成一种依赖性，并习惯成自然，不利于锻炼其咀嚼能力和使用餐具的能力，也不利于培养其独立生活能力。

◉ 影响健美　如果家长一味嚼食喂养，就会失去孩子锻炼面部肌肉的机会，也就会影响孩子面部的健美了。

让宝宝有规律的进食

所有的宝宝都能自然地养成固定的饮食规律。如果父母稍加引导，这种规律就会养成得更早。在宝宝5个月的时候，随着他们不断长大，吃奶间隔就会越来越长。这时，父母应该对宝宝进行有规律地喂养，从这个时候起，你就可以训练你的宝宝，吃饱了以后就能和父母一样睡上一整夜。

◉ 进食要定时定量　进食如果能做到定时定量，宝宝在一定的时间会产生饥饿感，胃肠内会产生大量的消化液，而使吃进的食物能顺利地消化和被吸收。什么时候吃饭、排便、睡眠都是人类的一种生物本能，但这些活动会受到社会生活环境的制约，更多地受时间的影响，也就是受生物钟的影响。帮助宝宝建立正常规律的饮食生物钟，不但对宝宝的健康有利，同时也可以帮助宝宝将来更好地适应幼儿园、学校的集体生活。

◉ 白天固定饮食　如果白天宝宝吃过奶以后就睡着了。4 个小时以后还没有醒，妈妈就应该把他叫醒。这就是在帮助宝宝养成固定的白天饮食习惯。即使宝宝吃过奶以后在睡觉期间哼唧两声，妈妈也应该忍耐几分钟。假如宝宝真的醒了而且哭闹，可以给他一个橡胶奶嘴哄哄他，以便他能有机会再次入睡。这就是帮助宝宝适应更长的吃奶间隔。

◉ 注重吃奶间隔　如果宝宝最初的时候吃奶无精打采，迷迷糊糊或者躁动不安少睡觉，家长应该坚持适当地引导宝宝，使他的吃奶间隔不断向规律发展，比如，让吃母乳的宝宝每两三个小时吃一次，让吃配方奶的宝宝每三四个小时吃一次，父母减少了忙乱，宝宝也能尽早些养成固定的吃奶习惯。

正确吃鸡蛋

鸡蛋营养丰富，含有丰富的蛋白质、钙、磷、铁和多种维生素，是很好的滋补食品，对婴儿的生长发育也有一定的益处，可适量食用。但婴儿过多食用蛋类则不利，甚至会带来不良的后果。

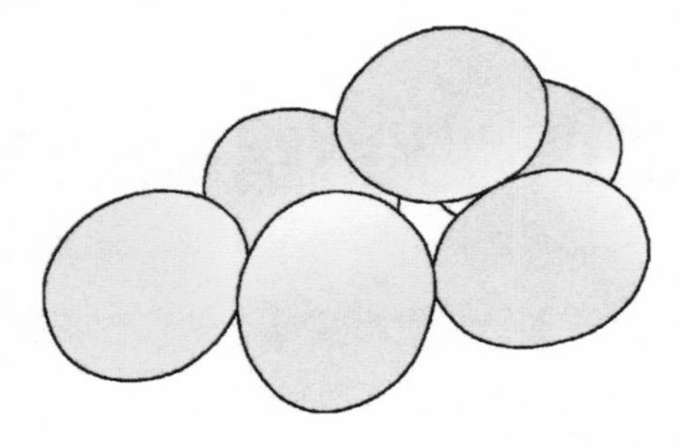

营养专家认为，婴儿最好只吃蛋黄，而且每天不能超过 1 个。另外，如果婴儿正在发热、出疹，暂时不要吃蛋类，以免加重肠胃负担。

不足 6 个月的婴儿，其消化系统的发育很不完善，肠壁很薄，通透性很高，而鸡蛋清中的蛋白分子又特别小，可以直接通过肠黏膜进入血液中，使婴儿机体对异体蛋白分子发生抗原抗体反应，可引起荨麻疹、湿疹等变态反应性疾病。另外，婴儿食用蛋清也不易消化，还容易引起腹泻。所以不要给 1 岁以内的婴儿吃蛋清。

母乳喂养不能代替打“预防针”

尽管母乳对初生宝宝所起的防病保

健作用不可低估，但这种保护作用是有时间限制的，一般仅有3 ~6 个月。

因为母乳为宝宝提供的抗体属于自然被动性保护抗体，很容易从机体消失，再加上抗体都具有很强的排异性，某种抗体只有某一方面的作用，而对其他疾病无效，有一定的局限性。因此，单纯依赖母乳来维持宝宝体内的免疫保护功能是不够的，这也是婴幼儿要进行免疫接种的原因。

免疫接种产生的抗体，较母乳中的抗体稳定，持续时间长，防病效果可靠。它是母乳和其他任何具有保健作用的物质都无法替代的。

第四节　宝宝的能力培育与训练

语言能力训练

宝宝很早就能听到声音回头去看，但他们是否能理解自己的名字，此时可以进一步观察。带宝宝去街心公园或有其他孩子的地方，父母可先称呼其他小朋友，看看宝宝有无反应，然后再叫宝宝的名字，看他是否回头。父母应在胎教时，即在妊娠第7 个月时就为宝宝取名，每次呼唤都用同一个名字。经过孕期一个月呼名胎教训练的婴儿会在出生 3 个月时听到自己的名字而回头，未经训练的婴儿可在 5 ~7 个月知道自己的名字。切记要用固定的名字称呼宝宝。如果大人一会儿说“宝宝”、一会儿说“文文”，或者经常更改名字，会使孩子无所适从，就会延迟叫名回头的时间。当孩子听名回头向你笑时，要将他抱起来亲吻，并说“你真棒”、“真聪明”，以示表扬。

视觉能力训练

婴儿是通过观看、倾听、触摸、品味、嗅闻和运动来观察环境和认识世界的。

我们可以运用身边的各种物体，让宝宝观看它们的形态。如大小、长短、色彩、光洁程度等，激发他观看的兴趣和探索的愿望。

父母还可以设置一些小道具，让他观看不同条件下物体的线条、形状、明暗变化，增加他的动态观察能力。如把一根筷子放入盛水的杯子里，宝宝会看到筷子折射后的拐角；用一块积木对着灯光移动，宝宝会看到积木在地上的投影的大小。

听觉能力训练

妈妈或爸爸可以先拿一些可以发出响声的玩具，弄出响声让宝宝注意倾听。等宝宝有了反应之后，妈妈或爸爸从宝宝身边跑到另一房间或躲在宝宝卧室的窗帘后面，叫着宝宝的名字让宝宝寻找。如果宝宝找不到，妈妈或爸爸可露出头来吸引宝宝，直到宝宝注意为止。进行这种听觉感知训练时，声音要由弱到强，物体由近到远，循序渐进地锻炼宝宝的听觉能力。还可以给孩子听悦耳的八音盒或电子玩具，甚至听动物的叫声、鸟类的啼鸣声，以及各种交通工具的声音等，扩大声音的范围，观察孩子的反应。音乐应和谐、动听美妙。

记忆能力训练

◉ 寻找失落的玩具　将带响的玩具从宝宝眼前落地，发出声音，看看他是否用眼睛追随，伸头转身寻找。如果能随声追随，可继续用不发声的绒毛玩具落地，看看能否追寻，如果追寻就再把玩具捡来给他，以示鼓励。

◉ 找铃铛　大人轻轻摇着小铃铛，先引起宝宝的注意，然后走到宝宝视线之外的地方，在身体一侧摇响铃铛，同时问他：“铃铛在哪儿呢?”逗他去寻找。当宝宝头转向响声，大人再把铃摇响，给他听，让他高兴。然后当着他把铃铛塞入被窝内，露出部分铃铛，再问：“铃铛在哪儿呢?”大人用眼示意，如果宝宝找到，就抱起来亲亲，以示表扬。

◉ 让宝宝听音乐　5 个月的宝宝对音乐能表现出明显的情绪，并能配合音乐节奏摆动四肢，也就是说，他已具有初步的音乐记忆力并对音乐有了初步的感受能力。因此，从这个月开始，你就要有目的、有步骤地让宝宝欣赏音乐。

❶ 让宝宝反复听某一乐曲，增强宝宝的音乐记忆力。

❷ 给宝宝听模仿动物叫声和大自然某些音响的音乐。你可将画有单个物体的彩色图片或实物配合，引起他的兴趣和愉快的情绪，做到声——物——情融为一体。

行为能力训练

这时期的孩子最喜欢让爸爸“举高”，然后再“放低”。但要注意一面举一面说，以后每当大人说“举高”时，宝宝会将身体向上做相应的准备。在做举起和放下动作时，要将孩子扶稳，千万不要做抛起和接住的动作，以免失手让孩子受惊或受伤。

社交能力训练

◉ 表情反应　方法：继续玩照镜子的游戏，和妈妈同时照镜子，看镜子里母子的五官和表情逗引宝宝发出笑声，并让宝宝和你一起做惊讶、害怕、生气和高兴等游戏。

目的：训练婴儿分辨面部表情。

注意：时间不宜长，不宜让婴儿过于兴奋。

认识能力训练

玩耍是宝宝的正经事。随着宝宝的成长，玩耍逐渐成为他们活动的重要内容，父母和他们打交道不仅在于生活料理，还应开始同他们一起玩耍。对宝宝来说他们要在玩耍中学习运作和感知等心理能力，会对客观事物产生认知和感受，不断探索和了解外部世界。这个月龄的宝宝最喜欢与父母一起玩，父母的微笑和声音对他们有很大吸引力。有父母在宝宝面前，他们可以做许多他们独自不能做或不敢做的活动。

手指能力训练

◉ 伸手抓握　将宝宝抱成坐位，面前放些彩色小气球等物品，物品可从大到小，训练宝宝注视和触及物品，并引导他的手去抓握。开始训练时，物品放置于宝宝伸手即可抓到处，慢慢移至远一点的地方，让他伸手抓握，再给第二个让他再抓。

◉ 手指的运动　将一些带响的玩具（易于宝宝抓握）放在宝宝面前，首先让他发现，再引导他的手去抓握玩具，并在手中摆弄，然后除继续训练其敲和摇的动作外，再训练宝宝做推、捡等动作，观察拇指和其他四指是否在相对的方向。

触摸能力训练

第5个月的宝宝不仅头已竖得很

稳，而且视野也更加扩大，对周围环境的事物开始表现出浓厚的兴趣。根据宝宝的这个发育特性，妈妈或爸爸就可以对宝宝进行触摸感知能力的训练。在训练前，细心的妈妈或爸爸一定要注意观察宝宝平时最爱什么，对什么东西最感兴趣，从中找出宝宝最喜欢的东西让宝宝触摸。比如木制的玩具、铁制的玩具或绒毛玩具等。在对上述各种玩具练习触模手感的基础上，再找出平绒、粗棉布、劳动布、针织品等各种材质的织物，缝成一个垫子，垫在宝宝身下，不仅让宝宝用小手摸来摸去，还要让宝宝的身体在上面蹭来蹭去，体会和感觉各种布料的不同质感。但要注意的是不要让宝宝的身体在具有化学纤维成分的小垫子上磨蹭时间过长，以免刺激皮肤。

感知能力训练

结合日常生活，利用多种多样的玩具或物体，如软和硬、冷和热、光滑和粗糙、大和小以及酸、甜、苦等味道，让婴儿见到物体就用手去抓或放入口中，通过多摸、多尝的方式，用手和口帮助认识物体。

注意：应该结合日常生活经常性地进行训练，不要图一朝一夕就能达到目的。

第五节　宝宝常见问题与应对

宝宝很喜欢让人抱

孩子的习惯一般都是家长给养成的，好习惯固然好，有些坏习惯如不及时纠正，对孩子及家长都会造成麻烦。因此，当孩子还很小的时候，妈妈就应注意培养婴儿的好习惯。

小小的婴儿很可爱，大人往往一高兴就抱起来玩玩，这是正常的。偶尔抱抱婴儿，逗一逗，和他（她）说说话，甚至亲一亲都是很自然的。但如果总喜欢抱着孩子，不舍得让孩子离开自己，会给婴儿养成喜抱的坏习惯。一旦形成习惯，离开大人的怀抱，婴儿会感到不安，变得神经质、易焦躁，一放到床上就大哭大闹，这样的孩子长大后容易变得很任性。

遇到婴儿一放到床上就大哭大闹

的时候，可以让婴儿趴着躺一会儿。有人认为婴儿的胸、腹、手脚等一接触到平面会有一种安全感觉，所以马上会停止哭闹，安静下来。另外，婴儿一般都仰卧着躺，时常让其趴着躺躺，他（她）会感到高兴。但婴儿身下垫子不宜太厚、太软，趴着的时间不宜过长，避免堵住鼻子影响呼吸。

宝宝溃疡性口腔炎

溃疡性口腔炎是由细菌感染引起的。常见有金黄色葡萄球菌、链球菌、肺炎球菌、绿脓杆菌或大肠杆菌等引起，口腔不卫生均可诱发本病。溃疡性口腔炎各年龄均可发病，以婴幼儿多见。主要表现为口腔黏膜充血、水肿、流口水、口唇、牙齿、舌面、上腭多处出现大小不等的溃疡面，呈出血性糜烂，有时溃疡上见有灰白色或黄色假膜覆盖，强行剥离假膜可引起出血。疼痛影响进食，颌下淋巴结肿大，小儿可有发热、烦躁不安、睡眠差等症状。

得了溃疡性口腔炎，要注意口腔清洁、多饮水、进食不能太热，以流质、半流质食物为主。每天用 3% 过氧化氢、淡盐水或 2% 氢酸氢钠液洗口腔，每日 2 ~ 3 次，在饭后或起床后进行。口痛影响进食可用 2% 利多卡因10 毫升加入庆大霉素 10 万单位混合后于进食前 20 分钟涂在溃疡面上，既止痛又起杀菌抗炎作用，效果很好。感染、重症及发热者，用抗生素控制感染，如美欧卡、头孢克肟冲剂、依托红霉素等（按说明用）。预防交叉感染，主要是小儿餐具、奶瓶、毛巾等专人专用，用后洗净、煮沸、消毒后盖好，备下次用。

预防脑震荡

脑震荡不单单是由于碰了头部才会引起，很多是由于人们的习惯性动作，在无意中造成的。比如，有的家长为了让宝宝快点入睡，就用力摇晃摇篮，推拉婴儿车，为了让宝宝高兴，就把宝宝抛得高高的，有的带小宝宝外出时，让宝宝躺在过于颠簸的车里等。这些一般不太引人注意的习惯性做法，有时也会使宝宝的头部受到一定程度的震荡，有的还可引起脑损伤，留下永久性的后遗症。

宝宝为什么经受不了这些被大人看做是很轻微的震动呢?

这是因为宝宝在最初的几个月里，各部位的器官都很纤小柔嫩。尤其是头部，相对大而重，颈部肌肉软弱无力，遇有震动，自身反射性保护机能差，很容易造成脑损伤。

肠套叠的早期症状

这个月龄的婴儿，尤其是较胖的男婴，某一天若突然出现下列情况:

❶ 剧烈哭闹，无论如何也哄不好。

❷ 吃奶可能会吐，哭闹时似乎不敢使劲打挺。

❸ 脸色不是发红，可能反而会发白。

❹ 屁股可能向后撅着，腿蜷缩着。

❺ 哭了有10来分钟，哭闹戛然而止，变得比较安静。

❻ 喂奶能吃，也可能会被逗笑，与平时无大区别，可过了一会儿突然又哭闹。

❼ 这样的哭闹，一次比一次剧烈，反复发生。

这时爸爸妈妈应该意识到，宝宝可能患了肠套叠。肠套叠是婴儿期最严重的外科急症，如能早期发现，非手术方法就可治疗。但如果延误诊断，套叠的肠管会发生缺血坏死，需要手术切除坏死的肠管，这样婴儿的健康受到很大危害。

肠套叠很容易被误判，关键是要想到这么大的婴儿可能会患这种病，这就会大大减少误诊的可能。如果父母没有想到这种可能，就不会半夜带宝宝看医生，可能会认为宝宝在耍脾气。尤其是平时爱哭闹的宝宝，爸爸妈妈更容易这么想当然。

肠套叠的宝宝，并不会持续哭闹，常常是哭一会儿，歇一会儿，这就使父母不急着上医院。即使到了医院，如果宝宝暂时没有哭闹，缺乏临床经验的医生，也可能会误诊的。如果父母这时能及时提醒医生说:“我的宝宝会不会是肠套叠啊?”医生也会警惕起来。如果不能确诊，医生会请上级医生或影像科医生会诊。提前几个小时能诊断出肠套叠，就可能使宝宝免除手术的痛苦。

在5月龄以后的几个月里，爸爸妈妈也不要忘记，宝宝仍有发生肠套叠的可能。如果正在腹泻的宝宝，突然阵发性哭闹，尽管不是胖宝宝或男宝宝，也要想到发生肠套叠的可能。肠套叠虽易发生在比较胖的男婴，但不是只发生在胖男婴，不胖的男婴，胖或不胖的女婴，也会发生肠套叠的。

肠套叠的早期症状可以是多种多样的。当出现典型症状，如呕吐、腹泻、血便、果酱样便、腹胀等，爸爸妈妈更应及时上医院就诊。早期诊断是治疗宝宝肠套叠的关键。

影响宝宝牙齿的因素

牙齿是健康的指标之一，但出牙早晚与智力无关。而有些如佝偻病、营养不良、呆小病、先天愚型等疾病，都会出现出牙延缓、牙质欠佳的情况。因此，爸爸妈妈要随时观察宝宝的出牙及牙齿情况。

❶ 钙质：不仅宝宝的生长发育需要它，而且，宝宝牙胚的发育生长也需要大量钙质，以及促进钙质吸收的维生素D。宝宝出生后如果没有及时补充鱼肝油和钙剂，又很少晒太阳，就容易得佝偻病，使出牙延迟。宝宝缺少维生素C时，会影响牙釉质的生长，宝宝缺氟时，牙齿易“蛀蚀”，但氟过多又会使牙釉质上出现棕褐色斑纹而且质脆易裂。人体氟的摄入主要来源于水，因此，爸爸妈妈要了解本地区水中氟的含量。

❷ 四环素：四环素也会使宝宝的牙齿变成棕黄色而且易“蛀”，应避免给宝宝服用此类抗生素药品。

宝宝受到惊吓

足月生产的婴儿出生后，已具备了各种对内、外环境变化的反应能力，这种反应称为无条件反射，新生儿的对外反应主要通过无条件反射。

随着年龄的增长，大脑不断完善，逐渐形成条件反射和随意活动。婴儿的无条件反射很多，其中一部分可以终身存在，一部分则会逐渐消失。

当寂静环境中突然有了响声，或不小心碰撞了正在入睡的婴儿的床架，或者骤然改变婴儿体位，都可能使婴儿受到惊吓。这时婴儿常表现出躯干强直，两臂伸直向内环抱。有时婴儿面部表现出紧张，并在两臂松弛时放声啼哭。这种两臂向内环抱的反射称为“拥抱反射”，是4～5个月内婴儿特有的无条件反射，并非真正的吓着了。当婴儿在襁褓中双手被包扎固定时，无法表现出这种反射。

拥抱反射约在出生后4个月左右渐渐消失，说明婴儿的大脑进一步的发育。若婴儿从出生后一直没有出现这种反射，那倒是不正常的。若婴儿5个月以后，还有这种反射也是不正常的，应找医生检查一下。

但是也有的婴儿被突然的事件惊吓后，出现颜面色青，口唇亦发绀，哭闹不安，甚至眼吊，四肢抽搐，应立即去医院检查治疗。此外，受惊吓应与缺钙时的眼角、口角及全身肌肉抽动相区别。

宝宝出现高热惊厥

高热惊厥是小儿最常见的症状，多为上感、扁桃腺炎及各种急性传染病初期引起。体温上升越快，体温升得越高，越容易发生惊厥。患儿多为6个月至3岁的孩子，惊厥多在发热后24小时内发生。发作时患儿突然意识丧失，两眼凝视、斜视或上翻，头向后仰，面部和四肢肌肉抽搐，手握得很紧，一般持续数分钟多数每次发热只抽1次，之后神志很快清醒。

预后一般不会发展成癫痫，对智力影响不大。有些高热惊厥发生在6个月以前或6岁以后，多在发热时发生，抽风时间往往超过15分钟，抽风多为局限性或两侧不对称。中等程度发热也可发生惊厥，一次发热可抽风几次，这种惊厥叫“复杂性高热惊厥”。预后恢复比单纯性高热惊厥差，部分患儿会发展成癫痫，应该去小儿神经科门诊做进一步检查。

惊厥发作时，家长应就地做下列处理。让患儿侧卧，防止呕吐物吸入；解开衣领和腰带；用干净布包裹牙刷柄或筷子放在上下磨牙之间，防

止舌头被咬伤；枕冷水袋，用白酒兑少量温水擦拭身体降温；指压人中，合谷穴止抽；咽部有分泌物设法吸出，如有条件可给患儿吸氧。惊厥不缓解，应及时去医院儿科急诊。

因高热惊厥容易复发，所以孩子每次发烧时，家长不要给孩子穿得过多、盖得过厚，即不要“捂孩子”，积极用物理方法或药物退烧。即使体温不高也应及时服退热药。

及早发现宝宝是否患有心脏病

宝宝患有心脏病，一般多在周岁以内便能发现。烦躁不安、哭声高尖、吮奶无力、呼吸急促、哭闹和活动时容易气喘、口唇发青等，这些都是先天性心脏病的主要表现。稍大点儿的宝宝能诉说胸闷、心区痛、心慌，在活动时更为明显。病情严重的还可出现指甲、口唇、面颊呈暗紫色，医学上叫做“青紫”或“发绀”。有的宝宝还可出现下肢浮肿，杵状指(也叫“鼓槌指”，手指指端变粗，像打鼓的槌子)。另外，心脏病患儿还常有几种特殊的姿势，抱着时双腿不伸直，而是屈曲在大人的腹部，坐着时，爱把腿抬到桌面，站立时，下肢常保持弯曲姿势，走路时，走一段就想蹲下来休息片刻。因为这些姿势都有利于减轻心脏负担，改善缺氧状况。

以上这些情况，在其他疾病中也可见到，所以要及时到医院进行检查，可借助心电图、超声心动等方法得出准确的结果。

发现佝偻病

佝偻病是婴幼儿期常见的一种营养缺乏症，一般人常称本病为“缺钙”，其实这种认识是错误的，它主要是由于体内缺乏维生素 D 而引起的。在人体骨骼的发育过程中，维生素 D 起着十分重要的作用，婴幼儿期生长发育旺盛，骨骼的生长发育迅速，因此需要足量的维生素 D 才能维持正常的骨骼发育。当维生素 D 缺乏时，即可引起本病。小儿易患佝偻病的原因如下：

❶ 婴幼儿生长发育特别快：1 岁时身长约为出生时的 1.5 倍，平均长高 25 厘米，第二年平均长高 10 厘米，以后每年增长 4 ~ 7.5 厘米。骨骼的生长需要维生素 D 来促进食入的钙和磷

自肠道吸收及转送至骨骼，此期如供给不足就会导致佝偻病。

❷ 缺乏紫外线照射：小儿年龄越小，在户外晒太阳的机会越少，尤其在寒冷的天气，这样就使得人体皮肤接受紫外线照射而自然制成维生素 D 的量不足，因此必须依赖口服或接受肌肉注射维生素 D，方可维持正常骨骼的发育。由于父母缺少这方面的知识而未给小儿及时补充维生素 D，就容易得佝偻病。

第七章

6个月宝宝的养护

第一节　宝宝的生长发育特点

体格发育

◉身高　这个月男宝宝的身高约68.6厘米，女宝宝约67厘米，身高平均增长2厘米左右。运动对宝宝身高的增长有很大促进作用。户外活动，不但促进宝宝的智能发育，还能让宝宝沐浴阳光，促进钙质吸收，使骨骼强壮。

◉体重　这个月男宝宝的体重约8.5千克，女宝宝约7.8千克，可增长450~750克。这个月的宝宝，开始喜欢吃乳类以外的辅食。厌食牛乳的宝宝，在这个月里也可能开始爱吃牛奶了。所以食量大、食欲好的宝宝，体重增长可能比上个月还大。如果每日体重增长超过30克，或10天体重增长超过了300克，就应该适当减少牛乳量。

◉头围　这个月男宝宝的头围约44.1厘米，女宝宝约43厘米，可增长1厘米左右。头围的增长从外观难以看出，增长的数值也不大，测量时如果不能把握正确的测量方法，最好请医生测量，以免由于测量上的误差，给爸爸妈妈带来不必要的烦恼。头围的大小也不是所有的宝宝都一样的，存在着个体差异。

◉囟门　这个月的宝宝，前囟尚未闭合，还有0.5~1.5厘米。关于前囟，爸爸妈妈最担心的是，前囟闭合过早会不会影响大脑发育。如果前囟确实是过早闭合，妈妈的担心也是有

道理的，但大多数情况是宝宝前囟小所造成的一种假象。前囟小，并不等于闭合；前囟小，也不能证明就会提前闭合。有的宝宝生下来前囟就不大，在整个发育过程中，前囟的变化也不大，大多数是在一岁以后才开始逐渐闭合的。如果是小头畸形、狭颅症或石骨症等疾病，除了囟门小、闭合早外，还会有头围小、骨缝闭合、重叠、智能发育落后等表现。要动态观察前囟情况，一次测量的绝对值不能说明问题，而测量方法是否正确也是应该考虑的。

语言发育

6 个月的宝宝，可以和妈妈对话，两人可以无内容地一应一和地交谈几分钟。他自己独处时，可以大声地发出简单的声音，如“ma”、“da”、“ba”等。妈妈和宝宝对话，增加了宝宝发声的兴趣，并且丰富了发声的种类。因此在宝宝咿咿呀呀自己说的时候，妈妈要与他一起说，让他观察妈妈的口形。耳聋的宝宝也能发声，后来正是因为他们听不到别人的声音，不能再学习，失去了发声的兴趣，使言语的发展出现障碍。

视觉发育

这个月的宝宝，能准确地区分周围人的不同，几米远处就能一眼认出爸爸妈妈。这个时候，你会惊讶地发现，宝宝开始认生了。宝宝对周围的环境也产生了很大的兴趣，能注意到周围更多的人和物，还会对不同的事物做不同的表情，对自己感兴趣的人、玩具、颜色等会给予特别关注。

听觉发育

这段时期的婴儿，其听觉能力有了很大发展。4 个月以后的婴儿已经能集中注意力倾听音乐，并且对柔和动听的音乐声表示出愉快的情绪，而对强烈的声音表示出不快。孩子到 6 个月时，听觉也更灵敏了，对很多声音都有反应，其中人的声音最能引起他的注意。在屋内有很多人讲话的情况下，他能够很快地发现爸爸或妈妈的声音，并转过头去。叫他的名字已有应答的表示，能欣赏玩具中发出的声音。

大动作发育

宝宝仰卧时，拉其小手使之坐

起，能感到婴儿在稍稍用力配合。拉起时头不后仰，靠垫时能直腰。

精细动作发育

到了这个月，宝宝的两只小手能分别抓紧小玩具或物品。

认知发育

宝宝的记忆力逐渐增强——能记住生活中的一些惯例和程序了。他常常模仿大人的话，当他发现说出“爸爸”“妈妈”会使人开心时，他会重复这些词汇，这说明宝宝已经开始有了对话的意识。因此，你要敏锐地捕捉到这些变化，适时表扬，鼓励宝宝，多跟宝宝对话，多给他讲故事、念儿歌。

情感发育

6个月的婴儿，开始无意识地发出“爸”“妈”等音，同时能发出比较复杂的声音，如“a”“e”“i”“o”“u”等，好像要说话。开始会发不同的声音，表示不同的反应。开始能理解大人对他说话的态度，并开始感受愉快、不愉快等情感，要东西时，拿不到就哭。开始对陌生人表现出惊奇、不快，对熟悉人表现出高兴。有些孩子偶尔也能听懂一两个词的意义，当你问他某某东西在哪时，他会朝某某东西看。

感觉发育

6个月的宝宝会用表情表达他的想法，能辨别亲人的声音，能认识母亲的脸，能区别熟人和陌生人，不让生人抱，也就是常说的“认生”了。

这时的宝宝视野扩大了，对周围的一切都很感兴趣，妈妈可以有意识地让宝宝接触各种事物，刺激他的感官发育。

宝宝能比较精确地辨别各种味道，对食物的好恶表现得很清楚。能够注视较远活动的物体，如汽车等。能静静地听他喜欢的音乐，对叫他的名字有答应的反应，喜欢带声音的玩具。

心理发育

6个月的宝宝睡眠明显减少了，玩的时候多了。如果大人用双手扶着宝宝的腋下，宝宝就能站直了。6个月的宝宝可以用手去抓悬吊的玩具，会用双手各握一个玩具。如果你叫他的名字，他会看着你笑。在他仰卧的时候，双脚会不停地踢蹬。

这时的宝宝喜欢和人玩藏猫猫，摇铃铛，还喜欢看电视、照镜子、对着镜子里的人笑，还会用东西对敲。宝宝的生活丰富了许多。

家长可以每天陪着宝宝看周围世界丰富多彩的事物，可以随机地看到什么就对他介绍什么，干什么就讲什么。如电灯会发光、照明，音响会唱歌、讲故事等。各种玩具的名称都可以告诉宝宝，让他看、摸。这样坚持下去，每天5~6次。注意不要性急，要一样一样地教。这样，5个半月时宝宝就会认识一件物品，6个半月时就会认识2~3件物品了。

第二节　宝宝的日常护理

按宝宝的特点安排睡眠

此时，宝宝睡眠的规律是，白天的睡眠时间逐渐减少，即使白天睡觉较多的宝宝，白天的睡眠时间也会减1~2小时。宝宝晚上应该睡多久，白天该睡多久，应该睡几觉等等，应视宝宝个体差异而定。晚上睡10个小时当然是好的，上午再睡上2个小时，下午睡3个小时，晚饭时还眯1个小时，一天24小时睡15~16个小时，这是比较理想的。但有的宝宝一天24小时只睡12~14个小时，甚至只睡10个小时、8个小时，却也很有精神，吃得也不错，体重、身高增长也正常，那妈妈就不用为宝宝睡眠少而着急了。

闹夜宝宝的护理

6个月宝宝闹夜的较多，原因不是有什么疾病，而是闹着玩。闹觉、闹着要抱、闹着要玩、闹着要到户外、闹着要排泄（这可能就是妈妈训练尿便惹的祸），闹着要吃妈妈奶头，闹室内热、闹室内空气不舒服、闹穿得多了、闹盖得多了、闹浑身不舒服、闹妈妈不在身边、闹爸爸不在身边、闹噩梦、闹打针、闹胳膊疼屁股疼、闹委屈，总之是闹闹闹。如果宝宝患了病，那闹得会更厉害。许多妈妈把宝宝小名叫“闹闹”，可能就是因为宝宝真的太闹了。

只有突然的闹夜，或与往常完全不同的闹夜，才有可能是疾病所致。6个月宝宝突然闹夜，最有可能的病因仍是肠套叠。一般情况下，妈妈无论如何也找不到宝宝闹夜的原因，也没有对付闹夜的方法。就在妈妈烦恼至极时，宝宝突然不再闹夜了，变成了乖宝宝。妈妈心头一热，“我的宝宝长大了”。是的，宝宝不会总闹夜的。

另外，新手爸爸妈妈如果能冷静对待宝宝闹夜，尽最大可能寻找闹夜的原因，想尽办法平息宝宝哭闹，宝宝闹夜的持续时间就会缩短，乖宝宝的日子就会早日到来。如果新手爸爸妈妈面对宝宝闹夜焦躁不安，并把烦恼，生气、无可奈何、相互抱怨、吵架等不良情绪传递给宝宝，宝宝会越闹越凶，闹夜也会持续更长的时间。

宝宝“吃手指头”的原因

吸吮手指对于半岁前的宝宝和半岁后的宝宝来说意义是不同的。6个月之前的宝宝吸吮手指完全是为了满足吸吮的需要，因而人工喂养的宝宝和饥饿时的宝宝表现得特别明显。吸吮反射是一种先天性的无条件反射，当触及前3个月的小宝宝的口边时，会引起他的吸吮反射，这种反射是为了维持生存的一种本能，兴奋性特别强，所以，宝宝尤其是前3个月的宝宝为满足吸吮的要求，常常会把手指当做刺激物，表现出他特别喜欢吸吮手指。

到了3～4个月时，随着吸吮反射的逐步消失，宝宝吸吮的要求也就开始逐渐减弱了，到了6个月时，一般吸吮手指的现象就自然消失了。如果宝宝在6月以后继续吸吮手指或又开始出现吸吮手指，则不再是满足吸吮的需求，而是一种自慰需要的表现了。6个月以后的宝宝在情感上比较脆弱，一方面他害怕离开父母和身边熟悉的人，对亲人特别依恋，同时又有了自己初步独立的要求，所以常常会在疲劳、紧张、情绪低落、脱离最亲近的人时会出现吸吮手指，利用吸吮手指来使自己得到安慰。

父母应该想些办法来缓解宝宝的这种心理紧张，想想宝宝是否缺少感兴趣的玩具，是否自己没有多抱抱宝宝、和他多说说话，是否宝宝独自一人在童车里待的时间太久，等等。给

宝宝创造一个温馨、愉快的生活环境。多带宝宝到自然界走走，让他接触较多的刺激，把精力用于探索外界感兴趣的事情上，避免采取强制、简单、粗暴的手段。这样，宝宝吸吮手指的习惯就会渐渐改变。

让宝宝睡凉席需要注意的问题

炎热的夏天，人们都喜欢睡在凉席上，既舒适又凉爽。可宝宝能睡凉席吗？如果天气太热，宝宝也可以适当地睡凉席，但一旦使用不当，会使宝宝着凉感冒或腹泻，出现这样或那样父母们不希望看到的毛病。因此，在让宝宝睡凉席时，一定要注意以下几点：

❶ 要选择草席，即麦秸凉席。它的特点是质地松软，吸水性好，又不像竹席那样太凉。选择时要注意其表面要光滑无刺。不要选择竹席，竹席太凉了，昼夜温差变化大，小孩子容易受凉。

❷ 宝宝不能直接睡在凉席上，要在席子上铺上单层棉布床单，以防过凉，也可避免宝宝蹬腿擦破皮肤。

❸ 凉席使用前一定要用开水擦洗，然后在阳光下暴晒，以防宝宝皮肤过敏。凉席尿湿后要及时清洗，保持干燥。如果宝宝睡后身上出现小红疹，要立即撤走凉席，并找医生诊治。

教宝宝学坐

宝宝能够独立坐起以后，对周围的世界就会有一个全新的视角。一旦宝宝的背部和颈部肌肉足够强壮到能保持直立姿势，并且他也明白了怎样摆放双腿才不会倒下的时候，那他继续学爬、站立和走路就只是时间早晚的问题了。

◉ **开始会坐的时间** 宝宝多半在5～7个月时能一个人独坐。大约90%的宝宝到8个月时能够在没有支撑情况下坐上几分钟。不过，就算是学会了坐的宝宝坐到最后也会倒下，这通常是因为他们没兴趣继续坐下去了。

◉ **宝宝坐的规律** 虽然从宝宝出

生的第一天起，你就可以扶着让他坐起来，但真正能独立坐起则要等他能控制头部以后才能实现。从大约第4个月起，宝宝的颈部和头部肌肉开始迅速变得强壮，他趴着的时候能把头抬起来。

接下来，宝宝将慢慢学会怎样用胳膊撑起身体，使胸部离开地面，这有点儿像在做小型俯卧撑。到5个月时，宝宝也许就能不用支撑地坐上一会儿了，但还是应该守在他身旁，以便随时扶他一把，并且在宝宝周围垫好枕头（或靠垫），以防他摔倒。

很快，宝宝就能琢磨出怎样在坐着的时候身体向前倾，并用单手或双手撑着来保持平衡了。到7个月时，宝宝很可能可以不用支撑自己坐住（这能让他腾出双手来做其他的事情），还能学会在坐着的时候扭转身体去拿自己想要的东西。在这个阶段，宝宝甚至可能学会在趴着的时候用胳膊撑着坐起来。到8个月大时，他很可能就能不用支撑，稳稳坐住了。

当宝宝发现自己可以在坐着时向前倾斜身体，用双手双膝撑地保持平衡以后，他可能会在7~8个月时学会四肢着地向前（或向后）爬，到10个月时他就能爬得很熟练了。此时宝宝很活跃，好奇心也非常强，所以确保宝宝周围环境的安全就显得至关重要了。

◉ **帮助宝宝学坐** 练习身体各部位的肌肉。抬起宝宝的头部和胸部有助于加强他颈部的肌肉力量，并锻炼坐直所需要的头部控制能力。你可以让宝宝脸朝下趴着玩，然后逗他抬起头向上看。用颜色鲜艳的发声玩具或镜子逗宝宝，还能顺便看看他的听觉和视觉是否都发育正常。当宝宝能够坐得比较好后，你还可以把玩具和其他有意思的东西放在宝宝刚好够不到的地方，在宝宝学习用胳膊支撑保持平衡时，这样做能够让他保持注意力。

留意宝宝的安全。在宝宝学坐的时候，你要特别注意守在他身旁，以防他突然摔倒，或者在他一时兴起想炫耀一下自己新学到的本领时，你都要留意他的安全！

如果宝宝大约6个月左右时抬头还不稳，并且也没有开始学着用胳膊支撑身体，那么下次带宝宝去医院做体检时，你应该把这个情况告诉医生。宝宝的动作技能发育有早有晚，但对头部的控制是他学习其他技能的基本前提条件，而坐又是爬、站、走路的基础。

防止宝宝铅中毒

目前，已有许多家长关注到儿童铅损害问题，在微量元素测查时希望检测铅含量。

铅引起的智力损害是不可忽视的。即使经过驱铅治疗后，血铅下降，但智力损害无明显恢复。危害中以神经系统受损最严重，可导致宝宝烦躁不安，易冲动，腹痛，食欲下降，注意力不集中，性格改变，反应迟钝，智力下降，记忆力下降等。严重者可出现铅中毒脑病，甚至死亡。

儿童对铅吸收能力比成人高，现在已有驱铅保健品及药品，如干果花口服液等。医院有驱铅门诊，但仍以预防为主，可根据来源加以预防。

宝宝铅中毒有以下几点常见原因：

❶ 玩具及居室家具：许多色彩鲜艳的玩具和家具含铅量超标。如果儿童玩过玩具、摸过家具后未洗手就拿食物，可随之吃入。

❷ 成人传播：成人使用含铅化妆品、洗染剂，经常亲吻抚摸儿童，可使铅进入儿童体内。

❸ 环境中铅含量超标：如汽车尾气——儿童较成人矮，吸入尾气最多；传输自来水的管道含铅量高，致使水污染等。

❹ 器皿及食物不卫生：使用含铅的陶瓷、搪瓷制品盛装食物，食用含铅罐头，含铅松花蛋，均可使铅摄入人体。

培养宝宝独自睡觉的习惯

宝宝已经6个月了，从这个时候起，就应该慢慢让宝宝习惯于一个人睡觉。因为宝宝独睡有三大好处，有利于宝宝身体健康，有利于培养宝宝的独立精神，有利于促进夫妇关系。那么，怎样让宝宝习惯于独自睡觉呢？

◉ **“小动物”来陪伴**　给宝宝买个棉布小动物，或者把他自己喜爱的小枕头给他，让宝宝可以借着拥抱自己的这些安慰物安然进入梦乡。不久之后，你就会发现，即使你不在宝宝的身边，他也能安静地睡觉了。

◉ **宝宝睡前准备**　每天晚上在相同的时间开始睡前准备。首先，给宝宝洗个澡，为他讲个小故事，调暗灯光，放段柔和的音乐。这样会给宝宝一个信号，已经到了睡觉的时间。接下来，在宝宝昏昏欲睡的时候把他放到婴儿床上，然后轻轻离开，让他独自入睡，如果宝宝哭了，妈妈可以安慰宝宝，给他讲故事、唱催眠曲，直至他睡着再离开。千万不要他一哭闹就陪他睡，更不要表现出急躁情绪或斥责他。

◉ **让宝宝按时入睡** 每天同一时间把宝宝放到婴儿床上，让他得到睡觉的信号。此时无论他是昏昏欲睡还是清醒状态，妈妈都要离开房间。如果宝宝出现哭闹时，就先让宝宝哭5分钟，然后再用平静的声音安慰她，但绝不抱宝宝，然后在房间里最多停留2～3分钟就离开。当宝宝再一次哭时，就等上10分钟再进去，第三次，等待15分钟，这样，大概三四天左右，宝宝就适应独睡了。

◉ **给宝宝一个缓冲期** 按照专家的建议，要给宝宝个缓冲期，让他一步步地习惯独自睡觉。比如，先让宝宝白天小睡时开始自己独睡，再让他慢慢习惯夜里也能独睡。然后，建立一套宝宝晚间上床前的习惯性活动，比如讲一个故事，给宝宝一个拥抱。

夏天防蚊用蚊帐最好

在夏天，气温很高，蚊虫开始大量滋生，如果宝宝一不小心被蚊虫叮咬，往往因又痛又痒而大哭大闹，更可怕的是一旦被蚊子叮了，宝宝极易受蚊虫带来的传染性病菌的侵袭。所以，为了避免宝宝受到蚊虫的叮咬，一方面要保持环境的清洁卫生，另一方面要采取合适的方法来防蚊虫。现在防蚊虫有多种方式，除了传统的用蚊帐来防蚊虫外，许多家庭还用蚊香和杀虫剂来防蚊虫。

蚊香的主要成分是杀虫剂，通常是除虫菊酯类，其毒性较小。但也有一些蚊香选用了有机氯农药、有机磷农药、氨基甲酸酯类农药等。这类蚊香虽然加大了驱蚊作用，但它的毒性相对就大得多了。一般情况下，婴幼儿房间不宜用蚊香。

现在家庭用电蚊香来防蚊虫也很普遍，它的毒性很小，对一般成人来说是无害的，但对婴儿还是尽量不用为好。因为婴儿的新陈代谢旺盛，且皮肤的吸收能力也强。

婴儿房间禁止喷洒杀虫剂。婴儿如吸入过量杀虫剂，会发生急性溶血反应、器官缺氧，严重者导致心力衰竭、脏器受损或再生障碍性贫血。

因此，为了婴儿的身体健康，宝

宝房间最好采用蚊帐来防蚊虫，不适宜用蚊香和杀虫剂。

预防宝宝豆浆中毒

豆浆的营养价值相当于牛奶，而价格却比牛奶便宜很多。豆浆所含的蛋白质在某些方面优于牛奶，因为豆浆蛋白质属植物性蛋白质，偏碱性，人体血液正常时是偏碱性的，符合人体的生理情况。生豆浆中含有可以使人中毒的，难以消化吸收的皂毒和抗胰蛋白酶等有害成分。这些有害成分，在烧煮至90℃以上时就被逐渐分解破坏，所以煮熟的豆浆可以放心食用。有些家庭、食堂、烧煮豆浆时不加锅盖，当煮到80℃左右时毒素受热膨胀，形成泡沫上浮，造成假沸现象，此时，豆浆内皂毒素等有害成分尚未被破坏。吃了这种半生不熟的豆浆，就会发生恶心、呕吐、腹泻等食物中毒症状。

为了预防豆浆中毒，煮豆浆时锅内盛得不宜过满，最好用有盖高锅（接口锅），这样既能确保烧熟，又能节约能源，已煮熟的豆浆中，不要再加入生豆浆，更不要用装过生豆浆而未经清洗消毒的容器装盛熟豆浆。

宝宝枕秃的护理

宝宝的脑袋与枕头接触的地方，出现了一圈头发稀少或没有头发的现象，被称为枕秃，大多数宝宝的枕秃都出现在后脑勺，也有的宝宝因为喜欢侧睡，于是出现单侧枕秃。引起枕秃的原因有：

照顾不周或枕头太硬：在出生后的头几个月，宝宝的大部分时间都是躺在床上的，脑袋接触枕头的地方，容易出汗、发热，头皮发痒，如果爸爸妈妈没有注意到，照顾不好，不会表达的宝宝会通过左右晃头来缓解发痒症状，这样蹭来蹭去，就把头发给磨掉了。此外，如果枕头太硬，也会引起枕秃现象。

对这种原因形成的枕秃，加强护理就可以。如给宝宝选择透气、高度适中、柔软适中的枕头，随时关注宝宝的枕部，发现有潮气，要及时更换枕头，以保证宝宝头部的干爽。注意保持适当的室温，温度太高引起出汗，会让宝宝感到很不舒服，同时很容易引起感冒等其他疾病的发生。

生理原因：孕妇在孕期营养不足、不均衡，也有可能引起宝宝枕秃，同时头发稀少也可能是宝宝赖的一种症状。

宝宝户外活动护理要点

现在，大部分妈妈都已经开始上班了，宝宝一般都交给老人或保姆护理，因此要多注意老人和保姆带宝宝外出时的问题。

◉ 老人带宝宝户外活动的注意事项　老人带宝宝到户外活动，大多是把宝宝放在婴儿车里，找处阴凉，坐在婴儿车旁看着宝宝，说说话，推一推车，像摇婴儿的摇篮。这样的户外活动，安全系数很高，但利用外界景观开发宝宝潜能的努力是不够的。爸爸妈妈一方面要尽量通过游戏、画报、电视、玩具、实物等方式开发宝宝潜能，一方面也要告诉老人，多抱抱宝宝。抱的方法是，宝宝背靠老人前胸，坐在老人腿上，老人用一只胳膊揽住婴儿胸部，另一只胳膊揽住婴儿的下腹部。这样抱着宝宝，宝宝的视野会增大，对外界景物的观察也比较容易了。

◉ 保姆带宝宝户外活动的注意事项　年轻保姆看护宝宝，常常体现着她的品行、性格、受教育程度、家庭背景、责任心、生长环境等因素。但有点值得注意，那就是她们一般不是做了母亲的女性。她们对宝宝的感情，更多的是像对待小弟弟小妹妹，有喜欢，有疼爱，有讨厌，有气愤。喜欢时会和宝宝疯玩，讨厌时会怒视宝宝，表情比较丰富，随意性很强。如果居住区有几个年轻保姆，她们带宝宝户外活动时，常会凑在一起说笑，交流主人家的种种情况，而把宝宝晾在一边，有意外事故发生的隐患。例如，在户外喂宝宝奶时，可能忙着和别人说话，把奶瓶就放在婴儿车的枕头旁边，让婴儿自己吸吮，极有可能发生呛奶，造成危险。年轻的父母们一定要提醒小保姆注意，防止意外事故发生。

宝宝怕生怎么办

宝宝3个月左右的时候，见人就笑，而且手舞足蹈，那样子真是可爱极了。可是现在，表情却严肃起来，对人家不苟言笑，尤其对不太熟悉的人，更是敬而远之。唉，宝宝这是怎么了？

这种情况令很多爸爸妈妈不解，为什么宝宝越大反而越怕生了呢？更让他们担心的是，宝宝会不会就是这种性格。如果真是这样的话，会不会影响宝宝将来与人进行正常的交往?

当生人到来时，可以把宝宝抱在怀里，不要急于走近客人，爸爸妈妈要用对客人热情的态度和友好的气氛去感染宝宝，使他学会“信任”客人，让客人逐渐接近宝宝。如果客人靠近他时，宝宝流露出害怕的表情，你就立即抱着他离远些，与客人谈笑，待一会儿再靠近，使宝宝逐渐适应、熟悉生人。

6个月的宝宝活动范围进一步扩大，识别能力不断增强，已能区别爸爸妈妈和其他人了。所以，要多带宝宝走出家门到外边逛一逛，或者到客人的家里做客，听一听收音机里的人讲话。宝宝熟悉的爸爸妈妈以外的人越多，体验新奇的视听刺激愈多，那么，“怕生”的程度就越轻，时间也就越短。

不要长期离开自己的宝宝，同时要拓宽他的接触面，尤其是让他及早步入“同龄小社会”，鼓励他与年龄相仿的宝宝接触、玩耍，不要过度保护。这样，勇敢、自信、开朗、友爱、善于与人相处，富有同情心和竞争心等良好的品质，就会在宝宝的心里扎下根。

第三节　宝宝的喂养

添加辅食不要影响母乳喂养

母乳仍然是这个月婴儿最佳食品，不要急于用辅食把母乳替换下来。上个月不爱吃辅食的宝宝，这个月有可能仍然不太爱吃辅食。但大多数母乳喂养儿到了这个月，就开始爱吃辅食了。不管宝宝是否爱吃辅食，都不要因为辅食的添加而影响母乳的喂养。有些宝宝就是不爱吃辅食，妈妈就饿着宝宝，让宝宝没有别的办法，只能在饥饿难耐中选择辅食。妈妈这样做是不对的，不但会影响宝宝对辅食的兴趣，还会影响宝宝的生长发育，使婴儿变得极易烦躁。惩罚不是育儿的方法。

尽量不给宝宝吃点心

对于喜欢吃代乳类的宝宝来说，点心并不能增加多少营养，对宝宝的成长也没有什么影响。但如果宝宝非常爱吃点心，那就少给宝宝点。有的妈妈认为给宝宝吃点心后，会影响吃粥。从营养上来说，饼干和粥都含有糖分，糖可以提供热量，是宝宝生长发育所需要的营养素之一。但过多地摄入糖，就会影响宝宝机体对蛋白质和脂肪的吸收与利用，还可因血糖浓度长时间维持在高水平而降低宝宝食欲，增加宝宝肥胖的机会。

◉ 配方奶不要与点心同喂　很多妈妈是在午后喂宝宝配方奶时加点心的，方法是喂奶前先给点心，然后再喂配方奶，一般是给饼干、小甜饼、小圆点心等：食量大的宝宝，不管给多少饼干和小圆点心，仍吃那么多粥造成过食，因而不要在喂配方奶的同时加点心，应在吃完配方奶后，让宝宝吃些水果。

对不太喜欢甜食的宝宝，可以给他吃松软的咸味酥脆饼干和牛肉松做的酥脆饼干等。

宝宝不要喝豆奶

豆奶是以豆类为主要原料加少量奶制成的，含有丰富的蛋白质，较多的微量元素镁和维生素 B_1、维生素 B_2 等，是一种较好的营养食品，很受消费者的欢迎。但是，豆奶所含的蛋白质主要呈植物蛋白，植物蛋白营养价值比动物蛋白低，不能完全满足婴儿生长发育的需要。而且豆奶中含铝比较多，如果婴儿长期喝豆奶可使体内铝增多，久而久之，会影响大脑发育。

宝宝不宜饮果汁

果汁含有丰富的果糖，人体可以吸收利用。但是，过量的果糖可以影响身体对铜的吸收。

铜是参与构造心血管组织所必需的微量元素之一，宝宝缺铜将给日后罹患冠心病留下隐患。铜还是机体中许多酶的组成部分，它参与体内铁的代谢，因此缺铜也会造成贫血，且补充铁剂的治疗效果不佳。此外，果汁中还含有枸橼酸和色素，前者进入人体后与钙离子结合成枸橼酸钙，使血

钙浓度降低，可引起宝宝多汗、情绪不稳甚至骨骼畸形等缺钙的症状，色素对宝宝的危害也较大，过量的色素在体内蓄积不仅是婴儿多动症的病因之一，而且也干扰多种酶的功能，影响蛋白质、脂肪和糖的代谢，从而影响宝宝的生长发育。尤其是苹果汁，大量服用后还会导致腹泻。所以，不应给宝宝喝果汁。

配方奶的喂养方法

随着月龄的增长，孩子的食量也不断增加，但每日的配方奶量最好不要超过1000毫升，每次吃200毫升，1天吃5次。每次不必强迫他非吃完200毫升不可，这一顿吃得少，下一顿可能会多吃一些。如果每天吃1000毫升配方奶还满足不了他的胃口，就不要再多喂了，否则孩子会长得过胖。可以在喂配方奶前后喝点果汁、米汤、米糊等以补充能量。要是孩子很爱吃，就可以由少到多，并慢慢减少配方奶的量。

如果孩子本来就不太喜欢喝配方奶，到这个月体重还未达标，就应该寻找一些孩子爱吃的代乳品，加快断奶的速度，以满足生长发育的需要。

配方奶与母乳一样，维生素含量不足，尤其是维生素C、维生素D和铁的含量较低，因此也应该及时给孩子添加果汁、青菜汁、肝油、蛋黄泥等食物，使孩子获得均衡的营养。

添加水果的注意事项

在前几个月，宝宝已经逐渐尝过了果汁、蔬菜汁、蛋黄、肝泥等流质和半流质的食品。在这个月，宝宝就可以进食些切成细丁的水果，从而保证宝宝对维生素和各种矿物质的需求。

◉ 注意食用水果的时间　水果中有不少单糖物质，极易被小肠吸收，但若是堵在胃中，就很容易形成胀气，以至引起便秘。所以，在饱餐之后不要马上给宝宝食用水果。而且，也不主张在餐前给宝宝吃，因宝宝的胃容量还比较小，如果在餐前食用，就会占据一定的空间。最佳的做法是，把食用水果的时间安排在两餐之间，或是午睡醒来后，这样，可让宝宝把水果当作点心吃。每次给宝宝的适宜水果量为50~100克。

◉ 食用水果要适宜　给宝宝选用水果时，要注意与体质、身体状况相宜。舌苔厚、便秘、体质偏热的宝宝，最好给吃寒凉性水果，如梨、西瓜、香蕉、猕猴桃等，它们可败火；而荔枝、柑橘吃多了却可引起上火，因此不宜给体热的宝宝多吃。消化不良的宝宝应给吃熟苹果泥，而食用配方奶便秘的宝宝则适宜吃生苹果泥。

◉ 食用水果要适度　荔枝汁多肉嫩，口味十分吸引宝宝，但是，由于荔枝肉含有的一种物质，可引起血糖过低而导致低血糖休克，所以宝宝不宜多吃。西瓜清凉解渴，是最佳的消暑水果，但也不能过多食用，特别是脾胃较弱、腹泻的宝宝。柿子也是宝宝钟爱的水果，但当宝宝过量食用，尤其是与红薯、螃蟹一同吃时，便会使柿子里的柿胶酚、单宁和胶质，在胃内形成不能溶解的硬块儿。香蕉肉质糯甜，又能润肠通便，然而，不可在短时间内让宝宝吃得太多，尤其是脾胃虚弱的宝宝，否则，会引起恶心、呕吐、腹泻。

混合喂养的方法

如果做出了刺激乳汁分泌的努力后，母乳喂养的孩子仍然吃不饱，那么开始混合喂养是摆脱困境的方法。除了可以给孩子补充配方奶、豆浆外，与单乳喂养或配方奶喂养一样，要及时给孩子添加辅助食品，使他获得更多的维生素、铁质和能量。

因为每个孩子的情况不同，给孩子吃什么、吃多少都不要千篇一律。不要迷信那些所谓“科学的方法”、“国外的资料”。对待还不会表达自己意愿的孩子，用实验方法最好，不要勉强孩子，原则只有一条，就是孩子吃得高兴，吃得饱，能消化就好。

经过一晚上的休息，早晨母乳分泌较多，适宜哺乳。为了保证母乳不会很快减少，每天至少应喂3次母乳，并坚持夜间哺乳，不要轻易放弃母乳喂养。即使上班后也应想尽方法坚持母乳喂养到最大限度，不要放弃下班喂奶的机会。

如果孩子出生后一直是混合喂养或者已经开始一段时间的混合喂养，添加新食物会比较自然一些。尤其是孩子吃的配方奶太少的时候，更要快一点为他找到愿意吃的食物。

宝宝的饮食喂养特点

6个月的宝宝，一天的主食仍是母乳或其他乳品、乳制品。一昼夜仍需给宝宝喂奶3~4次，如果是喂配方奶，全天总量不应少于600毫升。

晚餐可逐渐以辅食为主，并循序渐进地增加辅食品种。

◉添加辅食的种类　这个月的宝宝可添加固体食物。如粥、软面、小馄饨、烤馒头片、饼干、瓜果片等，以促进牙齿的生长并锻炼咀嚼吞咽能力，还可让宝宝自己拿着吃，以锻炼手的技能。也可添加杂粮，可以让宝宝吃一些玉米面、小米等杂粮做的粥。杂粮的某些营养素高，有益于宝宝的健康生长。增加动物性食物的量和品种，如可以给宝宝吃整个鸡蛋了，还可增添肉松、肉末等。为使宝宝的营养均衡，每天的饮食要有五大类，即母乳、牛乳或配方奶等乳类；粮食类；肉、蛋、豆制品类；蔬菜、水果类及油脂类。

◉饮食比例应适当　由于半岁左右的宝宝体内协调酸碱平衡的功能较成人低，因此，更应重视宝宝的饮食营养合理及平衡。爱吃肉、不爱吃蔬菜的宝宝容易生病，在一定程度上与此有关。要维持酸碱平衡，就要引导宝宝不偏食，尤其要保证每天都要吃定量的蔬菜。

第四节　宝宝的能力培育与训练

听觉能力训练

◉听声拿玩具　让宝宝能在听到“娃娃”时拿出娃娃，听到“大象”时拿取大象。形象玩具在此时能促进宝宝听力的发展。

◉听儿歌做动作　大人同宝宝对坐在大人膝上，拉住小手边念边摇“拉大锯，扯大锯，外婆家，唱大戏。妈妈去，爸爸去，小宝宝，也要去！”到最后一个字时将手一松，让宝宝的身体向后倾斜，大人用手在背后托住。每次都一样，以后凡是到“也要去”时宝宝会自己将身体按节拍向后倾倒。

手眼协调能力训练

这个时候的宝宝手眼协调能力有所提高，会用手触及眼睛所看中的目标。可以将小球吊放在宝宝面前，引诱宝宝除了拍打之外还要抓住它。还可以在小床周围稍高处挂上五颜六色带响的玩具，如小铃铛、风铃等，用绳子头拴玩具，一头拴在小床边宝宝挥臂能碰到的地方，宝宝看到玩具就会自动挥臂，一挥臂就会碰响玩具。随着玩具的移动和发出响声，宝宝会很有兴趣地听、看和不断挥臂去碰绳。

除了训练手的协调活动外，还可以练习手跟眼的协调活动。让宝宝坐在成人腿上，成人坐在桌子旁，把玩具放在桌子上逗引宝宝伸手去抓，成人不断从宝宝手中拿回玩具，并不断改变玩具的位置点，看宝宝是否能目测距离。指挥手去抓物，是否能根据距离和角度调整手臂的伸缩长度和躯干的倾斜度。

认知能力训练

培养训练宝宝的认知能力，不仅要让宝宝认识身边的事物，还要让他（她）认识自己。教宝宝认识自己的方法有很多种，下面两种比较简便易行。用照片教宝宝认识自己。虽说宝宝刚刚六个月，但肯定照了不少相。这时，这些照片就成了教宝宝认识自己的好教材。你可以对着照片教宝宝认识自己的整体形象，也可以教宝宝分别认识自己的手、脚或其他部位。用穿衣镜教宝宝认识自己。一般家庭都有穿衣镜，你可以把宝宝抱在穿衣镜前，用手指着宝宝的脸，并反复地叫宝宝的名字，或者指着宝宝的五官以及头发、手、脚等部位让宝宝认识自己，宝宝通过镜子看到你所指的部位，听到你的声音，慢慢就会懂得头发、手、脚、眼睛、耳朵、鼻子和嘴等词汇的含义，再过几个月，就可以进一步和宝宝玩你说什么，宝宝自己指什么的游戏了。如你说“嘴”的时候，宝宝就会很快把手指指向自己的嘴巴。

感知能力训练

感知在人作为个体发展的过程中有着非常突出的地位，它是人的生命存在后最早出现的认识方法和过程，是人认识世界的最原始方式，也是最低级的方式，是其他认知活动的基础。一切较高级的认知活动，如记忆、想象和思维等，都必须在感知的基础上才能产生和发展。

感知是婴幼儿认知活动的最基本的方法。婴幼儿所从事的各种认知活动，如观察图片、实物和大自然，玩积木、泥工和手工、拼板和插塑游戏，画画、认字和数数等，无不与感觉活动息息相关。

感知水平的高低与一些创造性活动有关。感知活动促进了创造性活动，创造性活动又大大促进了感知水平的发展。据观察发现，具有高成就的音乐家、画家、建筑师、作家、运动员等，无不具备高水平的感知素养，他们都具有在一瞬间敏锐、准确地把握住感知对象的特征，并有入木三分地加以表现的能力。而这种感知能力正是在他们婴幼儿时期打下基础的，并为其终生发展所享用。

婴幼儿阶段是感知能力发展的关键时期，在这个阶段进行感知训练，可以收到事半功倍的效果。

行为能力训练

◉ 扩大交往范围　这个时期的孩子喜欢接近熟悉的人，能分出家里人和陌生人。此时要经常抱孩子到邻居家去串门或抱他到街上去散步，让他多接触人，为孩子提供与人交往的环境，尤其要多和小朋友玩。

◉ 照镜子　继续照镜子玩，让他拍打、捕捉镜中的人影，用手指着他的脸反复叫他的名字。再指着他的五官（不要指镜中的五官）及小手、小脚说出名称，让他认识。将其熟悉后，再用他的手，指点他身体的各个部位。

生活自理能力训练

◉ 用杯喝水、喝奶　长期使用奶瓶会改变宝宝口型，影响牙齿生长，所以应尽早让宝宝使用杯子喝水、喝奶。开始由成人帮助扶着杯子或碗，再由宝宝和成人一起扶。

◉ 用勺吃饭　吃饭时，宝宝有可能来夺勺子，这正是学用勺子吃饭的契机。开始时他还分不清凸凹面，快到1岁时就会装满勺子，自己吃。学用勺子的方法：

❶ 先让宝宝右手持勺学吃，妈妈用另一把勺喂饭。

❷ 开始宝宝持勺不分左右手，没有必要急于纠正，两手同时并用有助于左右大脑发育。

❸ 要有耐心，宝宝开始用勺子不够熟练，会弄得手、脸、衣服到处都是饭，甚至摔碎碗或杯子。这时不要斥责，更不能因此让他失去学习的机会。

运动能力训练

◉ 独坐　在靠坐的基础上让宝宝

练习独坐，家长可先给予一定的支撑，以后逐渐撤去支撑或首先让宝宝靠坐，待靠坐较稳后再逐渐拿掉靠背。

◉ 匍行　用玩具逗引帮助小儿练习匍行，由于第 5 个月宝宝腹部着床只能在原地打转或后退，此时家长可把手放在小儿的脚底，帮助他向前匍行，以后逐渐用手或毛巾提起腹部，使身体重量落在手和膝上，以便向前匍行。

◉ 扔掉再拿　让宝宝坐着，给他一些能抓住的小玩具，如小积木，小塑料玩具等，先让宝宝两手均抓住玩具（一件一件地给），然后再给他玩具，看到他会扔下手中的一个，再拿起另外的一个。此时宝宝是无意的松手，是懂得“放下”的准备步骤。

第五节　宝宝的常见问题与应对

半岁不会坐，警惕脑瘫

脑瘫康复专家指出，人们应该重视对脑瘫患儿的早期干预，因为这可以使脑损伤造成的功能障碍得到很大程度的改善，甚至接近正常。

脑瘫是由于缺氧、外伤、感染等原因，导致神经细胞受损，从而产生智力低下、失语、走路不稳等症状。不过，脑瘫患儿并非无法治愈，早期的训练有助于他们的康复，即在其异常姿势没有固化之前，进行调节与纠正，就可以防止患儿出现肢体挛缩、变形等继发性损伤。

如果刚出生不久的宝宝很长时间不会吃奶、吸吮无力，出生后不爱哭或特别容易哭，哭声小而尖，睡眠时间特别长，睡觉时稍有动静就爱惊醒，这些都可能是脑瘫的早期症状。

宝宝捂热综合征

寒冷季节是捂热综合征的高发期，常发生于 1 岁以内的婴儿。由于天气寒冷，家长抱着婴儿外出时，常把孩子包得过紧、过厚。捂热时间较长，体温迅速升高，机体代谢亢进，耗氧量增加，加之孩子被困在被窝里缺乏新鲜空气导致缺氧。婴儿表现为全身大汗淋漓，头部冒热气，面色苍白，哭声低弱，拒绝吃奶。高热大汗易使婴儿出现脱水状态，表现为烦躁不安，口干，尿少、前囟及眼窝凹陷，皮肤弹性降低。持续下去即可引起体内一系列代谢紊乱和功能衰竭，如脑水肿、心律失常、血压降低、呼吸衰竭、肾功能衰竭，甚至可导致婴儿在短时间内突然死亡。

宝宝睡眠异常需警惕

婴儿在睡眠中出现的一些异常现象，往往是在向家长报告他将要或已经患了某些疾病，因此，父母应学会在婴儿睡觉时观察他的健康状况。

正常的婴儿在睡眠时比较安静舒坦，呼吸均匀而没有声响，有时小脸蛋上会出现一些比较有趣的表情。有些婴儿，在刚入睡或即将醒时满头大汗，可以说大多数婴儿夜间出汗都是正常的。但如果大汗淋漓，并伴有其他不适的表现，就要注意观察，加强护理，必要时去医院检查治疗。

若婴儿睡后大汗淋漓，睡眠不安，再伴有四方头、出牙晚、囟门关闭太迟等征象，多是患了佝偻病。

若夜间睡觉前烦躁，入睡后全身干涩，面颊发红，呼吸急促，脉搏增快（婴儿正常脉搏是110次/分），便预示其即将发烧。

若睡眠时哭闹，时常摇头、抓耳，有时还发烧，这时可能是患了外耳道炎、湿疹或中耳炎。

若睡觉时四肢抖动，则是白天过度疲劳所引起的，不过，睡觉时听到较大响声而抖动则是正常反应；相反，要是毫无反应，而且平日爱睡觉，则当心可能是耳聋。

若在熟睡时，尤其是仰卧睡时，鼾声较大、张嘴呼吸，而且出现面容呆笨，鼻梁宽平，则可能是因为扁桃体肥大影响呼吸所引起的。

正确处理宝宝鼻充血

宝宝鼻充血，无法用鼻子自由地呼吸，造成这种情形的原因可能是上呼吸道感染或过敏。症状包括一边或两边鼻孔有排出物、呼吸困难、发烧、激动或焦躁不安、喷气或有哼鼻声、睡眠或喂食困难等，宝宝可能还会揉鼻子或抓鼻子。另外，还可能出现其他的感冒症状，例如咳嗽或喉咙痛。爸爸妈妈可以使用凉雾加湿器来帮助分泌物的流动与排出。用柔软的面纸或布轻轻地清洁鼻子。使用吸鼻器清除鼻道，让呼吸更顺畅。也可以使用温和的肥皂水和温水来清洗鼻孔部位的黏液。未经医生指示，别随意服用任何药物，包括成药在内。当宝宝的呼吸达每分钟60次或更多次、呼吸困难、呼吸急促、皮肤变蓝或嘴巴及鼻子周围颜色变深时，应立即联络医生。如果鼻内的排出物呈血色、黄色或绿色，或宝宝持续发烧时，也要立即联络儿科医生。除了使用加湿器以外，医生可能也会建议你使用鼻滴剂、抗生素和减充血剂。不过，只有在医生指示下才能使用这些药物。如果宝宝在白天不舒服，要立刻和医生联络。别期望宝宝可能会好转而等到晚一点时才联络，明智之举是在白天时就处理问题，这时无论是和医生约时间或到药房拿药都比较方便些。

宝宝扁桃体发炎

扁桃体炎是儿科的常见病、多发病。宝宝扁桃体发炎时往往伴有发热，嗓子疼和轻度的咳嗽，需要服用抗生素或其他消炎药。如果治疗不及时或不彻底常会复发。得过扁桃体炎的婴儿，到5~6岁以后甚至到青春期仍未能完全制止复发，可引发风湿病或肾炎。而这两种病又是很容易合并严重并发症的病症，严重者会威胁到生命。

宝宝体重增长不足

有些母乳喂养的婴儿体重增长不足，原因是多方面的。

◉ 婴儿患病　如婴儿患感染性疾病，导致能量过度消耗，使其体重增加不足。婴儿有先天畸形如兔唇或腭裂，导致喂养困难，也可出现体重增加不足。另外，如患先天性代谢性疾病如苯丙酮尿症等，需限量摄食，可造成营养不良和体重增加不足。

◉ 喂养不当　如未早哺乳、早吸吮，没有按需哺乳，哺乳次数少（每日少于8次），哺乳时间不够，哺乳姿势不正确，母亲与婴儿分开，乳头错觉和过早添加辅食等，均可造成体重增长不足。

◉ 生理性泌乳不足　由于母亲患疾病，或用药抑制，或本身营养不良，或月经恢复和再孕等，均可造成乳汁分泌不足，致使婴儿体重增长不足。

◉ 心理性泌乳不足　由于母亲情绪不良，过度疲劳，对母乳喂养缺乏信心或家庭、社会对她支持不够等，均可造成乳汁暂时性分泌不足。

◉ 器质性泌乳不足　由于母亲乳腺发育不良，造成乳汁分泌不足，这种情况很少见。

宝宝发生呕吐

呕吐通常是一种症状，而非疾病，可能是有某种原因造成宝宝不舒服的一种现象。呕吐通常是胃或肠不舒服所造成的，可能是以下这些问题的症状，如盲肠炎、肺炎、喉炎或脑膜炎。呕吐也可能在注射药物或化学物质后发生。呕吐和溢奶是不同的，后者通常发生在喂奶后，宝宝只溢出少量喝下去的东西。而宝宝呕吐时，会将宝宝胃内的东西排出来。其他可能伴随呕吐出现的症状还包括发热、无精打采、食欲不振、咳嗽、便秘、腹泻或脱水等。宝宝呕吐时，试着找出原因，是否着凉或感冒了。别强迫宝宝进食，可让宝宝摄取流质食物，避免脱水。何时需就医，如果宝宝一再呕吐或呕吐持续数小时以上的话，立刻联系医生。

手足口病的症状

手足口病是主要病发于婴幼儿，并由肠道病毒传播的传染病，潜伏期为 3 ~ 5 天，发病初期会出现类似感冒的症状，发热不高，约 38℃ 左右，2 天后口部出现疼痛小水疱，四周绕以红晕，手足部位会出现米粒大小的水疱，数目不等。

第八章

7个月宝宝的养护

第一节 宝宝的生长发育特点

体格发育

宝宝这个时期虽然身高、体重、头围等发育呈现减缓趋势，但总体还是稳步增长。

◉ 身高　这个月男宝宝的平均身高为70.1厘米，女宝宝为68.4厘米。宝宝身高平均增长2.0厘米。但这只是平均值，实际可能会有较大的差异，宝宝身高增长有时也像芝麻开花一样，一节一节的。这个月没怎么长，下个月却长得很快。爸爸妈妈要动态观察宝宝的生长。

◉ 体重　这个月男宝宝体重平均约8.6千克，女宝宝约8.21千克。宝宝体重平均增长450~750克。体重与身高相比，有更大的波动性，受喂养因素影响比较大。如果这个月宝宝不太爱吃东西或有病了，体重就会受到较大的影响。如果这个月宝宝很爱吃东西，对添加的辅食很喜欢吃，奶量也不减少，宝宝可能会有较大的体重增长。

◉ 头围　这个月男宝宝头围平均约45厘米，女宝宝约44.2厘米。宝宝头围平均增长1厘米。1厘米的增长，对于头围来说，测量起来可能比较不出太大的差别，必须是比较精确的测量。父母不要简单测量一下，就对其结果进行判断，这会带来无谓的烦恼。

◉ 囟门　7个月的宝宝前囟不会

闭合的，不过前囟也不会很大了。一般是在0.5～1.5厘米之间。个别的已经出现膜性闭合，就是外观检查似乎闭合了，但经X线检查并没有真正闭合。遇到前囟闭合父母会很着急，怕囟门过早闭合影响孩子大脑发育。如果婴儿头围发育是正常的，也没有其他异常体征和症状，没有贫血，没有过多摄入维生素D和钙剂，可动态观察，监测头围增长情况。如果头围正常增长，就不必着急，可能仅仅是膜性闭合，不是真正的囟门闭合。

语言发育

能发辅音加“a”，如：“ma”“ba”或双元音“ai”；能判断声音来源而转向声源，并作出反应。

视觉发育

这个月的婴儿已具有空间关系感，能注意远处活动的东西，如低飞的鸟儿和飞舞的蝴蝶等。这时有了一定的观察能力，拿到东西后会翻来覆去地看看、摸摸、摇摇，表现出积极的感知倾向，这是观察的萌芽，视觉记忆也不断提高，能发现隐藏物品。

运动发育

有时把宝宝放到床栏边，宝宝能扶着围栏自己站起来，甚至把小腿抬起来试着迈步。当把宝宝放到床上时，宝宝就会不安分地手脚并用，企图往前爬行。如果妈妈用手顶着宝宝的小脚丫，宝宝会爬出很远。他还可以在没有支撑的情况下稳稳当当坐一会，甚至能边坐边玩。宝宝不再喜欢被人稳稳抱着，被人抱的时候喜欢站在人的膝盖上。他也会挪动身体，向前或向后翻转身子去接触够不着的玩具，并将手指极力地伸向玩具。

听觉发育

进入7个月的宝宝，对放出的音乐、爸爸妈妈欢快的说笑声都有积极的反应。宝宝随着音乐，嘴里也“呜呜”“阿阿”地“唱着”，听到爸爸妈妈说笑得那样高兴，宝宝也欢快地张扬着小手，嘴里也“吧”“哒”“喀”地说着，好像告诉爸爸妈妈，“宝宝也要参加进来了”。宝宝听觉的灵敏度得到发展，他认识妈妈的声音，也能听出妈妈的脚步声。宝宝会

辨别自己的哭声，能区分出别的宝宝哭声与自己哭声的不同。宝宝听到奶瓶的摆动声时会停止哭闹，对经常听的钟声、水声、敲门声也能一一辨认。

认知发育

宝宝能够辨别物体的远近，尤其喜欢寻找那些突然不见的玩具，因此和宝宝玩藏玩具的游戏，能让宝宝觉得很快乐。宝宝还能主动向声源的方向转头，这表示他有了一定的辨别声音方向的能力。此外，宝宝对大人的情绪有一定的感知，当父母大声训斥或采用严肃的口吻对宝宝说话时，宝宝会哭；如果大人欢快地大笑，宝宝高兴时也会跟着模仿。

心理发育

7个月的宝宝，在运动量、运动方式和心理活动等方面都有明显的发展。他可以自由自在地翻滚运动，如见了熟人，会微笑，这是很友好的表示。不高兴时会用撅嘴、扔摔东西来表达内心的不满。照镜子时会用小手拍打镜中的自己。经常会用手指向室外，表示内心向往室外的自然美景，示意大人带他到室外活动。

7个月的宝宝，心理活动已经比较复杂了。他的面部表情就像一幅多彩的图画，会表现出内心的活动。高兴时，会眉开眼笑、手舞足蹈，咿呀作语。不高兴时会怒发冲冠，又哭又叫。他能听懂严厉或亲切的声音。当你离开他时，他会表现出害怕的情绪。

情绪是宝宝的需求是否得到满足的一种心理表现。宝宝从出生到2岁，是情绪的萌发时期，也是情绪、性格健康发展的敏感期。父母对宝宝的爱，对他生长的各种需求的满足以及温暖的胸怀、香甜的乳汁、富有魅力的眼光、甜蜜的微笑和快乐的游戏过程等，都为宝宝心理健康发展奠定下良好的基础。

宝宝的睡眠变化

7个月的宝宝一昼夜需要睡15～16小时，一般在白天睡3次，每次1.5～2小时，夜间睡10个小时左右。

第二节　宝宝的日常护理

给宝宝选择合适的鞋

一般来说，穿鞋除了美观之外，最主要的功能是保护脚。而在宝宝7～8个月前，穿鞋的主要目的是保暖，最好穿软底布鞋，并且鞋要比宝宝的脚略宽。当宝宝开始学爬、扶站，练习行走，也就是需要用脚支撑身体重量时，给宝宝穿一双合适的鞋就显得非常重要。为了使脚正常发育，使足部关节受压均匀，保护足弓，这时要给宝宝穿硬底布鞋，挑选时要把握以下几方面。

❶ 尺寸：由于婴儿脚发育较快，平均每四个月增长1厘米，所以买鞋时，尺寸应稍大些，但绝不能过大；及时更换新鞋，也是很重要的。

❷ 鞋面：应以柔软、透气性好的鞋面为好。

❸ 鞋底：应有一定硬度，不宜太软，最好鞋底的前1/3可弯曲，后2/3稍硬不易弯折；鞋跟比足弓部应略高，以适应脚自然的姿势；鞋底要宽大。

❹ 鞋帮：由于婴儿骨骼软，且发育不成熟，因而鞋帮要稍高一些，后部要紧贴脚，使踝部不左右摆动为宜。

给宝宝舒适的活动空间

这个月宝宝开始会在床上翻滚了，也开始学习爬，坐得也比较稳了。当宝宝醒着时，最好放在成人的大床上，或放在铺着地毯或木地板的地上，使宝宝有足够的空间锻炼翻滚，爬、坐着也舒服。如果是坐在带栏杆的床里，会挡住视线，让宝宝感到很不舒服。婴儿床比较小，宝宝翻滚时很容易撞在栏杆上，头会磕一个大包，脚也可能被卡在栏杆缝隙中。如果妈妈没有时间照看孩子，临时放在婴儿床上几分钟还是可以的。但是，如果为了给宝宝做辅食，为了收拾室内卫生，或

忙于其他事情，长时间把宝宝放在婴儿床里，是不可取的。

给宝宝选一个安全的水杯

从这个月开始就可以让宝宝学习用水杯喝水了，水杯会慢慢取代奶瓶，成为宝宝生活的必需品。水杯天天使用，又与嘴直接接触，安全卫生十分重要。不同材质的饮水杯对装在里面的水会有不同的影响，有些材质不好的水杯，虽然外观造型好看，色彩缤纷，更能吸引家长或宝宝的眼球，但会对宝宝的健康造成不良影响。所以，家长一定要提前为宝宝准备一个安全的水杯。

◉ 使用玻璃杯最健康　在所有材质的杯子里，玻璃杯是最健康的，玻璃杯在烧制的过程中不含有机化学物质，当人们用玻璃杯喝水或其他饮品的时候，不必担心化学物质会被喝进肚子里。而且玻璃表面光滑，容易清洗，细菌和污垢不容易在杯壁滋生，所以给宝宝用玻璃杯喝水是最健康、最安全的。

◉ 陶瓷杯最好选用白色的　陶瓷杯颜色鲜艳、漂亮，造型也多种多样，但色彩鲜艳的陶瓷杯内壁涂有釉，当杯子盛入开水或者酸、碱性偏高的饮料时，这些颜料中的铅等有毒重金属元素就容易溶解在液体中，人们饮进带化学物质的液体，就会对人体造成危害。因此，如果要选择陶瓷杯，最好使用内壁为白色的杯子，不要选用内壁有颜色的陶瓷杯。

◉ 塑料杯要符合国家标准　塑料杯最大的好处是不怕摔，可以让宝宝自己拿着，出门时随身携带也比较方便。但塑料属于高分子化学材料，常含有聚乙烯或聚氯乙烯等化学物质。用塑料杯装热水或开水时这些化学物质很容易分解到水中，对身体健康不利。而且，塑料杯容易隐藏污物，清洗不净容易滋生细菌。如果要选购塑料杯，一定要选择符合同家标准的食用级塑料所制的水杯。

◉ 最好不要选用搪瓷杯　搪瓷杯是金属为里、外镀瓷釉的一种器皿，不易摔坏，但搪瓷器皿表面的瓷是由硅酸钠与金属盐组成的，铅含量很多，还含有铋、镉和锑等有毒金属元素。用搪瓷器皿贮存或饮用柑橘类酸性饮料，容易使搪瓷器皿中的铅析出，长期使用会造成人体慢性铅中毒。

◉ 纸杯只能偶尔使用　纸杯具有

轻便、卫生、不吸水、不易碎、不污染环境等优点，比较适合外出旅行、家中来客人时使用，一次性使用，免去清洗的烦恼，极为方便。但纸杯在生产中为了达到隔水效果，会在内壁涂一层聚乙烯隔水膜。聚乙烯是食物加工中最安全的化学物质，它在水中是很难溶解的，无毒、无味。但如果所选用的材料不好，或加工工艺不过关，在聚乙烯热熔或涂抹到纸杯过程中可能会氧化为羰基化合物。羰基化合物在常温下不易挥发，但在纸杯倒入热水时就可能挥发出来，所以人们会闻到有怪味。长期摄入这种有机化合物，对人体一定是有害的。因此，纸杯只能偶尔使用。

不要勤把尿

7个月大的婴儿，对于妈妈把尿，多不会反抗，有时很容易成功。妈妈不要以为宝宝已经能够控制小便了，这并不是真的控制小便了。如果正赶上宝宝没有尿，妈妈可能把的时间长些，宝宝就会不满意了，打挺或哭闹。有的婴儿似乎很识相，一把就尿，妈妈就频繁把尿，几乎是一两个小时就把一次。这并不是好事，这样会使宝宝的尿泡变得越来越小，到了该自行控制排尿的时候反而会很困难。

对于这个月的婴儿，训练尿便要掌握火候。如果能够观察出宝宝要排泄，把一分钟就能排，可以把尿便，甚至可以坐便盆，如果不是这样，就不要勉强。即使周围的宝宝被妈妈训练得很好，也不要着急，一岁以后才进入训练排便期。

宝宝不宜长时间坐在婴儿车里

在带宝宝进行户外活动时，不要总让宝宝坐在婴儿车里，应选择一个比较安全的地方，再铺块毯子，把宝宝放到毯子上，让宝宝坐着或爬着玩。也可以让宝宝坐在允许去的草坪上，看看周围的风景。喜欢小伙伴是宝宝们的天性，如果住地附近有儿童活动场所，也可以把宝宝带到一个比较安全的地方观看。

及时制止宝宝的错误行为

7个月的宝宝可以感受大人的态度，对语言有了初步的理解。在此阶段，对于宝宝的一些不良行为，大人应及时纠正并制止。

婴儿喜欢把东西往口中塞、咬，应及时制止。凡是有危险的物品一定要远离婴儿，并禁止婴儿去抓。可让婴儿用手试摸烫的杯子后立即移开，这样以后凡是看到冒气的碗和杯子，他自己就知道躲开，不敢去碰。

当宝宝有危险举动，例如拿着剪刀玩时，大人应马上制止，甚至可以给宝宝一点小苦头吃，如取消孩子下午吃点心等。

如果婴儿偶尔打了人，大人立即笑了，还让他打，就会埋下习惯打人的祸根。因为大人的笑对婴儿是一种鼓励。婴儿在大人的鼓励下形成了习惯，以后不管见谁都打。所以，在他打人时，大人应做出不高兴的样子，及时制止孩子打人的行为。如果宝宝错误的行为得到及时制止，以后就不会再重犯。

第三节　宝宝的喂养

注意宝宝营养过剩

许多父母总是尽量让自己的孩子吃得好一些，多一些，长得胖一些。其实，营养过剩反而使孩子不健康。

营养素是人体生存和生长发育不可缺少的物质，但不是说越多越好。所谓营养过剩，就是摄取的营养物质超过了人体正常的需要量。许多学者论证表明儿童肥胖症有不少危害，如易造成扁平足、“O”形腿，还可能诱发心血管病，糖尿病。

要注意小儿的运动和卫生，给小儿进行日光浴、空气浴、水浴以及经常让小儿被动地做小儿体操，多做户内外活动，包括大人的拥抱、拍摸，逗引嬉笑等。如果发觉过胖就要多喂些高蛋白、低脂肪、低糖，含多种维生素和矿物质的食物，如菜泥、豆浆、橘子汁、水果泥、藕粉等，可挑选体积较大的而供热量较少的食物以满足小儿食欲，如蔬菜，瓜果、豆制品、瘦肉、鱼肉、蛋、乳类等。而面粉、大米等淀粉类食物应适当限制，应尽量避免油腻甜食以及含盐较多的膳食。发现婴幼儿过度肥胖，应请医生检查是否患有先天性遗传疾病及内分泌病，以便得到及时治疗。

母乳、奶粉仍是主食

有的妈妈因为给宝宝添加了辅食，就总想让宝宝多吃辅食，因此，哪怕自身母乳分泌仍然很好，还要刻意给宝宝减少奶量。其实这样是不对的，妈妈不需要减少宝宝吃母乳的次数和量。只要宝宝想吃，就给他吃，不要为了给宝宝添加辅食而把母乳浪费掉，毕竟母乳才是1岁前宝宝的最佳食品。

不要喂宝宝嚼食

有些老人喜欢把食物嚼碎后再喂给宝宝，认为这样食物好消化，有利于宝宝健康成长。实际上这是一种不正确的喂养方法和不良的习惯。

因为大人的口腔中常常带有某些病菌，病菌可通过食物传染给宝宝。大人抵抗力强，虽然带有病菌也可以不生病，而宝宝的抵抗力差，可能会诱发疾病。食物经咀嚼后，香味和部分营养已受损失。嚼碎的食糜，宝宝囫囵吞下，未经自己的唾液充分搅拌，不仅食而不知其味，而且加重了胃肠负担，容易导致宝宝营养缺乏及消化功能紊乱。

另外，这种喂法会使宝宝的咀嚼肌得不到良好的锻炼而影响其发育。如果让宝宝自己咀嚼不仅可以刺激牙齿的成长，同时还可以反射性地引起胃内消化液的分泌，以帮助消化，提高食欲。口腔内的唾液也可因咀嚼而分泌增加，更好地滑润食物，使吞咽更加顺利。所以，不要把食物嚼碎后再喂给宝宝。

正常的咀嚼机能对咀嚼和颌骨的发育起着生理性刺激的作用。充分的咀嚼运动，不仅使宝宝的咀嚼肌得到锻炼，同时也对宝宝乳牙的萌出起到积极作用。如果宝宝在乳牙萌出时及以后没有进行充分的咀嚼，咀嚼肌就不发达，牙周膜软弱，甚至牙弓与颌骨的发育增长也会受到一定的影响。口腔中的乳牙、舌、颌骨是辅助发音的主要器官，它们的功能实施靠口腔肌肉的协调运动。

乳牙的及时萌生、上下颌骨及肌肉功能的完善发育，对宝宝发出清晰的语音、学会说话起着重要的作用。所以，经常给宝宝咀嚼固体食物，对宝宝的语言、牙齿的发育极其有益。

宝宝食欲不振怎么办

在一般情况下，宝宝每日每餐的进食量都是比较均匀的。如果偶然出

现某餐进食量减少的现象，不必强迫进食。只要给予宝宝充足的水分，就不会影响健康。

宝宝的食欲会受多种因素的影响，如温度变化、环境变化、接触不熟悉的人及体内消化和排泄状况的改变等。

短暂的食欲不振并不是病兆，如果连续2～3天食量减少或绝食，并且出现便秘、手心发热、口唇发干、呼吸变粗、精神不振、哭闹等现象，则应加以注意。

食欲不振的宝宝如果没有发热症状，可给孩子助消化的中药和双歧杆菌等菌群调节剂，也可多喂开水。待婴儿积食消除，消化通畅，便会很快恢复正常的食欲。如无好转，应去医院进一步检查治疗。

喂奶前先吃些辅食

喂母乳的宝宝可在喂奶前先吃点辅食，如米糊、稠粥或煮得熟烂的面条等食品，刚开始不要太多，不足的部分再用母乳补充，等宝宝习惯后，可逐渐用一餐来代替一次母乳。食欲好的宝宝，可每天喂两顿辅食，包括1个鸡蛋、适量的蔬菜及鱼泥或肝泥。注意蔬菜要切得比较碎。可让宝宝嚼些稍硬的食物，以促进牙齿的长出及颌骨的发育。

不能只给宝宝喝汤

婴儿半岁多已经能吃些鱼肉、肉末、肝末等食物，但不少父母仍只给孩子喝汤，不食其肉，他们是低估了孩子的消化能力，总以为孩子小，牙齿少，没有能力去咀嚼、消化食物，也有的父母认为汤的味道鲜美，营养都在汤里。这些看法都是错误的，它限制了孩子更多地摄取营养。

鱼、鸡或猪等动物性食物煨成汤时，确实有一些营养成分溶解在汤内，它们只是少量的氨基酸、肌酸、肉精、嘌呤基、钙等，增加了汤的鲜味，但大部分的精华，像蛋白质、脂肪、无机盐都还留在肉内。

动物性食物主要的营养成分是蛋白质，蛋白质遇热后会变性凝固，绝大部分都在肉里，只有少部分可溶性蛋白质跑到汤里去了。汤里含有的蛋白质只是肉中的3%～12%，汤里的脂肪仅为肉中的37%，汤中的无机盐含量仅为肉中的25%～60%。可以这么说，无论鱼汤、肉汤、鸡汤多么鲜美，其营养成分还是远不如鱼肉、猪肉、鸡肉的，如果婴儿只喝汤不吃肉，所获得的动物性蛋白质是很少的，不能够满足婴儿身体发育的需要，更影响婴儿神经系统的发育。因此，父母在喂婴儿汤的时候也要同时喂肉。

宝宝怎样吃豆制品

豆制品含有丰富的植物蛋白，且质地柔软，无特殊味道，可做出多种多样的美味食品，是这个时期婴儿可选用的理想食品原料。但要注意，用时要先从少量开始，观察其消化情况，如无不良情况发生，则可逐渐增加进食量。

◉ 绿豆腐　备碎豆腐2大匙，绿叶菜（如菠菜）煮后研成的菜泥1大匙，鸡汤（或肉汤）少许。将碎豆腐放在鸡汤中上火煮，同时加入菜泥混合，然后加入少量盐，煮片刻停火，滴几点香油即可。

◉ 红白豆腐　备碎豆腐1大匙，鸡肉末2小匙，煮后切碎的胡萝卜、白萝卜各1大匙，鸡汤（或肉汤）1/2杯，白糖1/2小匙，酱油、淀粉少许。把豆腐放热水中煮后切碎，然后放入锅内，并将胡萝卜、白萝卜、鸡汤、鸡肉末都放入锅内与豆腐一起煮，把淀粉加水调匀后倒入锅内，用勺子搅拌均匀停火即可。

◉ 芝麻豆腐　备碎豆腐2大匙，芝麻1小匙，蜂蜜1/2小匙。把豆腐放开水中煮后控去水分，研成豆腐泥，芝麻炒熟后放容器中研碎；把豆腐泥与芝麻混合后，再加入蜂蜜搅拌均匀。也可将蜂蜜换成少许盐，使其具有淡淡的咸味。

不必阻止宝宝用手抓食品

宝宝过了6个月后，手的动作越来越灵活，不管什么东西，只要能抓到，就喜欢放到嘴里。有些家长担心宝宝吃进不干净的东西，就阻止宝宝这样做。家长的这种做法其实是不科学的。

宝宝能将东西送到嘴里，意味着孩子已为日后独立进食打下了良好的基础。如果禁止宝宝用手抓东西吃，可能会打击孩子日后学习独立进食的积极性。

家长应把宝宝的小手洗干净，周围放一些伸手可得的食品，如小饼干、鲜虾条、水果片等，让宝宝抓着吃。这样不仅可以训练宝宝手部技能，还能摩擦宝宝牙床，以缓解宝宝长牙时牙床的刺痛，同时能让宝宝体会到独立进食的乐趣。

挑食宝宝的喂养

随着宝宝逐渐长大，吃得食物花样也逐渐增多起来，于是许多过去不挑食的宝宝现在也开始挑食了。宝宝对不喜欢吃的东西，即使已经喂到嘴里也会用舌头顶出来，甚至会把妈妈端到面前的食物推开。之所以这样，主要是因为宝宝的味觉发育越来越成熟，对各类食物的好恶就表现得越来越明显，而且有时会用抗拒的形式表现出来。但是，宝宝的这种挑食并不同于大孩子的挑食。宝宝在这个月龄不爱吃的东西，到了下个月龄时就可能爱吃了，这也是常有的事。所以，爸爸妈妈不必担心宝宝的这种“挑食”，而是要花点儿心思捉摸一下，怎样能够使宝宝喜欢吃这些食物。为了改变宝宝挑食的状况，妈妈可以改变一下食物的形式，或选取营养价值差不多的同类食物替代。比如，宝宝不爱吃碎菜或肉末，就可以把它们混在粥内或包成馄饨来喂；宝宝不爱吃鸡蛋羹，就可以煮鸡蛋或者荷包鸡蛋给宝宝吃等。

第四节　宝宝的能力培育与训练

语言能力训练

◉ **发音**　继续训练发音，如叫“爸爸”“妈妈”“拿”“打”“娃娃”“拍拍”等，多与他说话，多引导他发音，扩大他的语音范围。

◉ **用动作表示语言**　继续训练宝宝理解语言的能力，引导宝宝听到语言用动作来回答，如“欢迎”“再见”“谢谢”“虫子飞”和听儿歌做1～2种动作表演等。

◉ **懂得“不”字的含义**　妈妈指着热水杯对宝宝严肃地说：“烫，不要动！”同时拉着宝宝的手轻轻触摸杯子，然后把他的手推离开物品，或轻轻拍打他的手，示意他停止动作。对小孩不该拿的东西要明确地说“不”，使其懂得“不”的意义。此外，还要懂得大人的摇头、摆手也表示“不”。

生活自理能力训练

继续让宝宝多与同伴交往，帮助他克服怯生、焦虑的情绪。引导他正确地表达情感。与同伴玩，是宝宝学习语言、培养交际能力和良好素质的重要途径。

训练宝宝养成安静入睡、高兴洗脸的习惯，养成定时、定地点大小便的好习惯，学会蹲便盆，大便前出声或做出使劲的表示。

模仿能力训练

◉ 拍拍手、点点头　方法：与婴儿对面而坐，先握住他的两只小手。边拍边对他说“拍拍手”；然后不要握他的手，你边拍边有节奏地对他说“拍拍手”，教他模仿，“点点头”亦如此。

目的：提高理解语言与模仿的能力。

注意：每天应不断重复的学习。

◉ 洗澡玩水　方法：把婴儿放进盆里坐着，给他一只吹气小鸭子边洗边玩，洗完澡后坐在盆中央，大人拿着婴儿的两只胳膊或一人扶着婴儿腋下，一人握着婴儿的双脚，边拍打水边念儿歌：“小小鸭子嘎嘎叫，走起路来摇呀摇，一摇摇到小河里，高高兴兴洗个澡。”

目的：熟悉水，提高感知能力，培养愉快情绪。

注意：不要在洗澡期间离开，以免婴儿溺水，发生危险。

听觉能力训练

训练者用不同的玩具和婴儿一起玩，并示范性地发出简单有趣的声音来代表事物。如：狗——“汪汪”，猫——“咪咪”，汽车——“嘟嘟”，飞机——“嗡嗡”，边做动作边让婴儿模仿发声。

情感培育训练

7个月宝宝的情绪、情感已具有社会性。愉快的情绪可以使宝宝健康地成长发育，作为父母要有意识地进行培养。父母要时时以愉快、亲切、温柔的态度和情感照看宝宝。母亲要多和宝宝说话，引逗他发声，激发宝宝积极愉快的情绪。宝宝有了积极的情绪就会愉快地进食，并有助于消化系统功能的增强。宝宝通过视、听等感官看到和感受到母亲带给他的爱抚就会感到愉快、满足。

动作能力训练

◉ 翻身取物　方法：让宝宝平卧，将鲜艳带响的玩具放在孩子的一侧摇响，引逗孩子去取时家长将小儿的胳膊轻轻推向有玩具的一方。帮助小儿翻身，抓住玩具。

目的：练习翻身变更体位。

注意：在此基础上可以逐步练习连续翻滚。

爬行能力训练

首先，要有一个适合爬行的场地，比如在一个较大的床或木质地板上，铺上毯子或泡沫地板垫。场地要平整而软硬适当，如果场地太软，宝宝爬起来就比较费力，如果场地太硬，不仅爬起来不舒服，而且还可能使宝宝娇嫩的手和膝盖受到损伤。同时，爬行场地要保证干净卫生，以免宝宝受到细菌感染。其次，训练时妈妈或爸爸要给予适当的协助。如果宝宝的腹部还离不开床面，妈妈或爸爸可用一条毛巾兜在宝宝的腹部，然后提起腹部让宝宝练习利用双手和膝盖支撑爬行。经过这样的协助之后，宝宝的上下肢就会渐渐地协调起来，等到妈妈或爸爸把毛巾撤去之后，宝宝就可以自己用双手及双膝协调灵活地向前爬行了。

认知能力训练

将药丸子的蜡壳，或漂亮颜色的大粒糖豆，投入透明的瓶内，盖上盖，宝宝会拿着瓶子摇，看看蜡壳或糖豆。如将此瓶放入大纸盒内，宝宝会将瓶取出，继续观看蜡壳或糖豆，寻找是否蜡壳或糖豆仍在瓶内。

第五节　宝宝的常见问题与应对

先天性眼睑下垂的治疗

眼睑下垂，学名为上睑下垂，是指上眼睑不能上翻到正常位置。轻者有时能通过用力张开得以改善，重者眼睑下垂覆盖瞳孔，妨碍视力。眼睑下垂可分单侧和双侧。根据病因又可分为先天性和后天性两种。先天性眼

睑下垂主要由于动眼神经核发育不全或提上睑肌发育异常所致，有遗传性，宝宝出生后即有上睑下垂，双眼自然睁开平视时，上睑的睑缘覆盖角膜。双侧上睑下垂的宝宝，常表现仰视姿势，单侧上睑下垂的宝宝，由于眼睑遮盖部分瞳孔会影响单侧视力，日久可发生弱视。

处理方法：先天性眼睑下垂遮盖大部分瞳孔或完全遮盖瞳孔的宝宝，为防止发生弱视，应及早手术，一般手术效果颇为有效。

宝宝长痤疮

◉ 警惕宝宝痤疮　痤疮，又称"青春痘"、"粉刺"，小宝宝面部皮肤极娇嫩，如果护理不周，皮疹感染化脓，破溃，愈后会形成一个个疤痕疙瘩，或成为凹陷的小坑。影响宝宝的容貌，甚至造成终身遗憾。因此，宝宝脸上长有"青春痘"时。妈妈不可掉以轻心。

◉ 宝宝长痤疮的原因　宝宝出生后六七个月，就容易长痤疮了。医学上称为婴儿痤疮。如果小宝宝在未出生前从母体内获得雄性激素过多，出生后就会促使皮脂腺分泌旺盛，而宝宝的面部又是皮脂腺发达的部位，分泌过多的皮脂会淤积在毛囊内，致使皮肤隆起一个个小丘疹，一般在面颊及额部长有十几或几十颗。因皮脂排出受阻，它与毛囊壁脱落的细胞及微生物混合在一起，堆积在毛囊口而成为黄白小点。遇空气氧化后可变黑，成为黑头粉刺。毛囊内的痤疮丙酸杆菌乘机大量繁殖，会引起炎症。如忽视治疗，或用手去挤压宝宝面部皮疹，极易继发细菌感染，引起化脓，使病情加重，形成结节，囊肿。甚至疤痕。

◉ 防止挤捏，适当治疗　爸妈发现宝宝面部长有"青春痘"时千万不可用手去挤捏。可外用硫黄制剂，以促使皮脂分泌畅通。出现炎性脓疮时，搽点克林霉素痤疮水液，可减少脂酸形成，消除炎症。如果感染严重，应在皮肤科医生指导下，合理应用抗生素类药物治疗。

◉ 注意宝宝皮肤卫生及饮食　每天给宝宝用温水洗脸，擦点婴儿香皂，轻轻搓洗后冲净，用洁净柔软的干毛巾吸干脸上的水。然后挤点乳汁涂在脸上以滋润皮肤。多让宝宝喝白开水，不喂糖水或其他饮料，注意宝宝大便通畅，防止便秘。

宝宝耳内进异物

多数耳内异物是宝宝玩耍时自行放入，或由别的孩子放入，有时是小昆虫爬入。

对较小的异物。可先用稍粗的线绳在其头端蘸点胶水。慢慢伸入耳道，把异物粘出来，也可用小镊子取出。

如果是昆虫爬入耳道，可在黑暗的地方把灯放在耳外，昆虫具有趋光性，自然会朝着光亮爬出来，不要用油或酒精滴入耳内。

如果是豆类掉入耳内，不应滴水，因为豆类遇水涨大，难以顺利取出，应到医院处置。

宝宝咳嗽及用药

婴儿呼吸道感染在日常生活中最常见。宝宝呼吸道感染时常出现咳嗽，这是机体为排除炎性分泌物而产生的保护性的生理反射活动。气管内的炎性分泌物（即痰液）随气管内膜表面纤毛的摆动而向咽部移动，引起神经冲动传入中枢导致咳嗽，并通过咳嗽排出体外，保持呼吸道畅通和清洁。

宝宝的呼吸系统发育尚未成熟，咳嗽反射较差，并且不会有意识地咳痰和吐痰，加上支气管管腔狭窄，血管丰富，纤毛运动较差，痰液不易排出，故一般轻微咳嗽不必服用止咳药。如果一见宝宝咳嗽便给予较强的止咳药。咳嗽虽然暂时止住了，但气管黏膜上的纤毛运痰功能受到抑制，导致痰液等物不能顺利排出而大量堆积在气管与支气管内，造成气管堵塞、缺氧，严重者还可发生心力衰竭等并发症。另外，肺内丰富的毛细血管网容易吸收毒素，又为细菌、病毒的生长繁殖提供了条件，使病情加重。因此，咳嗽时要多使用化痰药或使用雾化吸入法稀释呼吸道分泌物，配合体位引流，使其排出。

常用的化痰药有氯化铵、鲜竹沥、川贝止咳糖浆、急支糖浆、沐舒坦糖浆等。

有些宝宝的咳嗽是无痰干咳，剧烈的干咳不仅影响休息和睡眠，甚至引起肺气肿、咯血和胸痛等严重后果。此时，可在短期内应用可待因糖浆和咳必清之类的镇咳药。镇咳药具有止咳、镇静与镇痛作用，偶有恶心、嗜睡现象，这种药不宜久服，以防成瘾。

宝宝生冻疮

冻疮发生于寒冷的季节，它是冬天常常在户外玩耍或到户外没有注意做防寒保护的孩子容易发生的一种皮肤病。当身体较长时间处于低温和潮湿刺激时，就会使体表的血管发生痉挛，血液流量因此减少，造成组织缺血缺氧，细胞受到损伤，出现局部冻疮。

冻疮主要发生于肢体远端血液循环不良的部位，如手指、手背、脚趾、脚跟、脚边缘、脚背、耳轮、耳垂及面颊。

冬天，当宝宝要去户外时，一定要注意给宝宝保暖，如衣服是否防寒，特别是经常暴露的部位，可适当地涂抹护肤油、戴上帽子、手套，保暖鞋以保护皮肤。宝宝患了冻疮要及时治疗，没有破溃时在红肿疼痛处涂抹冻疮软膏或维生素 E 软膏，也可请中医开一些草药煎洗。当有水疱和水疱破溃形成溃疡面时，最好请医师处理，以免处理不当加重病变而产生并发症。

另外，长过冻疮的部位到第二年时要格外注意防冻，以免复发。

宝宝鼻腔内进入异物

宝宝鼻腔内进入异物，大多是宝宝将花生米、豆类、小玩具、纽扣等塞进自己的鼻孔。鼻腔异物会刺激鼻腔黏膜，出现打喷嚏、流涕、鼻塞等不适症状，此时父母或宝宝往往急于用手掏，但越掏越深，加之一些豆类异物经鼻腔分泌物浸泡。体积涨大，会堵塞鼻道。

有些鼻腔异物存留很久，直到发臭，流脓血性分泌物，去医院就诊时才被发现。

凡遇一侧鼻塞、鼻炎、流脓血性分泌物时，应想到鼻腔异物的可能。

当宝宝将花生米、豆类、纽扣等异物塞入鼻孔后，不要用手去掏，可将宝宝另一侧鼻孔压紧，让宝宝抿住嘴，用力让一侧鼻孔出气，异物多能擤出。

难以取出的异物，应立即去医院经黏膜麻醉后取出。

第九章

8个月宝宝的养护

第一节　宝宝的生长发育特点

体格发育

8个月的宝宝已经初步有了规律性的概念，记忆力进一步增强，宝宝的大脑功能分化及神经系统也在感觉学习中逐渐发展开来。健康快乐的宝宝看上去是那么的美好。

◉ **身高**　本月男宝宝身高平均约71.5厘米，女宝宝约70厘米。身高有望增长1.0~1.5厘米。妈妈同样可根据婴儿身高增长百分位曲线图，连续、动态地监测婴儿身高增长情况。

◉ **体重**　本月男宝宝体重平均约9.1千克，女宝宝约8.5千克。宝宝体重有望增加0.22~0.37千克。月体重增长速度逐渐减慢，但宝宝体重绝对值还在上升。根据婴儿体重百分位曲线图，连续检测要比偶尔一次测量更有意义。因为婴儿体重不是每月均匀增长的，而是呈现跳跃性，存在补长的现象，连续检测才能跟踪宝宝体重增长的内在规律。

◉ **头围**　本月男宝宝头围平均约45.1厘米，女宝宝约44.3厘米。宝宝头围增长进一步放缓，平均数值在0.6~0.7厘米之间。头围增长和身高、体重增长一样，月龄越小，增长越快；月龄越大，增长越慢。按出生头围平均数34厘米来算，到了满7月，宝宝头围可达43.1厘米，满8个

月可达43.8厘米。

◉ 囟门　这个月宝宝的囟门发育没有大的变化，和上个月差不多。

语言发育

宝宝能听懂妈妈的简单语言，妈妈说到他常用的物品时，他知道指的是什么。他能够把语言与物品联系起来，妈妈可以教他认识更多的事物。妈妈想让宝宝认识一件东西，可先让他摸摸、看看，吃的东西可先尝尝，然后反复告诉他这件东西的名字。

视觉发育

宝宝可以随意地观察自己感兴趣的事物，如水果、饼干、餐具、玩具等。宝宝能理解爸爸妈妈的语言并能用表情、动作来应答，如会表示“再见”、“谢谢”。

宝宝开始有兴趣有选择地看东西，会记住某种他感兴趣的东西，如果看不到了可能会用眼睛到处寻找。开始认识谁是生人，谁是熟人。生人不容易把宝宝抱走。

听觉发育

8个月的宝宝对某些特定的音节会产生反应。如对自己的名字有反应，对“爸爸妈妈”有比较强烈的反应。宝宝已经拥有这样的能力，听到爸爸妈妈说话声，即使看不到他们，也知道这是妈妈或爸爸在说话。宝宝能够辨别人说话的语气，喜欢亲切和蔼的语气，听到训斥的语气会表现出害怕、哭啼。父母可以利用孩子的这种辨别能力，教孩子认识什么是应该做的，什么是不应该做的。

感觉发育

宝宝在6个月以后对远距离的事物更感兴趣了，7个多月时则观察得更细。8个月的宝宝对拿到手的东西则反复地看，更感兴趣。此时应常带宝宝到户外去，让他看各种小动物、行人和车辆，树和花草，以及小孩，这些都是宝宝喜欢看的。

认识发育

此时的宝宝对周围的一切充满好奇，但注意力难以持续，很容易从一个活动转入另一个活动。对镜子中的自己有拍打、亲吻和微笑的举动，会移动身体拿自己感兴趣的玩具。懂得大人的面部表情，大人夸奖时会微笑，训斥时会表现出委屈。

心理发育

宝宝已经习惯坐着玩了。尤其是坐在浴盆里洗澡时，更是喜欢戏水，用小手拍打水面，溅出许多水花。如果扶他站立，他会不停地蹦跳。嘴里咿咿呀呀好像叫着爸爸、妈妈，脸上经常会显露幸福的微笑。如果你当着他的面把玩具藏起来，他会很快找出来。喜欢模仿大人的动作，也喜欢让大人陪他看书、看画，听“哗哗”的翻书声音。

年轻的父母第一次听宝宝叫爸爸、妈妈是一个激动人心的时刻。8个月的宝宝不仅常常模仿你对他发出的双复音，而且有50%～70%的宝宝会自动发出“爸爸”、“妈妈”等音节。开始时他并不知道是什么意思，但见到家长听到叫爸爸、妈妈就会很高兴，叫爸爸时爸爸会亲亲他，叫妈妈时妈妈会亲亲他，宝宝就渐渐地从无意识地发音发展到有意识地叫爸爸、妈妈，这标志着宝宝已步入了学习语音的敏感期。父母们要敏锐地捕捉住这一教育契机，每天在宝宝愉快的时候，给他朗读图书，念念儿歌和绕口令。

大运动发育

宝宝可以自己坐起来，也可以随意翻身，爸爸妈妈一不留神他就会自己翻动。当宝宝趴着时，他会弓起后背，以使自己可以向四周观看。

此时的宝宝坐得很稳了，他可以在没有支撑的情况下坐起，可独坐几分钟，还可以一边坐一边玩，还会左右自如地转动上身，也不会使自己倾倒。尽管他仍然不时向前倾，但几乎能用手臂支撑。随着躯干肌肉逐渐加强，最终他将学会如何翻身到俯卧位，并重新回到直立位。现在他已经可以随意翻身，不留神他就会翻动，可由俯卧翻成仰卧位，或由仰卧翻成俯卧位。所以在这个阶段任何时候都不要让宝宝独处。

此时的宝宝已经达到新的发育里程碑——爬。刚开始的时候宝宝爬有三个阶段，有的宝宝向后倒着爬，有的宝宝原地打转还有的是匍匐向前，这都是爬的一个过程。等宝宝的四肢协调得非常好以后，他就可以立起来手膝爬了，头颈抬起，胸腹部离开床面，可在床上爬来爬去。

精细动作发育

宝宝能用大拇指、食指与中指握住积木，大拇指与食指可合作拿物，能拾起地上的小东西及线。宝宝拿着摇铃至少可摇3分钟。

宝宝的睡眠变化

宝宝每天仍需睡15～16个小时，白天睡2～3次。如果宝宝睡得不好，家长要找找原因，看宝宝是否病了，给他量量体温，观察一下面色和精神状态。

第二节　宝宝的日常护理

宝宝的衣服、被褥、玩具护理要点

本月在衣服、被褥、床、玩具等方面的护理要求，和上个月差不多。值得一提的是，7～8月龄的宝宝特别容易发生气管异物。宝宝可能会把玩具上不结实的零件鼓捣下来，放到嘴里，也可能会把已经啃坏的玩具啃一块下来。宝宝长乳牙了，动手能力也增强了，危险系数也增加了，气管异物的危险一定要注意、注意、再注意。

让宝宝自学吃东西

8个月的宝宝，手的功能有了很好的发展，可以开始教宝宝用手自己吃东西。有不少家长，怕宝宝把手弄脏了，不给宝宝自己进食的机会。尤其是在冬季，给宝宝穿一件袖子很长的衣服，把宝宝的小手包在袖子里面。妈妈包揽了全部的喂食，以为这样才体现了母爱。其实这是一种很不好的喂养方法，对培养宝宝良好的饮食习惯也是十分不利的。

宝宝自己用手吃一点饼干、馒

头，或者自己学习拿奶瓶吃奶都是很好的办法。自己吃东西，有一个逐渐熟练的过程。一开始宝宝会将食品弄得到处都是，一身也是脏兮兮的，此时母亲应当多包容一些，让宝宝大胆地去实践与学习。宝宝用手自己吃东西，有许多好处。首先，可以增加对新食物的兴趣，自己吃对宝宝来讲是一件愉快的事情。其次，可以训练宝宝动手的能力，训练宝宝手眼协调的能力，爱动手的宝宝脑子灵活。

保护宝宝的眼睛

◉ 讲究眼部卫生　宝宝应有自己专用的毛巾和脸盆，并且保持清洁。每次洗脸时可先擦洗眼睛，如果眼屎过多，应用棉签或毛巾蘸温开水轻轻擦掉。

宝宝毛巾洗后要放在太阳下晒干，不要随意用他人的毛巾或手帕擦拭宝宝的眼睛。宝宝的手要经常保持清洁，不要让他用手揉眼睛，发现宝宝患眼病后要及时治疗，按时点眼药。

◉ 防止强光刺激　婴儿室内的灯光不宜过亮，到室外晒太阳时要戴遮阳帽，以免阳光直射眼睛。平时还要注意不带宝宝到有电焊或气焊的地方。

◉ 防止刺伤　给宝宝的玩具要无尖锐棱角，不能给宝宝小棍类或带长把的玩具玩。要注意防止沙尘、小虫等进入眼睛，一旦发生异物入眼，千万不要用手揉，可滴几滴眼药水刺激眼睛流泪，将异物冲出来。

◉ 避免感染　急性结膜炎病流行期间，不要带婴儿去公共场所。

做好宝宝爬行的安全防治工作

宝宝会爬了，他的“探索欲”会变得很强，说不定你一眨眼，他就爬出你的视线之外了。由于宝宝不可能随时都在大人的注意范围里，所以爸妈们必须做好安全防范工作。房间里易碎、易绊倒宝宝的物品要收起来，如杯子、花盆、玻璃器皿等；剪刀、水果刀、针线等物品要收拾妥当；塑料薄膜、塑料袋、气球等物品要收好，以免造成宝宝窒息；药品，尤其是糖衣片及其他不适合宝宝吃的食品也都要收起来；将所有尖锐的桌角、柜角套上保护垫，以免宝宝不慎撞到；注意电源线，并在未使用的插座上加套防护盖或使用安全插座。

怎样使宝宝睡得好

❶ 白天要让宝宝有充分的运动，使他的精力充分发泄。

❷ 睡前不要玩得太兴奋。

❸ 晚上可给宝宝洗澡，让宝宝身心舒畅。

❹ 如果宝宝有午睡习惯，晚上可适当晚点睡。

❺ 爸爸晚上回来喜欢与宝宝玩，应将午睡时间延长些，晚上时间宽裕些。

保证清洁卫生的居住环境

对这个月的宝宝来说，生活环境的要求主要是清洁与卫生。爸爸妈妈要注意宝宝居室内空气的新鲜。防止煤气炉、液化石油气灶等对室内空气的污染，做饭时产生的油烟，也会构成对宝宝的眼睛和呼吸道的损害。为了减少室内污染，宝宝的居室最好离厨房远一点。此外，还要随时保持室内下水道的通畅，要及时清理堆积的污水、污物。夏天还要防止蚊子、苍蝇等造成室内环境的污染。

防秋季痰鸣

比较胖的宝宝、长了湿疹的宝宝、食物过敏的宝宝，都容易在气候渐冷的秋季，重新出现痰鸣，就是呼吸时嗓子发出呼噜呼噜的声响。摸摸宝宝的后背、前胸，你会感到宝宝像小猫一样发喘。越到秋末，痰鸣就越严重了。

痰鸣要不要就医？这要看具体情况。如果宝宝只是嗓子里呼噜呼噜的，睡眠时偶尔咳嗽几声，可能还会吐奶，但并不发热，也没有流鼻涕、打喷嚏等感冒症状，吃饭、睡眠、精神状态都还好，那就不能认为宝宝感冒了，更不能认为宝宝患了气管炎或肺炎，弄得上上下下都很紧张。

爸爸妈妈看到宝宝呼噜呼噜地呼吸，心里已经难受了；宝宝又是吐奶又是咳嗽，爸爸妈妈就再也坚持不住了，抱着宝宝就找医生。如果医生说没事没事，爸爸妈妈不但不信，还会认为这医生不负责任；如果赶巧哪位医生没经验，说宝宝患了肺炎或喘息性气管炎什么的，爸爸妈妈惊恐之余，还会感谢那位医生的“及时诊断”，并从此走上给宝宝吃药、打针，输液的歧途，一冬天也没断。这对宝宝是多大的伤害啊！

其实秋季痰鸣无非两种可能，一是支气管哮喘前期，一是体质问题。体质问题造成痰鸣的宝宝，多是渗出体质，即虚胖、爱出汗、少活动、长湿疹、起风包、不爱吃菜和水果、爱吃甜食、水里不加奶就不喝、大便总是发稀、对牛奶和鸡蛋过敏、户外活动时间少、像温室里的幼苗等等。对于这样的宝宝，解决痰鸣的根本办法不是药物，而是多做户外活动，锻炼宝宝的耐寒能力，增加宝宝的运动量。如果痰鸣是支气管哮喘前期，就要在医生指导下给宝宝服用药物。

父母积极配合宝宝爬行

教宝宝学习爬行的时候，父母如果积极配合效果就会比较好。母亲拉着宝宝的双手，父亲推宝宝的双脚，拉左手的时候推右脚，拉右手的时候推左脚，让宝宝的四肢被动协调起来。经过这样几次练习后，宝宝就能够向前爬了。另外，父母要培养宝宝的兴趣。教宝宝爬行时要选择宝宝情绪好的时候，可以用宝宝非常喜欢的玩具逗引他向前爬，这样不易使宝宝感到厌倦。

宝宝还不会翻身

发育较快的孩子能在第4～5个月独立翻身，大多数的宝宝要到6～7个月才能独立翻身。宝宝动作能力的发展有一定的顺序，也有一定的个体差异。

有的孩子动作发展快些，有的孩子动作发展慢些。一般来讲，宝宝在某一方面发展较慢，我们应该视为正常。

如果宝宝动作能力发展得太慢，就要引起注意。如宝宝8个月了还不会翻身，父母就要检查喂养是否合理，宝宝有无某些疾病，宝宝的智力发展是否正常，必要时就应该请教专家了。

宝宝动作发展固然有自身的规律，但后天的强化锻炼也很重要，父母应该结合具体情况适时让宝宝进行体能训练，提高宝宝的翻身能力。

第三节　宝宝的喂养

给宝宝添加含铁的食物

宝宝吃含铁的食物有益处。铁是红细胞中血红蛋白的主要成分，宝宝缺铁易患缺铁性贫血，表现为肤色苍白，疲乏无力，感情冷漠，严重的贫血可影响智力与神经的发育。那么，含铁较高的食物有哪些呢?

动物性食物中含铁量最高的是猪肝，其次为鱼、瘦猪肉、牛肉、羊肉等。在植物性食物中，以大豆的含量为最高。新鲜蔬菜中含铁量较高的依次是韭菜、荠菜、芹菜等，果类中桃子、香蕉、核桃、红枣含铁量也较多。其他食物，如黑木耳中含铁量也相当高，海带、紫菜、香菇等也不小。母乳与牛乳中含铁量都很低。

爸爸妈妈应该选一些含铁量丰富，吸收率高的食物给宝宝吃，同时注意食物间的搭配，这样防治营养性缺铁性贫血效果更好。另外，健康的宝宝无需额外补铁。特殊的铁强化食品，每100克含铁高达40毫克，不宜作为宝宝的主食长期服用。

可以让宝宝吃水果

由于8个月的婴儿已长有2~4颗牙，因此，可让婴儿自己拿着橘瓣、苹果片、梨片吃，还可以给他直接吃西瓜、香蕉等水果，不用细加工，但要注意去除果核儿。

让宝宝养成良好的饮食习惯

在宝宝8个月的时候，可试着采用每天吃3顿奶、2餐饭的饮食规律了。一向吃母乳的宝宝，应逐渐让他习惯吃各种辅食，以达到增加营养、强健身体的目的。一旦让宝宝减少吃母乳的次数，就应该多加些辅食了。主食应以粥和烂面条为宜，也可以吃些撕碎的软馒头块。辅食除鸡蛋外，可选择鱼肉、肝泥、各种蔬菜和豆腐。喝牛奶的宝宝，每餐的量不应少于250毫升。应注意，宝宝的饭菜最好现做现吃，不要吃隔夜的饭菜，以免变质影响宝宝的健康。

8个月的宝宝自己可以坐着了，因此，在给宝宝吃饭的时候，妈妈可以给宝宝准备一个婴儿专用餐椅，让宝宝坐在上面吃饭，如果没有条件，就在宝宝的后背和左右两边，用被子之类的物品围住，目的是不让宝宝随便挪动地方，而且最好把这个位置固定下来，不要总是更换，给宝宝使用的餐具也要固定下来，这样，会使宝宝一坐到这个地方就知道要开始吃饭了，有利于形成良好的进食习惯。

帮助宝宝习惯吃猪肝

猪肝除了含有较丰富的蛋白质外，还含有较多的铁质和维生素 B_1，经常食用可以预防缺铁性贫血、口角炎等症。但是猪肝有些腥味，宝宝们不太喜欢吃，这就需要在烹调方法上下点工夫，去其腥味，变不好吃为好吃。

为宝宝制作猪肝泥有两种方法：一是将生猪肝横剖开，或剥去外皮，用刀刮下如酱样的猪肝泥；二是先把猪肝煮熟后，再剁成细碎泥状，然后加葱、姜、黄酒等用少量油炒，可去腥味，烧好后加些味精提鲜。如果宝宝还是不肯吃，可用7分猪肝泥和3分肉糜一起炒，也可去掉猪肝腥味。

对宝宝来说，每星期吃上1～2次猪肝，能预防营养缺乏症。因此，更要强调烹调方法。采用猪肝与其他动物食品混烧，如猪肝丁和咸肉丁、鲜肉丁、蛋块混烧，或猪肝炒肉片等，宝宝们大多喜欢吃。将猪肝制成白切猪肝片或卤肝片，在宝宝进餐的时候，让宝宝洗净手一片一片拿着吃也是个好方法。

辅食要注意营养均衡

8个月的宝宝消化功能增强了，能吃流质、半流质和一些固体食物。爸爸妈妈在给宝宝添加辅食的时候，要注意营养的均衡搭配，适当多让宝宝吃一些蛋白质丰富的食物，如豆腐、蛋类、奶制品、鱼等。但糖类、维生素等营养成分也不能少。还要注意，新的辅食品种要一样一样地给宝宝增加，宝宝适应一种再增加一种。

如果宝宝有不良反应立即停下。添加新食物要在喂奶前，先吃辅食再喂奶，这样宝宝就比较容易接受新的辅食了。

适当增加固体食物

在这个月，应该适当给宝宝吃些固体食物了。面包片、馒头片、饼干、磨牙棒等都可以给宝宝吃。许多宝宝到了这个月就不爱吃烂熟的粥或面条了，妈妈做的时候适当控制好火候。如果宝宝爱吃米饭，就把米饭蒸得熟烂些喂他好了。爸爸妈妈总是担心宝宝牙还没有长好，不能咀嚼这些固体食物，其实宝宝会用牙床咀嚼的，能很好地咽下去。

辅食不是越碎越好

食物够碎、够烂——这是多数爸爸妈妈在给宝宝添加辅食时所遵循的准则，因为在他们看来，只有这样才能保证宝宝不被噎到，并且让宝宝吸收得更好。可事实上，宝宝的辅食不宜过分精细，最好随年龄增长而变化体积和硬度，以促进宝宝咀嚼能力的发展和颌面肌的发育。

这个月，宝宝进入了牙齿的快速生长期，爸爸妈妈可做一些烂面条、肉末蔬菜粥、烤面包片等，并逐渐增加其他各类食物的体积，由细变粗，由小变大，而不是一味地将食物剁碎、研磨。这样，不但能锻炼宝宝的咀嚼能力，还可以帮助他在饭间进行磨牙动作，促进牙齿发育。适当的咀嚼锻炼，还会让宝宝更聪明。

饮食要定时定量

宝宝从小就应养成按时吃饭的习惯，每次食量要合适，不要忽多忽少。有的爸妈看宝宝一哭就给东西吃，让他一边哭一边吃，或者一边玩一边吃，这种做法不好。还有宝宝老吃零食，也非常不好，等到吃饭时间就不再好好吃饭，长此下去养成吃零食的习惯，会导致消化不良，影响宝宝的健康。

口腔溃疡宝宝的喂养

如果宝宝发生了口腔溃疡，常常因疼痛难以进食，导致宝宝哭闹。宝宝口腔溃疡较轻时，可以让宝宝吃松软嫩滑的清淡食物，让宝宝更易于吞咽。口味上不宜太咸，更不要喂宝宝太烫的食物。

当宝宝口腔溃疡严重时，就要停止添加辅食。口腔溃疡的宝宝可以吃流质食物，妈妈除喂宝宝母乳或奶粉外，还可喂些果汁或汤水。但是注意不要喂猕猴桃、柑橘类果汁，这些水果会刺激口腔和喉咙，让宝宝更加疼痛。

第四节　宝宝的能力培育与训练

语言能力训练

在日常生活中，家长与训练者用简单的语音代表日常生活的事情，如“mu－mu”代表食物，“尿尿”代表要小便。“茶茶”代表要喝水等。

继续训练小儿理解语言的能力，在指宝宝熟悉的物品时，要边说边问。如“宝宝要不要饼干?”“宝宝要不要小熊?”让他用手推开或皱眉表示不喜欢；伸手或点头谢谢表示喜欢，表示要。

观察能力训练

宝宝在6～7个月以后，远距离知觉开始发展，能注意远处活动的东西，如天上的飞机、飞鸟等。这时的视觉和听觉有了一定的细察能力和倾听的性质，这是观察力的最初形态。周围环境中新鲜的和鲜艳明亮的活动物体都能引起宝宝的注意。宝宝拿到东西后会翻来覆去地看看、摸摸、摇摇，表现出积极的感知倾向，这是观察的萌芽。这种观察不仅和动作分不开，而且可以扩大宝宝认知范围，引起快乐的情感，对发展语言有很大作用。

但是，宝宝这时的观察往往是不准确的、不完全的，而且不能服从于一定的目的和任务。

自理能力训练

这个月的宝宝已经基本能够反映自己的意愿，例如，想吃饭就指奶瓶或饭碗，想戴帽子就指帽子，这时妈妈或爸爸就应以身作则，把宝宝的日用品或玩具放在固定的地方，并可以因势利导，逐渐使宝宝养成不乱放东西的习惯。在做游戏时，妈妈可以为宝宝准备一个装玩具的箱子，玩游戏

时让宝宝一件件把玩具从箱子里拿出来，玩完之后再把玩具递给宝宝，让宝宝试着一件件放回箱子里。

听觉能力训练

在给宝宝进行运动训练时，要呼叫宝宝的名字，让宝宝能够望着叫自己名字的人。

训练者抱着婴儿进行游戏。当宝宝注意时由另一人呼叫其名字，开始时可由训练者代替作反应，慢慢地减少帮助，让宝宝自己作出反应，能看着呼叫者。

社交能力训练

❶ 创造条件让宝宝多与小朋友接触、交往。

❷ 创造条件让宝宝在妈妈在场的情况下，能与生人接触。

❸ 培养宝宝懂礼貌，教宝宝能用微笑、注视、发音和手势打招呼。

❹ 建立语言——动作联系，如：欢迎、恭喜、再见、要、不等；逐渐能用手指出物品、人。

认识能力训练

大人要经常在宝宝面前做事，并注意观察宝宝是否在注视着大人的行动。开始时应给予诱导，如“宝宝看爸爸拿什么呢?” “妈妈戴帽子上街了!” 等。

心理素质训练

胆小，怕与父母特别是与母亲分离，是8个月宝宝的正常心理现象，它说明宝宝已经能够敏锐地辨认熟人和生人。因而，怯生意味着母（父）子依恋的开始。同时，它也说明宝宝需要在依恋你的基础上建立更为复杂的社会性情感、性格和能力。

陌生人的突然到来，有人用眼睛盯着自己看，走到近前要从妈妈怀里抱走自己——这对8个月的宝宝来说，将使他感到不安和害怕。所以，父母必须注意不要随便让陌生人突然靠近、抱走自己的宝宝，也不要在生人到来时立即离开自己的宝宝，就像对1~3岁的宝宝不要用“狼来了！还哭”，去吓唬宝宝一样加重他的不安心理，这样不利于宝宝的心理成长。

正确的方法是：当生人到来时，父母可以把宝宝抱在怀里，不要急于走近客人，要用你对客人热情的态度和友好的气氛去感染宝宝，使他学会“信任”客人；让客人逐渐接近宝宝，可以先给他一个漂亮的玩具，如果客人也带着自己的小宝宝，就可抱着小宝宝与你的宝宝接触，这会受到他的欢迎；如果客人靠近他时，他流露出恐惧的表情，你就马上抱他离远些，与客人谈笑，待一会儿再靠近，使宝宝慢慢适应、熟悉生人。宝宝熟悉的大人越多，而且习惯于体验新奇的视听刺激，那么，怯生的程度就越轻，时间也就越短。

运动能力训练

◉ 拉物站起　让宝宝练习自己从仰卧位拉着物体（如床栏杆等）站起来。可先扶着栏杆坐起，逐渐到扶栏站起，锻炼平衡自己身体的技巧。

◉ 迈步　在宝宝保持站立姿势的基础上，把他的一只脚放在另一只脚前面，使其两只脚前后错开，让他用一条腿支持体重，试着迈出人生的第一步。

◉ 捏取　让宝宝练习用手捏取小的物品，如小糖豆，大米花等。开始婴儿用其他手指抓取，以后逐渐模仿大人，会用拇指和食指相对捏起，每日可训练数次。母亲要陪同宝宝一起玩，以免他将小东西塞进口、鼻引起呛噎而发生危险，离开时要将小物品收拾好。

行为能力训练

❶ 用一些容易咬断的食物如蛋糕、饼干、虾片、香蕉片等。训练者先放一片在口中，做出张大口咀嚼的动作，并说：“真好吃！”然后把食物让宝宝闻闻，以增加其对食物的兴趣，鼓励他模仿吃。

❷ 训练者与宝宝面对面，将饼干放在口中咀嚼，将宝宝的双手放在训练者的面颊两侧，让宝宝感觉咀嚼的动作；再将食物放在婴儿的口中，鼓励他咬断并咀嚼食物，也可以将其手放在咀嚼的面颊旁，体会咀嚼的感觉。

❸ 与宝宝玩“娃娃吃点心”游戏。训练者与宝宝各拿一块饼干，先放到娃娃口边，说：“宝宝吃饼干”。然后把饼干放到自己口中，鼓励宝宝模仿咀嚼动作。

感知能力训练

继续给宝宝抚摩，亲吻，如配合儿歌或音乐的拍子，握着宝宝的手，教他拍手，按音乐节奏模仿小鸟飞、蹦跳身体；还可以让他闻闻香皂、牙膏，培养嗅味感知能力。

第五节　宝宝的常见问题与应对

宝宝出水痘了怎么办

水痘好发于冬春季节，是一种常见病、多发病，有很强的传染性。6个月以内的宝宝由于有母体获得的抗体，具有一定的抵抗力，一般不会发生水痘；8个月以后的宝宝，就很容易传染发病。

◉ 避免宝宝抓破　由于出水痘的部位有点痒，宝宝常常用手去抓挠，这样很容易引起疱疹糜烂化脓。因此，爸爸妈妈要给宝宝剪短指甲，保持手的清洁，一定不要让宝宝用手抓水疱。如果有必要，可给宝宝戴上手套，以防抓破后继续感染。水疱已经抓破，要及时咨询医生，在医生的指导下用消炎药膏涂抹，避免感染。

◉ 饮食生活要格外注意　宝宝得了水痘，情绪很低落，食欲很差，因此，爸爸妈妈应给宝宝吃易消化的食物，并多吃维生素C含量丰富的水果、蔬菜，比如苹果、桃、胡萝卜等。另外，妈妈不要在宝宝出水痘期间带宝宝去公共场所，以防止宝宝发生其他感染。

宝宝眼内进异物

眼内的异物多数是灰尘、细沙等物，会产生异物刺激感、局部疼痛、流泪等，眼睁不开。应告诉宝宝不要用手或手帕去揉，可叫其用力眨眼，利用泪水冲刷出异物。如仍无效，可滴入较多的抗生素眼药水，将异物冲出，或翻开眼的上下睑，找到异物后，用浸有温凉开水的棉球轻轻粘掉，如仍无效，应立即送医院。

宝宝得了厌食症

厌食症是指较长时期的食欲减退或消失。

由于患儿长期饮食习惯不良，导致较长时间食欲不振，甚至拒食。表现为精神、体力欠佳，疲乏无力，面色苍白，体重逐渐减轻，皮下脂肪逐渐消失，肌肉松弛，头发干枯，抵抗力差，易患各种感染。

◉ 厌食症产生的原因

❶ 有的父母片面地追求宝宝的营养，凡是认为有营养的东西都该给宝

宝吃，宝宝不知道调节自己的饮食，这样甜、黏、腻的食品吃得过多，使血液中的糖、脂肪、氨基酸等过多，刺激饱和中枢，从而抑制进食中枢功能，造成食欲下降。

❷ 有的宝宝整天零食不断，胃肠得不到休息，负担太重，引起消化功能紊乱。

❸ 其他因素，如家庭不和、父母责骂等，使宝宝情绪紧张；土霉素、四环素等药物反应；环境改变，气候炎热等都会影响宝宝的食欲。

◉ 对宝宝厌食症的护理　宝宝厌食，应先到医院请医师检查，排除器质性病变。如果不是由疾病引起的厌食，可用下列方法进行纠正。

❶ 科学喂养。从婴儿添加辅食起，就要做到科学、合理地喂养，使宝宝养成良好的饮食习惯。家长不要把所有的营养食品都给宝宝吃，更不能宝宝要吃什么就给什么，使饮食没有节制。应该科学喂养，使食物品种多样化，粗细粮搭配，荤素搭配，食物色、香、味、形俱全。

❷ 不让宝宝吃零食。宝宝饮食应定时、定量，不吃零食，少吃甜食以及肥腻、油煎的食品。

玫瑰疹的防治

在这个月，爸爸妈妈要掌握判定玫瑰疹的症状、病因、治疗及预防的方法和处理措施。以便做到早发现、早治疗。

◉ 玫瑰疹症状　2岁以内幼儿突然高热无皮疹，然而热退时皮疹出现，可以诊断为本病。本病多发生于2岁以下的幼儿，冬季多见。潜伏期为10～15天。无前期症状而突然高热，体温高达39℃～40℃。经3～5天后体温骤降，同时皮肤出现淡红色粟粒大小斑丘疹、散落分布，少数皮疹融合成斑片。经过24小时皮疹出齐，再经过1～2天皮疹消退，不留痕迹。通常多见于颈项、躯干上部，面及四肢。一般不发生在鼻颊、膝下及掌跖，全身症状轻，患儿一般状态尚好。除高热、食欲欠佳外，少数患儿发热期可能有倦怠、恶心、颈淋巴结肿大及惊厥等症状。

◉ 玫瑰疹病因　研究发现，幼儿玫瑰疹绝大多数为人类疱疹病毒6型（HHV-6）感染所致，少部分为人类疱疹病毒7型（HHV-7）感染所致，也有人认为由柯萨奇病毒B_5引起，但缺少确切证据。发病初1～2天白细胞增多，但后期白细胞减少，尤其中性粒细胞很低，而淋巴细胞增加，可高达70%～90%，热退后，在几天内白细胞数恢复正常。

◉ 玫瑰疹的防治方法　玫瑰疹为婴儿时期常见的一种急性发热病。其发病特点是突然高热3～5天，全身症状轻微，体温下降，同时，全身出现皮疹，并在短时期内迅速消退。这些皮疹可能是由病毒引起，可通过唾液飞沫而传播，以冬春季节发病较多。玫瑰疹不需要特殊治疗，只要帮宝宝补充水分及退烧即可，一般红疹出现后发烧现象即会慢慢消退，除非是抽筋或前囟门膨出，才需要做追踪检查。而宝宝大量流汗时，请父母给宝宝勤换内衣及尿片，并补充水分。许多感染性疾病都会引发宝宝发烧和出疹子，因此必须由医师小心诊断治疗，才能尽早找出病症的正确原因。

隐睾不可忽视

隐睾是男孩较常见的生殖器发育异常，如果不及时发现，延误治疗会影响生育，对宝宝的一生造成不良影响，因此应引起家长的重视。

胎儿出生后，睾丸自腹膜后腰部下降，于7～9个月时降入阴囊，出生时未下降者亦多在出生后短期内降入阴囊。睾丸下降不全，可能与以下因素有关：一是胎儿期将睾丸向下牵引的索状引带异常或缺损，睾丸便不能自腰部下降到阴囊；二是先天性睾丸发育不全，致使睾丸对促进性腺激素反应不敏感，失去激素对睾丸下降的动力作用；三是母体的下丘脑产生的黄体生成素释放激素（LHRH）使脑下垂体分泌黄体生成素（LH）和卵泡刺激素（FSH），它们作用于胎儿睾丸的Legdig细胞产生睾丸酮，胎儿生长过程中，如果母体缺乏足量的促性腺激素，亦可影响胎儿睾丸下降的动力作用。

胎儿的腹膜鞘突在睾丸之前进入腹股沟管，因此睾丸未降者常并发腹股沟疝。

隐睾的发生率约为千分之一，其中双侧隐睾占10%～20%。正常情况下阴囊壁能调节局部温度使略低于体温，以维持睾丸的正常功能。未下降的睾丸停留在腹膜后，受体温影响，1岁以后就出现超微结构变化，2岁后基本丧失生精能力。青春期后，绝大多数隐睾发生萎缩，如系双侧，会影响生育能力。

位置不正常的睾丸，尤其是位于腹膜后者，发生肿瘤的机会还会较正常人高20～40倍左右。所以家长一定要在宝宝出生后10个月内注意检查宝宝的阴囊，如发现问题，及时到医院检查、治疗。1岁以内的隐睾仍有自行下降的可能，可暂时观察，并用药物治疗，效果不满意者，改行睾丸下降固定术。2岁以后隐睾保留意义不大，还会有恶变的可能。故提醒家长千万留意自己宝宝的阴囊，及早发现问题及时治疗。

谨防维生素过多症

维生素过多症主要指脂溶性维生素过多，如维生素A、维生素D，因其能在体内蓄积，过多时就可导致中毒。

◉ 维生素A过多症　大量服用维生素A，数小时后就会出现颅内压增高症，表现为头痛、呕吐、嗜睡、复视等，一般停药后1～2天后症状消失。

长期过量服用维生素A，会表现食欲不振、手脚肿胀、脱毛、肝肿大等慢性症状。

婴幼儿维生素A中毒量个体差异较大，婴儿日剂量超过30万单位就会发生急性中毒。

维生素A过多症常见的原因是宝宝误服或口服鱼肝油剂量过大。如有家长曾把1滴、2滴的单位误以为1毫升、2毫升等。

只要停止服用维生素A，维生素A过多症的症状会逐渐消失。

◉ 维生素D过多症　长期服用维生素D数万单位以上，就会发生中毒。

维生素D过多症的主要症状有血中钙质增高、食欲不振、体重停止增加、喝水多、便秘等，从X光片上可见骨端有大量的钙质沉积现象。

宝宝皮肤损伤

◉ 宝宝皮肤损伤的种类　皮肤损伤可分为皮肤擦伤和皮肤破裂伤两种。

❶ 皮肤擦伤：皮肤擦伤后会出现局部红肿、青紫、疼痛。可用温开水冲洗干净，患处涂碘酒，几天后自行愈合。对于青紫、肿胀面积较大、较深的挫伤，先用毛巾浸冷水湿敷，24～48小时后改用温开水热湿敷。也可用消炎止痛膏，但不

要弄破无裂伤的皮肤，不要用手揉搓，使损伤加重。适当休息，抬高患肢。

❷ 皮肤破裂伤：皮肤破裂伤除疼痛、伤口破裂、活动障碍外，还有出血较多、较急的特点。

皮肤发生破裂伤时，如果出血颜色鲜红且不易停止，多为动脉出血；如果出血持续、缓慢、颜色暗红，多为静脉出血；如果血一滴一滴向外渗，为毛细血管出血，会自行凝结停止。

宝宝突发高热

7 ~9 个月的宝宝从妈妈身上获取的免疫能力几乎都消失了，发热的宝宝开始增多。引起宝宝发热的病因有很多，如上呼吸道感染、肠胃炎、扁桃腺炎、肺炎及所有传染病都有可能出现发热的症状。另外，还可能因泌尿系统感染、肠胃病、手足口病而出现发热的情形。家长要仔细观察宝宝的症状，必要时带宝宝去医院儿科就诊。

宝宝入睡后打鼾

宝宝入睡后偶尔会有微弱的阵阵鼾声，这种现象并非病态。如果宝宝每次入睡后鼾声较大，就应引起家长的注意，及时去看医生，检查是否有增殖体肥大。

增殖体是位于鼻咽部的淋巴组织，如果增殖体增大，鼻咽部的通气受阻，婴儿入睡后会引起鼻鼾、张口呼吸。如果增殖体肥大严重影响呼吸，就需要手术摘除。

另一种情况为先天性悬雍垂过长，可以接触到舌根部。当婴儿卧位睡时，悬雍垂可倒向咽喉部，阻碍咽喉部空气流通，发出呼噜声，还可引起刺激发生咳嗽。可手术切除尖端过长的部分。

第十章 9个月宝宝的养护

第一节 宝宝的生长发育特点

体格发育

从这个月开始，宝宝将从圆滚的体型慢慢转换到幼儿的体型。由于运动神经的发育在逐步提高，宝宝比以前显得更加活跃了。

◉身高　9个月男宝宝的身高平均为72.7厘米，女宝宝的身高平均为71.3厘米。

◉体重　9个月男宝宝的体重平均为9.3千克，女宝宝的体重平均为8.8千克。

◉头围　9个月男宝宝的头围平均为45.5厘米，女宝宝的头围平均为44.5厘米。

◉牙齿　宝宝乳牙开始萌出，大部分在6~8个月时，最早的可在4个月，晚的可在10个月。宝宝乳牙萌出的数目可用公式计算：月龄减去4~6，例如9个月小儿，9－（4~6）＝3~5。应该出牙3~5颗。

语言发育

宝宝开始有明显高低音调出现，会用声音加强情绪的激动。他能模仿爸爸妈妈咳嗽、用舌头发出“嗒嗒”声或发出“嘶嘶”声。

大动作发育

9个月的宝宝不仅会独坐，而且

能从座位躺下，扶着床栏杆站立，并能由立位坐下，俯卧时用手和膝趴着挺起身来；会拍手，会用手挑选自己喜欢的玩具玩，但常咬玩具；会独自吃饼干。

宝宝进入9个月后，手眼更加灵活协调了，有时会专门把刚刚拣到的小积木故意扔了，然后再拣起来，甚至能把小积木扔得远一些，然后俯卧下身体，往前爬几步后又捡回来，几次三番，好像乐此不疲，那种自得其乐的样子，实在讨人喜欢。如果妈妈不小心把小勺掉到地上，宝宝会像寻找似的往下看。宝宝手眼协调能力的发展，也充分证明宝宝的智力水平也不断地有所提高。宝宝正是在不断地摆弄物体的过程中，进一步地认识事物间的各种关系和联系，并且在不断地加深这种印记，从而使手、眼、大脑更加有机、协调地配合起来。

视觉发育

宝宝能记忆看到的东西了，并能充分反映出来。不但能认识父母的长相，还能认识父母的身体和父母穿的衣服。有选择地看他喜欢看的东西，如在路上奔跑的汽车，玩耍中的儿童，小动物，能看到比较小的物体了。婴儿非常喜欢看会动的物体或运动着的物体，比如时钟的秒针、钟摆，滚动的扶梯，旋转的小摆设，飞舞的蝴蝶，移动的昆虫等，也喜欢看迅速变幻的电视广告画面。开始能认识颜色了，妈妈不断教宝宝，这是红气球，这是黄气球，这是绿气球。尽管婴儿对颜色的变化还不理解，也不能分辨，但能够记住颜色了。

认知发育

此时的宝宝也许已经学会随着音乐有节奏地摇晃，能够认识五官。能够认识一些图片上的物品，例如他可以从一大堆图片中找出他熟悉的几张。有意识地模仿一些动作，如：喝水、拿勺子在水中搅拌等。可能他已经知道大人在谈论自己，懂得害羞，会配合穿衣。会与大人一起做游戏，如大人将自己的脸藏在纸后面，然后露出脸让宝宝看见，宝宝会高兴，而且主动参与游戏，在大人上次露面的地方等待着大人再次露面。

人际关系发育

看到陌生人会哭。睡觉醒来时愿意有母亲在身旁。这个时期，婴儿的好奇心非常强，自我意识有所萌发。

精细动作发育

能用食指指点，用拇指合并四指钳取小东西（如小珠子、绒线头等），可用食指碰触或推动物体，能吸吮自己的小指头，能玩“拍拍手”游戏，开始能随意放下或扔掉手中物体，并以此逗亲人玩。

心理发育

9个月的宝宝看见熟人会用笑来表示认识他们，看见亲人或看护他的人便要求抱，如果把他喜欢的玩具拿走，他会哭闹。对新鲜的事情会引起惊奇和兴奋。从镜子里看见自己，会到镜子后边去寻找。

9个月的宝宝一般都能爬行，爬行的过程中能自如变换方向。如坐着玩已会使用双手递玩具，相互对敲或用玩具敲打桌面。会用小手拇指和食指对捏小玩具。如玩具掉到桌下面，知道寻找丢掉的玩具。知道观察大人的行为，有时会对着镜子亲吻自己的笑脸。

这个时期的宝宝常有怯生感，怕与父母尤其是母亲分开，这是宝宝正常心理的表现，说明宝宝对亲人、熟人与生人能准确、敏锐地分辨清楚。因而怯生标志着父母与宝宝之间依恋的开始，也说明宝宝需要在依恋的基础上，建立起复杂的情感、性格和能力。

宝宝如见到生人，往往用眼睛盯着他，怕被他抱走，感到不安和恐惧。这是一种正常的心理应激反应。为了宝宝的心理健康发展，请不要让陌生人突然靠近宝宝，抱走宝宝。也不要在生人面前随便离开宝宝，以免使宝宝不安。

怯生是儿童心理发展的自然阶段，一般在短时间内可自然消失。对宝宝的怯生，可以在教育方式上加以注意，如经常带宝宝逛逛大街，上上公园，还可以用听收音机、看电视等方式使宝宝怯生的程度减轻。总之，扩大他的接触面，尊重他的个性，不要过度呵护。这样可以培养宝宝勇敢、自信、开朗、友善和富有同情心的良好心理素质。

第二节　宝宝的日常护理

经常在家中消毒

家庭成员与社会接触频繁，容易将病菌带入家庭，使免疫力弱的宝宝得病。因此要经常在家中进行消毒，以防病菌侵袭宝宝。消毒可破坏病原体的生命力，切断传播途径；杀菌是指完全杀死细菌，一般情况下这二者都称为消毒。家庭消毒主要包括天然消毒法、物理灭菌法和化学消毒灭菌法三种。

◉ 天然消毒法　天然消毒法是指利用日光等天然条件杀灭致病微生物，从而达到消毒目的。天然消毒法主要包括日光暴晒法和空气通风法两种。

◉ 日光暴晒法　日光由于其热、干燥和紫外线的作用，具有一定的杀菌能力。日光越强，照射时间越长，杀菌效果就越好。日光中的紫外线不能全面透过玻璃，因此，必须直接在日光下暴晒，才能取得杀菌效力。

日光暴晒法常用于书籍、床垫、被褥、毛毯及衣服等物品的消毒。暴晒时应勤翻被晒物，使物品各面都能被晒到，一般在日光下暴晒 4 ~ 6 小时可达到消毒目的。

◉ 空气通风法　空气通风法虽不能杀灭微生物，但可在短时间内使室内外空气交换，减少室内的有害微生物。

通风的方法有多种，如开门、窗或气窗换气，也可用换气扇通风。

居室应定时通风换气，通风时间一般每天一次，每次不少于 30 分钟。

正确使用婴儿学步车

学步车是宝宝开始练习站立和行走较为常用的一种运动工具。把宝宝放进去以后可以朝着自己想去的方向前进，也可以在车内单独同安装在车内的玩具一起玩，而且可以节省大人不少的精力。从这个角度看，学步车

对宝宝是有益的。因此只要宝宝在学步车内安安静静地自己玩、自己走，则可以让他在里面待上半小时。

不过，假如一放进去就不管他，整日让宝宝在里边玩，则会对宝宝产生危害。其主要原因是：

❶ 使宝宝失去了许多学习的机会。比如，这个时期是宝宝全面掌握爬的关键时期，如果整天在车内而不学习爬，则使宝宝失去了很多提高的机会；这一阶段也是宝宝学站、练走的阶段，如果整天在车内，不利于促进身体的全面发展。长时间在学步车内，会使宝宝的腿变形，变成“X”形腿或“O”形腿。

❷ 失去了发展与周围联系的能力。宝宝长时间一个人在车内左、中、右闯，缺乏与人对话、接触的机会，感觉、语言和思维能力的发展都会受到一定限制。

❸ 宝宝在车内到处猛冲，很有可能碰到什么地方，导致车翻人倒，如果撞在硬处，就可能使宝宝受伤。

因此，即使宝宝在学步车内，家长也应时时守候在宝宝身边，不要间断各种训练，正确发挥车的作用，绝不能放任不管。

让宝宝感受自然

大自然是婴幼儿的精神营养之源，是融智育、美育、体育于一体的大课堂，宝宝在这里可以学到太多的东西了，这对于宝宝的早期教育来说，是很有好处的。

◉ 太阳公公的微笑　在有阳光的天气下，利用光线射进窗户的时间，将幼儿抱至窗户边，感受光线的明暗及温度的变化。但需注意保暖，避免让幼儿眼睛直视光线，或过度曝晒在阳光下。

◉ 小雨滴答滴答　在阴暗有雨的天气中，抱宝宝去感受雨滴打在窗户的声音，聆听自然的交响乐章，以及观赏雨珠滑过窗面构成的图案，让视觉及听觉感官同时受到刺激。

◉ 树叶就是一幅画　妈妈带宝宝外出散步的时候，如果有飘落的树

叶，妈妈可以捡起来带回家，给宝宝做一幅树叶画，然后告诉宝宝，树叶是绿色的，这幅画很美丽。

◉ 花儿花儿真美丽　妈妈可以带着宝宝去公园里欣赏盛开的鲜花，这时最好是将宝宝放在婴儿车里。然后妈妈推着宝宝一起看花。要注意告诉宝宝各种花的颜色，妈妈可以时不时呼唤宝宝："宝宝，来，看，这是月季，你看，红红的，多漂亮。"或者"宝宝，这是黄色的迎春花，像宝宝一样漂亮，对不对?"从而引起宝宝的兴趣。

◉ 小鸟多么快乐　爸爸妈妈带着宝宝去公园的时候，如果听到有鸟叫的声音，可以将鸟叫声录下来，然后在家里经常放给宝宝听，告诉宝宝，这是我们上次在公园看到的小鸟在唱歌，或者给宝宝编一首童谣，经常唱给宝宝听，刺激宝宝的听觉。

为宝宝测量呼吸与脉博的方法

◉ 测量呼吸　年龄不同，每分钟的呼吸次数也不同，一般是年龄越小呼吸越快。新生儿每分钟40～44次，6～12个月每分钟30～35次，1～3岁每分钟25～30次，5岁以上每分钟25次左右。

测量宝宝呼吸应在宝宝安静时，数其胸脯和肚子起伏的次数，一呼一吸为一次，以1分钟为计算单位。应注意呼吸的速度（每分钟的次数）、呼吸的深浅、呼吸的节律、呼吸有无困难和呼吸的气味。

另外，在给宝宝检查呼吸时，最好不要让宝宝发觉，以防止因精神紧张而影响呼吸次数。

◉ 测量脉搏　不同年龄段的人每分钟的脉搏次数也各不相同。婴儿每分钟120～140次，2岁每分钟110～120次，5岁每分钟90～100次，10岁每分钟80～90次，14岁以上每分钟70～80次。一般情况下，体温每上升1℃，脉搏加快15～20次，睡眠时脉搏减少10～20次。

给宝宝测脉搏时应用食指、中指、无名指按压在动脉上，其压力大小以摸到脉搏跳动为准。通常测量脉搏的部位在手腕外侧的桡动脉和鬓角部的颞动脉，以1分钟为计算单位。在测量脉搏时要注意脉率（每分钟跳动次数）、脉律（脉搏跳动是否有规律）和脉搏强弱。

另外，要注意给宝宝测量脉搏一

定要在其安静的情况下进行。发现脉搏不整齐时，要与心律作对照，以求得准确诊断。不要用拇指摸脉，因为拇指上的动脉容易和病儿的脉搏相混淆。

认识宝宝的身体语言

当有某种要求时，宝宝会利用身体语言和父母交流，同时嘴里发出让父母听不明白的语音。如果大便干，会有特别的表情和动作，同时发出“恩——恩——”的声音。爸爸妈妈要学会看懂宝宝的身体语言。

父母不要认为随着时间的推移，宝宝不断长大，就会自然而然学会说话。父母创造的语言环境，父母和宝宝日复一日的“语言”交流，妈妈不厌其烦的一遍遍语言重复，妈妈的语言、动作、实物及环境的自然结合和交融，都给宝宝创造了丰富的语言环境。这是婴儿学习语言的基础，是婴儿语言发育必不可少的环节。

这时的父母要尽量用清晰标准的发音和宝宝进行语言交流。说话时，让婴儿看到你的口形，把语速放慢些。有的父母认为电视或收音机的语音标准，就时常给宝宝播放，以达到婴儿学习标准语言的目的，这是错误的做法。婴儿学习语言要有语言环境，要与动作、实物等联系起来。婴儿不能通过看电视、听广播学习语言。

如果妈妈总是喜欢开着电视或广播，婴儿就很难听清妈妈的话。电视广播缺乏交流和互动，更没有对婴儿最初始“语言”和身体语言的理解，即使宝宝会模仿个别词语，但对宝宝语言能力和心理成长没有太多益处。哺育生活与语言有着千丝万缕的联系，一个眼神，一个动作，一个别人听起来没有任何意义的音节，父母和宝宝都能准确理解，进行融洽互动的交流，这对婴儿学习语言是至关重要的。不要把宝宝扔给电视或光盘，更不要过早、过渡对婴儿进行所谓外语和电脑的“智力开发。”

宝宝不宜长时间站立

有的婴儿不到 10 个月就能扶着床沿横着走几步，有的婴儿可能还不会很稳地站立，还需要妈妈牵着手。能够撒开手自己独站的婴儿不多，即使站，也可能只能站几秒钟。不能让这么大的婴儿站很长时间，一天可以站 2～3 次，一次 3～5 分钟就可以了，过早学走和站并不是很好的，还是让婴儿多爬。

培养宝宝良好的品质

孩子都是父母的掌上明珠，但如果宝宝有不合理要求时，家长应该拒绝他，绝不能看到他一哭一闹，就心软了对他让步而迁就他。要知道迁就会使宝宝养成任性的习惯，越迁就，宝宝越任性，长大之后就难以纠正了。比如，他玩玩具烦了，想要玩大人的眼镜，就要明确地告诉他："这个不是玩具，不能给你玩。"不管他如何哭闹，都不要去理睬他，等他闹过了，再和他讲道理，如果家长因为他哭闹而妥协的话，以后凡是没有达到宝宝要求的，他就会以更加拼命的哭闹来达到目的。这样放任的结果是害了宝宝。

避免宝宝接触过敏源

◉ 避免让宝宝食用容易引起过敏的食物 容易引起过敏的食物主要包括某些带壳的海产品、牛奶、鸡蛋以及某些水果，其中海产品有虾、蛤蜊、河蚌等；水果有芒果、菠萝等。

父母应该留意宝宝在吃了哪些容易引起过敏的食物后，会出现过敏症状，如皮肤痒、出疹子等。

如果宝宝吃了某种食物，过敏症状就加重，停吃了症状就减轻，就说明这种食物属于过敏源，以后应避免让宝宝食用。

◉ 避免让宝宝接触空气中的过敏源 空气中的过敏源包括猫狗身上的病菌、花粉、霉菌等。

这些过敏源可以根据宝宝的病史、父母平时的观察加以总结，或者由皮肤测试或抽血检查得知。

◉ 避免让宝宝接触尘螨 最应该避免让宝宝接触的过敏源是尘螨。宝宝的房间尽量不要使用地毯，不要使用厚重的窗帘。宝宝睡觉的垫被、床垫、枕头等，要用防螨的被套包起来，要勤换洗，并且勤在阳光下暴晒。

通过以上这些措施，绝大多数过

敏体质的宝宝易发生的皮肤、鼻子以及气管过敏都可以得以预防。

培养宝宝良好的卫生习惯

应从婴儿期开始培养宝宝良好的卫生习惯。

从出生开始就要注意清洁宝宝的面部。

宝宝每次吃完饭后要擦嘴，早晨起床后及晚上睡前都要洗脸、洗手。

要经常给宝宝洗澡，勤换衣服，定时理发、剪指（趾）甲。

纠正出牙期的不良习惯

在宝宝生长发育期间，许多不良的口腔习惯能直接影响到牙齿的正常排列和上下颌骨的正常发育，从而严重影响面部的美观。

下列不良习惯应及时纠正：

◉ **咬物** 一些宝宝在玩耍时，爱咬物体（如袖口、衣角、手帕等），这样在经常咬物的牙弓位置上易形成局部小开牙畸形。

◉ **偏侧咀嚼** 一些宝宝在咀嚼食物时，常常固定在一侧，这种一侧偏用一侧废用的习惯形成后，易造成单侧咀嚼肌肥大，而废用侧因缺乏咀嚼功能刺激，使局部肌肉废用萎缩，从而使面部两侧发育不对称，造成偏脸或歪脸。

◉ **张口呼吸** 后果是可使上颌骨及牙弓受到颊部肌肉的压迫，限制了颌骨的正常发育，使牙弓变得狭窄，前牙相挤排列不齐引起咬合紊乱，严重的还可出现下颌前伸，下牙盖过上牙，即俗称“兜齿”、“瘪嘴”。

◉ **舔舌** 多发生在替牙期，可使正在生长的牙齿受到阻力，致使上下前牙不能互相接触或把前牙推向前方，造成前牙开牙畸形。

◉ **偏侧睡眠** 这种睡姿使颌面一侧长期受到固定的压力，造成不同程度的颌骨及牙齿畸形，两侧面颊不对称。

◉ **下颌前伸** 即将下巴不断向前伸着玩，可形成前牙反颌。

◉ **含空奶头** 一些宝宝喜欢含空奶头睡觉或躺着吸奶，这样奶瓶压迫上颌骨，而宝宝的下颌骨则不断地向前吮奶，长期如此可使上颌骨受压，下颌骨过度前伸，形成下颌骨前突的畸形。

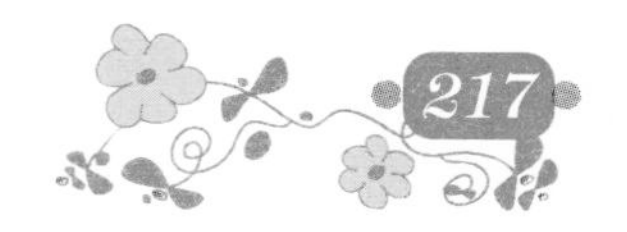

第三节　宝宝的喂养

9个月宝宝的喂养特点

到9个月，很多婴儿开始每天吃三餐辅助食物，时间一般都是上午10时、下午2时和6时。早晨6时起床后到晚上10时睡觉前吃2次奶。而到第9个月时，可以慢慢地和大人一样，早、午、晚三餐吃辅助食物，只在睡觉前吃奶。当然，每次吃完辅助食物以后再给宝宝吃50～100毫升奶也未尝不可。

既然宝宝的饮食习惯和大人差不多，就该考虑断奶了。因为最容易断奶的时间是8～10个月间。如果婴儿很能吃的话，则较容易自然断奶。如果宝宝想吃就喂，不仅无法有规律地喂辅助食物，而且影响婴儿的健康发育。

要特别注意辅助食物中淀粉、蛋白质、维生素、油脂四类营养的平衡。尽量使宝宝从一日三餐的辅助食物之中摄取所需营养的2/3，其余1/3用新鲜牛奶或奶粉补充。如宝宝还要吃，可用饼干、水果，乳制品等当做点心来喂。

乳汁不再是宝宝的主食

◉ 饮食逐渐丰富　9个月时，在宝宝的饮食中，各种面类、蔬菜、水果、谷类的食物逐渐增多，饮食从流质到半流质，最后过渡到正常的固体饮食，这是宝宝身体成长的需要，同时也是宝宝咀嚼能力、吸收能力、消化能力发展的重要表现。所以在这个时期，即使母乳再充足，也不能作为宝宝的主食了。

◉ 断奶要提前准备　宝宝爱吸吮母乳已经不再是为了解除饥饿，更多的是对母亲的依恋。如果已经没有奶水了，就不要让宝宝继续吸着乳头玩。这个月虽然没有面临断奶的问题，但为了以后顺利断奶，可以做些必要的准备。这时特别要注意，不要强硬地断母乳，避免在喂奶上和宝宝发生冲突，这样也有利于向完全断奶过渡。

◉ 减少母乳的次数　断奶的时间和方式取决于很多因素，每个妈妈和宝宝对断奶的感受各不相同，选择的方式也因人而异。开始断奶时，要减少母乳的次数，首先断掉临睡前和夜

里的奶。大多数的宝宝都有半夜里吃奶和晚上睡觉前吃奶的习惯。宝宝白天活动量很大，不喂奶还比较容易，最难断掉的，恐怕就是临睡前和半夜里的喂奶了。不管妈妈选择什么样的断奶方法，建议先断掉夜里的奶，再断临睡前的奶。

米、面食品搭配喂养

面食的做法花样比较多，可以经常变换。用米、面搭配使膳食多样化可引起宝宝对食物的兴趣。从营养角度分析，面粉的蛋白质、维生素 B_1、维生素 B_2 和维生素 B_3 的含量都比米要高，而且不同粮食的营养成分也不全相同，如用几种粮食混合食用，可以收到取长补短的效果。所以，每天的主食最好用米、面搭配，或不同的品种搭配。

能吃更多的辅食品种

这个月的婴儿能吃的辅食种类增多了，能吃一些固体食物，咀嚼、吞咽功能都增强了，有的婴儿可以吃大人饭菜，妈妈会感觉轻松些了。无论如何，婴儿都能吃进去所需要的食物，妈妈不必总是担心婴儿吃得少。种类多了，一样吃一点，加起来就不少了，出现营养不良的可能性太小了。如果妈妈总是严格按照婴儿食谱做，可能会遇到很多困难。

把喂到嘴里的饭菜吐出来怎么办

这个月的婴儿自我意识强了，小婴儿大多是妈妈给什么吃什么，随着婴儿的不断生长，个性越来越明显了，在饮食方面有了自己的选择，爱吃的就会很喜欢吃，不爱吃的就会把它吐出来，这是很正常的反应。如果婴儿是很理性地把饭菜吐出来，而不是呕吐，也没有什么异常情况，多是表示不喜欢吃，或不想吃（不饿、吃饱了都会这样）。这不是疾病症状，是婴儿自己的问题，如果婴儿把喂进去的饭菜吐出来，父母就不要再喂了。

避免营养补充过量

有的父母认为鱼肝油和钙是营养品，认为越多越好，这是错误的。补充过量的鱼肝油和钙可导致中毒现象。维生素A过量，可出现类似“缺钙”的表现，如烦躁不安、多汗、周身疼痛，尤其是肢体疼痛、食欲减低。维生素D过量，可导致软组织钙化，如肝、肾、脑组织钙化。

添加促进宝宝大脑发育的食物

蛋黄含有卵磷脂和蛋黄素等脑细胞所必需的营养物质。适龄宝宝配方奶中含有钙和蛋白质，可给宝宝大脑提供所需的各种氨基酸，增强大脑的活力。

大豆、香蕉、卷心菜、木耳含有脂肪、蛋白质、多糖类以及无机盐和维生素等营养成分，能很好地增强大脑的记忆力，预防大脑疲劳。核桃含有钙、蛋白质和胡萝卜素等多种营养素，杏含有丰富的维生素A和维生素C，可以改善血液循环，保证大脑供血充分，从而强健大脑。

除此之外，小米、玉米、胡萝卜、金针菜、土豆、香菇、海带、栗子、黑芝麻、苹果、花生、洋葱以及动物的脑和内脏等也是较理想的健脑食物。宝宝多吃这些食品，有助于大脑发育。

为宝宝补钙的误区

不能过多地补钙。补钙虽然重要，但并非多多益善，对于不同年龄的人有不同的标准，要严格遵照中国营养学会推荐的中国人每日钙的供应量。如果一个正常人每天摄入钙超过2000毫克，不仅造成浪费，且还会产生不良反应。

婴儿摄取热能为4180千焦的食物中，就含有100毫克的钙，这一剂量的钙会使宝宝的收缩压降低2毫米汞柱。由于宝宝年龄小，舒张压的变化不易测出，因此，动脉血压是循环功能的一个重要指标，血压偏低，血流迟缓，就会影响机体组织的血液供应，妨碍正常活动，尤其对头部的影响更大。宝宝处在发育期，如前期血压偏低，不仅精力不集中，思维迟钝，智力低下，而且还容易患心脏病，因此宝宝切不可过多补钙。

钙盐中维生素D含量并非多了就好。人如果每天服用400国际单位以上的维生素D，就有可能引起维生素D中毒，具体表现为食欲下降、恶心、腹泻、头痛等症状，因此选择钙品时一定要注意它的维生素D含量。

宝宝在补钙的同时应补锌补铁，锌能抑制钙的吸收，缺锌可降低机体免疫能力，致使宝宝多病，患病又影响锌和钙的摄入和吸收，形成恶性循环，影响宝宝生长发育。铁是构成红细胞内血红蛋白的主要成分，在体内参与氧气的运转、交换和组织呼吸过程。人体内72%的铁存在于血红蛋白中。宝宝6个月以后，因体内原有的铁已耗尽，母乳中含铁量又很低，此时极易发生缺铁性贫血。因此在补钙的同时应积极补锌、补铁。

水果不能代替蔬菜

有些妈妈在宝宝不爱吃蔬菜时，经常就让他多吃点水果，认为这样可以弥补不吃蔬菜对身体造成的损失。然而，这种水果与蔬菜互代的做法并不科学。

首先，如果经常让宝宝以水果代替蔬菜，水果的摄入量势必会增大，从而导致身体摄入过量的果糖。而体内果糖太多，不仅会使宝宝的身体缺乏铜元素，影响骨骼的发育，造成宝宝身材矮小，而且还会使宝宝经常有饱腹感，结果导致食欲下降。一般9个月的宝宝一天的水果量不要超过50克。其次，水果中的无机盐，粗纤维的含量要比蔬菜少，与蔬菜相比，促进肠肌蠕动，保证无机盐中钙和铁的摄入的功用要相对弱一些。因此，宝宝不爱吃蔬菜时，妈妈还是要想办法添加，而最好不要经常以水果代替。

不要给宝宝吃捣碎的断奶食物

虽仍维持1天2次断奶食物，但应增加种类；要注意营养的均衡，注重烹调方法及装盛技巧。

食物不要捣碎，尽量以原形喂食，让宝宝自己学会在口中咬碎后吞食。但由于磨牙尚未长出，食物应煮得熟烂些。

让宝宝养成良好的进食习惯

喂食要基本定时、定量，有固定的吃饭场所。

要形成愉快的进餐气氛，可播放些轻松柔美的背景音乐，音量应该小些。

先洗手，给宝宝带上围嘴或垫上毛巾，并准备一块潮湿的小毛巾随时擦净脏物。

要一次喂完，不要吃一点又玩，玩一会儿又吃。

掉在地上的东西不能再吃。

第四节　宝宝的能力培育与训练

语言能力训练

9个月的宝宝喜欢有韵律的声音和欢快的节奏。在给他们念儿歌，读故事时要有亲切而又丰富的面部表情、口形和动作，尽管他还不太懂儿歌、故事中所表达的意思。给宝宝念的儿歌应短小、朗朗上口。每晚睡前给宝宝读一个简短的故事，最好一字不差，以便加深宝宝的印象和记忆。

图书对宝宝来说是一种能打开合上的，能学说话的玩具，因此宝宝非常喜欢大人陪着他看图书，听你给他讲书中的故事。图书画面要清楚，色彩要鲜艳，图像要大，人物对话要简短生动，并多次重复出现，便于宝宝模仿。每天坚持念儿歌、讲故事、看图书，并采取有问有答的方式讲述图书中的故事。耳濡目染，宝宝就会对图书越来越感兴趣，这对宝宝学习语言很有帮助，可使他喜欢读书，对他一生有重要影响。

听觉能力训练

训练者与婴儿面对面玩玩具。先玩一种玩具，例如把一辆小汽车在两人之间推来推去，训练者教婴儿玩具的名称。然后增加一个玩具，同样边玩边教玩具名称，之后再加一个玩具。待婴儿能认出各个玩具后，可以让他听一个玩具的名称，从中挑出该玩具来。

感知能力训练

玩具被布盖住了，但只要让宝宝看到玩具的一小角，宝宝便会知道玩具就在布的下面。如果整个玩具正如他所料出现在眼前，会给宝宝带来很大的快感。这是宝宝喜欢玩此类游戏的原因。大人和他重复玩这种游戏，可使9个月大的宝宝了解——即使玩具完全被盖住了，但仍然在布的下面，事物是客观存在的。类似的训练也包括和宝宝玩“捉迷藏”游戏，还可以激发宝宝的好奇心和探索精神。

情感培育训练

❶ 妈妈先做“再见”、“谢谢”、“好呀”等动作给宝宝看，然后，把着宝宝的手让他模仿。

❷ 妈妈抱玩具娃娃，亲玩具娃娃，对宝宝说：“宝宝也抱抱娃娃！”“哦，娃娃喜欢宝宝抱。”

❸ 妈妈把苹果递给爸爸，爸爸说“谢谢”；爸爸把饼干递给妈妈，妈妈说“谢谢”。

“宝宝把苹果给妈妈，好吗？”若宝宝不会，妈妈轻轻取过来，然后说，“谢谢，宝宝真乖！”

行为能力训练

◉ 模仿大人动作　宝宝在注视大人动作的基础上开始用成套动作来表演儿歌。父母要先设计好全套动作配合每句话，每次动作都要一样，包括拍手，摇头、身体扭动、踏脚或用特殊手势示范动作。宝宝很快就能学会而且能单独表演。学习时每做对一种都要表扬鼓励。

◉ 与生人交往　继续扩大宝宝的交往范围，注意让宝宝与陌生人接触，通过接触宝宝才能正确地理解更多的语言。

◉ 配合穿衣　给宝宝穿衣服时要告诉他“伸手”、“举头”、“抬腿”等，让他用动作配合穿衣，穿裤。如果他还未听懂就用手去帮助。经常表扬他的合作，以后他就会主动伸臂入袖，伸腿穿裤。

观察能力训练

妈妈竖起左手食指，右手把塑料的小环套在自己的食指上。然后让宝宝把左手食指竖起，妈妈把小环套在宝宝的食指上，一面套，一面给宝宝一个小环让他套在食指上，亲亲他并称赞他“真棒”。宝宝慢慢学会把小环套在自己的食指上，也学会把小环套在妈妈的食指上。

感觉能力训练

选择一首节奏鲜明、有强弱变化的音乐播放。宝宝坐在你的腿上，你从他背后握住他的前臂，说：“指挥！”然后合着音乐的节奏拍手，并随着音乐的强弱，变化手臂动作幅度的大小，当乐曲停止时指挥动作同时停止，逐渐使宝宝能配合你的动作节奏。以后每当你播放音乐时，只要一

说“指挥”，他就能有节奏地挥动手臂。

这个活动可训练宝宝的节奏感，锻炼宝宝动作与音乐的配合。

认知能力训练

在婴儿面前将玩具汽车推出婴儿的视线之外，吸引婴儿注意，使他用眼追踪、转头寻找或爬过去抓握。

在婴儿视线外放置会发响声的活动玩具，婴儿听到声音后能用眼跟踪或爬过去拿玩具。训练婴儿寻找、追踪移出视线以外的玩具，如果婴儿不能发现身边的玩具时，训练者可以用发声或拍手的办法吸引婴儿注意，反复训练几次后便不再给提示。

逻辑思维能力训练

找一个大纸箱，约 50 厘米 ×40 厘米 ×30 厘米，以 50 厘米为高度。在箱子的四周贴上四幅图画，汽车、猫、妹妹、花。妈妈让宝宝爬到大箱子旁，宝宝会扶着大箱子站起来。妈妈领着宝宝在箱子四周观看，告诉他每种东西的名称。然后妈妈放手说：“花呢？”让宝宝在箱子四周爬行或者扶站迈步寻找，找到了妈妈可以鼓掌表示祝贺，又再问：“猫呢？”让宝宝又再在纸箱的四周寻找。多找几次后，宝宝记得图的顺序：知道“汽车”旁边有“猫”，下去是“妹妹”，再下去是“花”，在听到命令后就能方向明确地爬行并很快找到目标物。

社交能力训练

宝宝特别喜欢去有宝宝玩耍的地方，看到小朋友时会用笑和他们打招呼，看到别人跑他会着急地跺脚，看到别人跳舞他也会摇身体。还喜欢看大宝宝们的活动，如果大宝宝们同他打招呼，他会挥手点头回应。宝宝更喜欢和自己大小相仿的宝宝在一起，看到别人在学步，拉小车跑，他会特别高兴。所以母亲要带他去同不同年龄的宝宝交往，通过看别人的活动可以学习别人怎样叫怎样笑，模仿别人的声音和动作可使宝宝进步更快。

运动能力训练

◉ **坐位转爬行** 引导宝宝由坐位转为爬行，这时的爬行要让宝宝用手足爬，会向前，会后退，会自由地爬来爬去。还要注意锻炼宝宝的爬行速度，爬行能使肢体轮流负重，锻炼肌肉的耐力，而且爬行时大小脑协调能促进神经系统发育。通过对比得知，经过爬行训练可促进儿童阅读和图像思维，故在这个年龄段充分练习收效最大。

◉ **站起扶住坐下** 让宝宝从卧位拉着东西或牵一只手站起来，在站位时用玩具逗引他3～5分钟，扶住双手慢慢坐下，扶站比坐下容易，几分钟后，大人要帮助扶坐，以免疲劳。

◉ **扶双手走步** 将宝宝站立于地面，扶住双手鼓励其迈步，是行为发展的里程碑。

探索能力训练

在同宝宝玩一块积木时，突然用塑料的小碗扣住那块积木，看看宝宝是否能揭开小碗找到积木。如果宝宝经过努力自己找到，就要把他抱起来亲亲并说“宝宝真棒”，让他高兴。如果宝宝找不着，大人就摇摇小碗，让积木发出声音并说“在里面”，引导宝宝揭开小碗寻找。让他玩一会儿后，妈妈又用小碗扣住积木，先看看宝宝是否能自己找，如果不会就拿着小碗摇出声音说“在里面”，看看宝宝是否能揭开小碗找到积木。

第五节　宝宝的常见问题与应对

宝宝急性喉炎

急性喉炎多见于婴幼儿，常好发于寒冷的冬、春季节。由于急性喉炎会引起严重的呼吸困难，因此儿科医师常把它作为危险的急症之一。

喉头是人体呼吸空气的必经之路。小儿的喉头特别狭窄，当感冒炎症向下发展时就能导致急性喉炎。患急性喉炎时，喉间发生水肿、痉挛，引起小儿呼吸困难。典型的表现是，先是轻微的感冒，白天基本正常，夜间睡觉时突然因呼吸困难而憋醒，同时声音嘶哑，呼吸时发出吹哨般的喉鸣声，小儿哭闹或烦躁不安，可因呼吸困难而口周发绀。病程一般3～4天，白天轻，晚上重。

急性喉炎的护理特别重要。要设法让小儿保持安静，多喝水，室内温度应适中，不宜过高，并保持一定湿

度，居室要常通风以保持空气新鲜，按时用药。如果小儿症状较重，应住院治疗。

肥胖和营养不良都是病

每天500～800毫升牛奶，2～3顿辅食，再添些点心、水果，婴儿的营养已经是比较充足了。如果把宝宝养成肥胖儿，和养成营养不良儿是一样糟糕的。现代社会，营养不良儿越来越少，肥胖儿越来越多。肥胖为儿童成人后的心脑血管病、代谢疾病埋下了隐患。胖胖的婴儿，父母看着很开心，可宝宝会为此付出健康的代价。父母不要老是盯着宝宝的嘴，填鸭式的喂养一定要摒弃。逼着宝宝吃的结果有两种，一是多了一个肥胖儿（至少是超重儿）；二是多了一个厌食儿（至少是没有吃饭的乐趣）。

预防流行性腮腺炎

流行性腮腺炎是腮腺炎病毒引起的一种以儿童、青少年为主要对象的急性呼吸道传染病，多见于冬春季。临床特征为腮腺单侧或双侧肿大、疼痛、发热，也可波及附近的颌下腺、舌下腺及颈部淋巴结。并发症可见睾丸炎、卵巢炎、胰腺炎、心肌炎、脑炎。腮腺炎病毒是后天获得性耳聋的重要病因之一，且此种耳聋往往是不可逆的。对腮腺炎的预防更为重要的意义在于预防其并发症。腮腺炎减毒活疫苗是控制腮腺炎流行的有效方法。接种对象为8个月龄以上腮腺炎易感者。接种该疫苗一般无局部反应，在注射6～10天时少数人可能发热，一般不超过2天。目前，我国已进口了美国研制推广的三价麻疹、流行性腮腺炎、风疹疫苗，可同时预防3种传染病。其常见的接种反应是在接种部位出现短时间的热感及刺痛，个别受种者可在接种疫苗5～12日出现发热或皮疹。

警惕宝宝肾结石

当宝宝出现血尿、暂时性无尿、尿尿时哭闹或费劲三大症状中的某一个时，父母不必太惊慌，应理智的想到可能是泌尿系统结石，要及时带宝宝到医院检查。出现肾结石的宝宝大都会出现小便少、小便困难等异常症状。因为有的宝宝出现了肾结石后，容易导致尿路感染，就会造成尿少而且困难的症状。如果宝宝的肾结石发展严重，就会出现浮肿、解不出小便等症状，有的宝宝还会出现血尿。这些都是急性肾功能衰竭的症状，全身症状还包括乏力、精神淡漠、嗜睡、烦躁、厌食、恶心、呕吐、腹泻，严重者出现贫血、呃逆、口腔溃疡、消化道溃疡或出血、抽搐、昏迷、呼吸困难等。对于婴幼儿的肾结石，单独从X光片很难分辨出来，如果怀疑宝宝得了肾结石，应尽快做双肾超声波检查、尿常规检查等，查看宝宝尿液里的结晶多不多。

小儿疳积的预防和治疗

疳积为慢性营养紊乱所致的营养不良病症，中医学称为“疳症”，也叫“疳积”。婴幼儿多见，主要由于进食不足或对营养物质消化吸收不良引起，日久使气血津液耗损而致身体逐渐消瘦，进而使生长发育停滞。近来由于经济文化及生活水平的提高，本病较以前减少。

疳积的主要表现是面黄肌瘦，肌肉松弛，毛发稀疏，午后潮热，有明显的胃肠症状，厌食。大便不调，精神委靡不振，烦躁多怒，发育停滞。

引起疳积的原因是多方面的，可归纳为三大类：

◉ 喂养不足，饮食失调

❶ 喂养不当，使小儿进食量不足，如人工喂养奶配制的方法不合理，过稀或量不足；小儿挑食，偏食等不良习惯都可以造成疳积。

❷ 饮食无规律，无节制，饥饱无度，乱吃零食，损伤肠胃，食滞内停，使消化功能紊乱，营养吸收发生障碍。

◉ 先天因素　早产儿常因先天不足，摄食能力较差，消化能力低，而生长发育又较快，容易发生营养不足。

◉ 慢性疾病的影响　如消化不良，慢性痢疾或肠道寄生虫病，结核等疾病使营养物质不能吸收而消耗过多，渐成疳积。

对疳积的防治，要针对病因进行调养：

❶ 合理喂养，均衡膳食，从小养成良好的饮食习惯。制定可口的菜谱，调动宝宝的食欲。

❷ 预防慢性病，如结核病、痢疾等应及早治疗。注意饮食卫生，少食生冷食物。

治疗：调理饮食，纠正偏食，治疗慢性病，可让宝宝口服一些中成药，效果更好。

宝宝食物中毒了怎么办

◉ 食物中毒特征　食物中毒的特征是短时间进食同种食物的人同时或相继发病，症状相似。发生食物中毒时最常见和最早出现的症状为恶心呕吐、腹痛腹泻，有时呕吐物或大便带血，继而出现头痛、头晕、面色苍白、全身出汗、发热等症状。引起中毒的原因不同，其症状也不尽一致。如肉毒杆菌食物中毒可引起严重精神神经症状，表现为头晕、失音、咽下困难、呼吸困难、呼吸麻痹等。

◉ 预防食物中毒的方法

❶ 不要吃变色、变味、发臭等腐败食物。残剩饭必须煮沸后保存，在下次食用前再煮一次。并注意切生熟食品的菜板要分开，以防熟食被不洁的生食污染。

❷ 不要吃山鸡、癞蛤蟆等，忌食河豚鱼。

❸ 少吃或不吃腌菜。夏天吃凉拌菜时，必须选择新鲜的菜，要用水洗净，开水烫泡以后加盐、酒和醋等拌好食用。

❹ 不要给宝宝吃较多量的白果，有的1岁内的宝宝吃了10个白果发生死亡。也不要给宝宝吃发芽的马铃薯。

❺ 不要吃病死及未经检疫的猪、牛、羊、狗及家禽的肉。

❻ 不要用装过一般药品或农药的用具盛装食物。

小儿泌尿道感染

因为小儿时期许多器官发育不很完善，免疫功能差，抗病能力也差。皮肤薄嫩，细菌容易入侵。小儿输尿管细而长，管壁纤维发育差，容易扩张而发生尿潴留及感染。小女孩尿道短更容易发生泌尿道感染。还有小儿时期坐地游戏多，穿开裆裤，易感染细菌及蛲虫等。因此，看管好小儿不坐地上、不穿开裆裤，每日换洗内裤，对减少发病有一定帮助。

急性期注意休息。多饮水、多排尿，可以排除尿道炎性分泌物。搞好个人卫生，不穿开裆裤，不坐地上，勤换内裤及勤换尿布，换下尿布不乱放乱丢，洗净用开水烫。擦洗臀部及外阴部应从前向后擦，以免脏水流入阴道引起尿路感染。抗生素治疗疗程要足，一般为3～5天，不能症状刚好转就停药，这样最容易引起疾病复发。病愈后经常检查一下小便常规，警惕复发。对发热患者先行解包、减衣服，用温水擦全身，头冷敷等方法降温。无效者，再用药物降温，或去医院诊治。

淋巴结肿大的治疗方法

淋巴结是网状内皮系统的一个重要组成部分，分布在全身各处。正常淋巴结质地软、光滑，无压痛，能活动，大小约为直径0.1～0.2厘米。除在颌下、腋下、腹股沟等处偶能触及1～2个外，一般不易触及。

由于某些病理刺激，可产生过多的淋巴细胞、浆细胞、单核细胞及组织吞噬细胞，都会使局部或全身多处淋巴结肿大，有时枕后、耳周围、滑车等处淋巴结也可肿大。

在局部发生炎症时，淋巴结常因细菌及其毒素刺激而肿大。在某些全身性感染时，可由于机体对感染的反应引起淋巴结肿大。

宝宝淋巴结肿大，最常见的原因是感染。肿大的部位取决于感染的位置，喉和耳朵感染可能会引起颈部淋巴结肿大；头部感染会使耳朵后的淋巴结肿大；手或手臂感染会使腋窝下淋巴结肿大；脚和腿部感染会引起腹股沟淋巴结肿大。

宝宝最常见的是颈部淋巴结肿大。以大多数人来说，咽喉痛、感冒、牙齿发炎（脓肿）、耳朵感染或昆虫叮咬都是引起淋巴结肿大的原因。不过假如淋巴结肿大出现在颈部前面正中间或是正好在锁骨上方，你就必须考虑感染之外的原因，如肿瘤、囊肿或甲状腺功能紊乱。

大多数母亲一看到宝宝颈部淋巴结肿大，首先想到的是肿瘤，这是自然反应，肿瘤的确也是引起宝宝淋巴结肿大的一个原因，不过感染是更为多见的原因。进行血和尿的化验、X线检查、皮试以及活体切片检查等，可以进一步证实医生的诊断。

出牙期的异常现象与预防

◉ 畸形牙的防治　正常的双尖牙在咀嚼面上有2个尖，如果在2个尖的中央多长出一个又高又细的小尖，称为“畸形中央尖”。畸形中央尖最好发的牙位是下颌第5颗牙，而且往往是对称出现在左右两侧。

中央尖内部有一个小腔和下面的牙髓腔相通。当有中央尖的双尖牙长出来以后，牙面和上面的牙齿接触，中央尖很容易被磨损或者被折断。这

样，中央尖内的髓腔暴露出来，与外界相通，成了牙髓感染的通道。牙髓感染，将引起根尖周炎、根尖脓肿等，严重的可以使牙根停止发育。

如果发现宝宝长出的牙齿是畸形中央尖，应该尽早到医院去，口腔科大夫将会为宝宝治疗。一般的处理是分次将中央尖磨低，1 次磨低一点，1 个月左右磨 1 次，逐渐地磨除，不断地刺激牙髓组织，在中央尖腔的顶部有新的牙本质形成，新的牙本质可以封闭牙髓腔，不使其外露。

如果中央尖已经被折断，出现了明显的牙髓炎症状，或者感染已经蔓延至牙根部，则应该马上到医院请大夫治疗。早期可以进行牙髓治疗或者根管治疗。如果根尖破坏得严重，反复治疗效果不好，可能就要拔除患牙了。

◉ 多生牙的防治　正常人的牙齿是有一定的数目和形态的。凡是在正常数目额外长出的牙，医学上称为多生牙。多生牙的数目可以是 1 个也可以是多个，以 1～2 个最为多见。多生牙的危害在于它占据了正常牙在牙列中的位置，正常牙受到多生牙的排挤，只好从牙床的旁边长出来，形成错位，造成牙齿排列不齐，甚至形成双层牙。

对于多生牙的处理应该是及早拔除。但有的多生牙在生长的早期没有引起人们的注意，等发现时它已经长在牙列中了，如果这个牙齿的形态、大小基本正常，且在牙列中排列得还算整齐，牙齿的咬合关系也没有出现异常的情况，可以保留这个多生牙，但是这种情况比较少见，一般的多生牙还是应该尽早拔除的，以利于其他牙齿的正常萌出。

第十一章 10个月宝宝的养护

第一节　宝宝的生长发育特点

体格发育

进入10个月的宝宝，体型变得越来越漂亮，已经接近幼儿的体型了。

◉ 身高　这个月男宝宝的身高平均为73.9厘米，女宝宝平均身高为72.5厘米。

◉ 体重　这个月男宝宝平均体重为9.6千克，女宝宝的体重平均为9.0千克。

◉ 头围　这个月男宝宝的平均头围为45.8厘米，女宝宝的平均头围为44.7厘米。

◉ 牙齿　这个月宝宝又陆续长出2~4颗门牙。

语言发育

会叫“妈妈”“爸爸”，还可能会说一两个字，但发音不一定清楚，能将语言与适当的动作配合在一起，如：“不”和摇头，“再见”与挥手等。会一直不停地重复某一个字，不管问什么都用这个字来回答。

有些宝宝周岁时已经学会2~3个词汇，但可能性更大的是，宝宝周岁时的语言是一些快而不清楚的声音，这些声音具有可识别语言的音调和变化。只要宝宝的声音有音调，强度和性质改变，他就在为说话作准备。在他说话时，你反应越强烈，就越能刺激宝宝进行语言交

流。开始能模仿别人的声音，并要求成人有应答，进入了说话萌芽阶段，在成人的语言和动作引导下，能模仿成人拍手、挥手再见和摇头等动作。

动作发育

10个月的宝宝能够坐得很稳，能由卧位坐起而后再躺下；能够灵活地前、后爬行，爬得非常快，能扶着床栏站着并沿床栏行走。

这个时期的宝宝，动作发育很快，有的宝宝从会站到会走只需1个多月的时间，有的学爬只要很短的时间，宝宝就不喜欢爬了，他要立起来扶着走。宝宝这段时间的运动能力的个体差异很大，有的快，有的慢。因此，家长不要将动作发育的指标看得太死，也不要把自己的宝宝与别人进行比较。

10个月的宝宝会抱娃娃、拍娃娃，模仿能力加强。双手会灵活地敲积木，会把一块积木搭在另一块积木上，会用瓶盖去盖瓶子。

视觉发育

宝宝可通过看图画来认识物体，很喜欢看画册上的人物和动物。宝宝学会了察言观色，尤其是对父母和看护人的表情，有比较准确的把握。如果妈妈笑，婴儿知道妈妈高兴，对他做的事情认可了，是在赞赏他，他可以这么做。如果妈妈面带怒色，婴儿知道妈妈不高兴了，是在责备他，他不能这么做。父母可以利用婴儿的这个能力，教育婴儿什么该做，什么不该做。但这时的婴儿还不具备辨别是非的能力，不能给婴儿讲大道理，否则会使婴儿感到无所适从。

认识发育

此时的宝宝能够认识常见的人和物：他开始观察物体的属性，从观察中他会得到关于形状、构造和大小的概念，甚至他开始理解某些东西可以食用，而其他的东西则不能，尽管这时他仍然将所有的东西放入口中，但只是为了尝试。遇到感兴趣的玩具，试图拆开看里面的结构，体积较大的，知道要用两只手去拿，并能准确找到存放食物或玩具的地方。此时宝宝的生活已经很规律了，每天会定时大便，心里也有一个小算盘，明白早晨吃完早饭后可以去小区的公园里溜达。

心理发育

这个时期的宝宝知道自己叫什么名字，别人叫他名字时他会答应。如果他想拿某种东西，家长严厉地说："不能动！"他会立即缩回手来，停止行动。这表明，10个月的宝宝已经开始懂得简单的语意了，此时大人和他说再见，他也会向你摆摆手；给他不喜欢的东西，他会摇摇头；玩得高兴时，他会咯咯地笑，并且手舞足蹈，表现得非常欢快活泼。

10个月大的宝宝一旦想要什么，就非要拿到，他很喜欢看各种东西，好奇心表现得较强烈。他更喜欢大人抱他，因为抱着他各处走，可以看到很多新东西。

10个月大的宝宝在心理要求上丰富了许多，喜欢翻转起身，能爬行走动，扶着床边栏杆站得很稳。喜欢和小朋友或大人做一些合作性的游戏，喜欢观察物体的不同形态和构造。喜欢用拍手欢迎、招手再见的方式与周围人交往。

10个月的宝宝喜欢别人称赞他，这是因为他的语言行为和情绪都有进展，他能听懂你经常说的表扬类的词句，因而做出相应的反应。

宝宝喜欢为家人表演游戏，大人的喝彩称赞声，会使他高兴地重复他的游戏表演，这也是宝宝内心体验成功与欢乐情绪的表现。对宝宝的鼓励不要吝啬，要用丰富的语言和表情，由衷地表示喝彩、兴奋，可用拍手，竖起大拇指的动作表示赞许。这也是心理学讲的"正性强化"教育方法之一。

可以给10个月大的宝宝一些能够拆开，又能够再组合到一起的玩具，让他拆了再装，装了再拆，他会感到很有意思。但是拆开的玩具一定要足够大，如果太小，宝宝会把它放在口中吞下去或塞入耳朵眼和鼻孔里，发生危险。最好给他一个收藏玩具的大盒子或篮子，这样玩具比较容易保存。每次玩时，可以让宝宝坐在大床上或地毯上，也可以让他坐在小桌子旁边的小椅子上玩。让他自己从玩具盒里拿出玩具，玩过之后再自己放回原处，当然，在开始训练他这样做的时候，大人要帮助他逐渐形成习惯。再大一点儿，他就可以完全自己做了。

这么大的宝宝不仅喜欢玩具，对见到的物品也很感兴趣。家长可以把各种东西拿来跟他一起玩。宝宝对会跑的玩具特别喜欢，也喜欢小推车、学步车。

情感和社会行为发育

宝宝学会了察言观色。如果妈妈笑，宝宝知道妈妈高兴，对他做的事情认可了，是在赞赏他，他可以这么做。如果妈妈面带怒色，宝宝知道妈妈不高兴了，是在责备他，他不能这么做。

看到爸爸妈妈抱其他宝宝时会哭；表现出个性特征的某些倾向性。如有的宝宝不让别人动他的东西；有的宝宝看见别人的东西自己也想要；有的宝宝很大方地把自己的东西送给别人，但也有伸手把玩具给人，但不松手的情况。

听觉发育

10 个月宝宝开始牙牙学语，能够随着节奏鲜明的音乐自发地手舞足蹈。宝宝还能用不同方式敲打、摇动玩具，喜欢模仿听到的各种声音。

宝宝的睡眠变化

10 个月的宝宝的睡眠和 8 个月时差不多。每天需睡 14 ~ 16 个小时，白天一般睡两次。

第二节　宝宝的日常护理

培养宝宝的生活规律

10 个月的宝宝学会了爬和扶东西站立，可以扶着墙或床沿行走，白天的活动量有所增多，活动范围也会扩大，宝宝在晚上就会睡得很香。此时期父母要调整好宝宝的生活规律，争取做到玩耍、进食、沐浴、睡觉的时间固定。

◉ 宝宝的睡眠规律　宝宝晚上的睡眠时间渐渐固定下来，白天小睡 1 ~ 2次。另外，晚上闹觉的宝宝会增多。宝宝难以入睡的时候，要注意适当减少白天的睡觉时间。10 ~ 12 月的宝宝一天合计睡眠时间应保证在 11 ~ 13 小时。

◉ 宝宝的饮食规律　宝宝一天三餐中的两餐可以和之前一样进行，逐渐再把一次喂奶的时间改成辅食。两次辅食的时间间隔要有 3 ~ 4 个小时，吃饭时间一定要保证固定。其中一次最好让宝宝和大人一起吃。

◉ 户外活动的规律　随着宝宝身体和智力的发育，心理也会发生很大的变化。因为宝宝的身体变得更加结实，所以可以适当延长宝宝在户外玩耍的时间，控制在两小时以内。还可以带宝宝到幼儿园感受一下集体生活。

◉ 宝宝的洗澡规律　要勤给宝宝洗澡。10个月的宝宝在洗澡时会玩得很开心，给宝宝洗澡的时间应尽量控制在20分钟以内。

不要让宝宝在路边玩

我们提倡孩子多到户外玩，多晒太阳，但不赞成常抱孩子在路边玩。马路上车多人多，孩子爱看，大人也爱看。家长们认为，只要把孩子看好，不碰着孩子，在路边玩耍很省事。其实，马路两边是污染最严重的地方，对孩子对大人都极有害。

汽车在路上跑，排放的废气中含有大量一氧化碳、碳氢化物等有害物质，马路上空气中含汽车尾气是最高的，污染是最严重的。

马路上各种汽车鸣笛声、刹车声、发动机声等，造成噪声污染也会影响孩子的听力。

马路上的扬尘，含有各种有害物质和病菌、微生物，损害孩子的健康。

带孩子玩耍，要到公园、郊外空气新鲜的地方去。

注意宝宝对父母的依恋心理

依恋是宝宝和母亲或亲人之间的一种特殊的、持久的感情联结，是宝宝的一种重要的情感体验。它的形成与母亲或亲人经常满足宝宝的需要，给宝宝带来了愉快、安全等的感觉有关，也是宝宝在与人的交往中出现了倾向性选择的一种表现，是宝宝认知能力提高的结果。

依恋的情感使宝宝喜欢同经常照料他的人接近，和他们在一起时，宝宝会表现出安静、愉快、情绪积极，而当他们离开他时，宝宝会表现出似乎疯狂地寻找，尤其是对他最依恋的人——母亲，会出现哭闹、焦虑不安、不思饮食等消极情绪，这种现象在这个年龄阶段的宝宝尤为明显。因此，满足宝宝的这种依恋情感对宝宝来说是非常重要的，这种依恋的情感能使他获得安全感，能给他带来勇气去探索周围的新鲜事物，帮助他在陌生的环境中消除紧张、惧怕、焦虑的情绪，能使他更好地与外界交往，更好地适应环境，还能使宝宝对人产生信赖、产生自信，和同伴和睦相处，将来能产生良好的人际关系。从小缺乏依恋情感的宝宝，长大后会出现不善于与人相处，不能很好地面对现实，不适应环境的后果。

要满足宝宝对父母或亲人的依恋情感，父母必须要和宝宝多相处、多交流，建立好早期的亲子关系，使宝宝保持愉快的情绪。

宝宝衣物应勤换洗

10个月宝宝的活动量和活动范围大大增加，经常会爬爬走走，探索周围世界，难免会把衣服弄脏。

为了让宝宝保持清洁，家长要勤换洗宝宝的衣物。如果宝宝的衣服弄脏了，或被大小便污染，或沾上饭菜，更要及时换洗。

让爱活动的宝宝衣着宽松

10个月的宝宝非常爱活动，宝宝的衣服要宽松合身，便于活动。如果衣服过于肥大，不仅妨碍运动，还容易绊倒。如果衣服过于紧绷，就会使宝宝血液循环不畅，从而影响生长发育。

如果穿着臀部包紧的裤子，裤裆反复摩擦外生殖器，容易发生瘙痒，诱使幼儿抚弄生殖器，极易形成不良习惯。

骑自行车带宝宝外出要注意安全

骑自行车或三轮车的时候，宝宝通常坐在后面，家长很难发现宝宝在后面的状况，而宝宝对危险没有意识，也不会保护自己，因此很容易出现危险情况。长长的围巾或是一根线连着的手套很容易垂到车轮处被滚动的车轮卷进去，围巾围在孩子的脖子上，或是手套中间的绳子搭在宝宝的脖子上，宝宝可能因此造成从车上摔下来，或者被勒住脖子造成窒息。

选择宝宝专用围巾，长度刚刚围住脖子打个结，或者用脖套，切不可用大人的长围巾，尤其是丝巾。

给宝宝选择大小合适的手套，套在手上不会掉下来，绳子就免了，细细的绳子很容易在玩耍或穿戴时造成窒息的危险。

家长在骑车时要时不时地回头看看宝宝的情况，了解宝宝在后面的状况。

一定要给自行车的后车轮装上护板，可防止宝宝的脚或衣服卷入车轮。

车座上要有起保护作用的安全扣，宝宝坐好后给宝宝系上，并叮嘱宝宝扶好把手，不乱动。

宝宝的衣服上尽量不要有长长的带子，免得没系好，被卷进车轮。

家长一旦感觉蹬车费力一定要下车查看，可能是自行车出了故障，也可能是车轮卡了东西。

莫让宝宝睡在大人中间

许多年轻的父母在睡觉时总喜欢把宝宝放在中间，这样做对孩子的健康是不利的。

在人体中，脑组织的耗氧量非常大。一般情况下，孩子越小，脑耗氧量占全身耗氧量的比例也越大。孩子睡在大人中间，就会使孩子处于极度缺氧而二氧化碳浓度较高的环境里，使婴幼儿出现睡觉不稳、做噩梦及半夜哭闹等现象，直接妨碍孩子的正常生长发育。

不要过度保护宝宝

过度保护不利于宝宝独立能力的培养。现在的孩子大多娇生惯养，家长常常自主或不自主地过分保护，这是父母在家庭教育及培养宝宝独立能力上常容易犯的错误之一。比如宝宝刚刚学会走路，还不能走得很稳，常常摔跤，家长一看见就迫不及待地把孩子抱起来，嘴里还会不断地说“把宝宝摔了，宝宝不要哭，不要哭，是谁招惹了宝宝”等，当周围有人时还会打一下那个人，责怪是此人把宝宝碰倒了。本来摔得不重，宝宝也没有哭的反应，经过家长一番“保护”性诱导宝宝便哭起来。这样保护几次以后，只要跌倒了或有一点委屈宝宝就哭，遇到不如意就大发脾气，久而久之养成任性的毛病。因此，当宝宝在成长过程中受到无关紧要的“委屈”时，家长应“视而不见”，让其自己处理。比如摔倒的宝宝会回头看大人，如果大人没有反应，他就会左右看看，自己爬起来再走。如果此时家长鼓励宝宝站起来，他会有成功和自豪感，时间长了将会养成独立、坚毅的性格，遇挫折后就不会怨天尤人。

宝宝开窗睡眠益处多

当你走进门窗紧闭的房间时，你会闻到一种怪味，这是由于室内长时间不通风，二氧化碳增多，氧气减少所致。若在这种污浊的空气中生活和睡眠，对宝宝的生长发育有害。

开窗睡眠不仅可以交换室内外的空气，提高室内氧气的含量，调节空气温度，还可增强机体对外界环境的适应能力和抗病能力。

小儿新陈代谢和各种活动都需要充足的氧气，年龄越小，新陈代谢越旺盛，对氧气的需要量越大。婴儿户外活动少，呼吸新鲜空气的机会少，可以通过开窗睡眠来弥补氧气的不足，增加氧气的吸入量。在氧气充足的环境中睡眠，入睡快、睡得沉，也有利于脑神经充分休息。但要注意别让宝宝直对着窗户。

第三节　宝宝的喂养

准备断奶

10 个月左右宝宝已经有固定的早、中、晚一日三餐的饮食了，主要营养的摄取已由乳类转向辅助食物。虽然有的宝宝还要哺乳，但已可以换成奶粉了。这时妈妈可以慢慢给宝宝断奶了。

◉ 选择最佳时间　一般情况下，10 个月的宝宝已逐渐适应母乳以外的食品，此时宝宝已经长出几颗切齿，肠壁的肌肉也发育得比较成熟，是断奶的最好时机。如果妈妈不能及时把握断奶的时机，就会造成宝宝只吃母乳而不肯吃其他食品。

◉ 选择最佳季节　宝宝断奶最好选在春季。如果准备工作没做好，再准备 1 ~2 个月都没关系，千万不可按照时间的要求给宝宝强行断奶。另外，最好别在夏天断奶。天气热适合细菌生长繁殖，宝宝本来就很难受，断奶会让他大哭大闹，还会因胃肠对食物的不适应而发生呕吐或腹泻症状。

最好也不要在冬天给宝宝断奶。哺乳期的妈妈，在冬季给孩子喂奶，一天需要多次解开衣服，确实不方便。有些妈妈怕麻烦，索性就给孩子断奶了。其实，冬季是呼吸道传染病发生和流行的高峰期。此时断奶，会改变宝宝的饮食习惯，使他在一段时间里会因不适应而挨饿，从而降低他的免疫力，造成细菌或病毒的乘虚而入，易发生感冒、急性咽喉炎，甚至肺炎等等。宝宝得病后会更严重地影响食欲，抵抗力再次降低，如此反复造成恶性循环，严重影响生长发育。

◉ 做好心理和物质准备　断奶期的心理恐惧，再加上突然的饮食结构改变，很容易让宝宝出现消化不良等疾病，同时对宝宝的心理发育和感情也有很大影响。断奶需要一个过渡时期，爸爸妈妈一定要有充分的物质和思想准备。在宝宝的断奶期最好不要让环境产生变化，以减少宝宝的困惑。断奶时要做到有铺垫，有次序。断奶的准备包括逐渐减少母乳喂养次数，添加奶粉，添加辅食。

让宝宝愉快进餐

有的宝宝总是不好好吃饭，你可以试试以下建议，让用餐对你和宝宝都更容易些。你自己先吃，用夸张的方式吃饭，表现出你很喜欢食物的样子。如果他认为你喜欢的话，他可能也会想要尝试。喂宝宝时，将一汤匙的食物放入他嘴里，同时拉抬起汤匙，他的上嘴唇于是会将汤匙清干净，这样也有助于让食物留在他口中。让他双手忙碌，有些宝宝会伸手想要自己拿汤匙，有些喜欢将液体倒在高脚椅的托盘上，有些喜欢让食物掉到地上。喂宝宝时，让他自己拿只汤匙。使用能附着在托盘上的碗盘，这样它们就不会移动。

提高钙摄入的方法

钙是人体骨骼发育不可缺少的重要元素。宝宝这个年龄身高增长较快，又要长牙，对钙的需求量要达到每天1克的标准。但由于我国饮食配备不当的习惯，这一标准很难达到，所以宝宝在这个年龄时，仍应补充钙剂。

下面介绍几种含钙较多的食物或者能促进钙吸收的食物：

❶ 奶类（人奶、牛奶、羊奶等）是含钙丰富的食品，1000 克牛奶含钙 1 克，对宝宝来说吸收率也高。

❷ 肝、蛋黄、鱼、肉及豆类，含有丰富的维生素 D，可促进钙吸收。鱼肝油中含有维生素 A 和维生素 D，是补充维生素 D、促进钙质吸收的理想食品。宝宝服用以浓缩的鱼肝油为好，忌脂肪过多。

❸ 海产品，如海带、紫菜、小虾皮等，含钙非常丰富，可以煮给宝宝吃，虾皮可以炸了吃。

❹ 蔬菜中的菜花、豆类等，含钙也多。蚕豆如能连皮吃，更能提高钙质的吸收。

❺ 糖醋排骨是补充钙的好食品。各种骨头汤中的钙质并不丰富，但如能加点醋熬汤，则可使骨中的钙溶解在汤中。

❻ 鱼类的钙质主要在骨中，如果将鱼炸酥，让宝宝连骨吃下，可增加钙质。

以上介绍的各种含钙丰富的食物，只要调配得当，除去那些影响钙质吸收的因素，制成味道鲜美的主副食给婴幼儿吃，就可以使婴幼儿获得充足的钙质，用不着加吃钙片。如果发现宝宝有缺钙的早期表现，需要补充钙质时，可以让他们吃些钙片或葡萄糖酸钙片，同时还需添加鱼肝油或维生素 D，以促进钙质的吸收。注意在宝宝补钙时，不要给宝宝吃含有过多草酸的食物，如菠菜、葱头、茭白等，否则会影响钙的吸收。

强化食品的种类和选择

为了满足人体生理的需要，在食品中多加入所需要的营养素，就叫“强化食品”。目前市场上的强化食品所加的强化剂，主要为维生素、矿物质及各种微量元素、氨基酸、蛋白质等，如加进维生素 B_1、维生素 B_{12} 和赖氨酸的面包，加钙糖的饼干，添加酵母粉或鸡蛋的面条等。这种强化食品只是调节孩子辅食的一种营养素来源，不能作为长期喂养的主食，更不能代替辅食，否则会造成小儿营养不良，或因某种营养素过多而发生中毒。

强化食品的选择原则：

❶ 应以每日基本定量摄入的主食或主要辅助食品为首选载体，如：乳类、豆代乳品及其他纤维类制品（米粉）等，简单地说，就是选择小儿每天都吃的东西为强化食品的载体，如

缺碘地区可用碘强化食盐。

❷ 要补充当时、当地摄入不足、在食物中易缺乏的营养素，因全国各地区营养素缺乏是不均衡的，如高氟地区就不适于饮用含氟强化水，所以，家长在选用时一定要了解所处环境的情况。

❸ 强化剂的剂量必须合理，应根据我国营养学会推荐的各营养素的每日供给量及平均每日摄入量来定，不足的部分加强化量，缺什么补什么，缺多少补多少。太少达不到强化目的，太多则造成营养素不平衡甚至中毒。家长在使用时，必须细看所标强化剂的品种和剂量。

❹ 家长应了解小儿每日基本定量摄入的食品（即天天吃的食品，包括主副食）之中强化剂的种类、剂量。要计算出总摄入量，与标准供给量比较，以防止摄入过多或过少。

均衡营养和食物来源

宝宝断乳后不能全部食用谷类食品，也不可能与成人同饭菜。主食应给予稠粥、烂饭、面条、馄饨、包子等，副食可包括鱼、瘦肉、肝类、蛋类、虾皮、豆制品及各种蔬菜等。主粮为大米、面粉，每日约需 100 克，随着年龄增长而逐渐增加；豆制品每日 25 克左右，以豆腐和豆干为主；鸡蛋每日 1 个，蒸、炖、煮、炒都可以；肉、鱼每日 50～75 克，逐渐增加到 100 克；豆浆或牛乳，每日 500 毫升，水果可根据具体情况适当供应。

不要强迫宝宝吃饭

辅食开始全面转为主食之后，宝宝的口味需要有一个适应过程。对某些他已熟悉又口感平和的口味，如牛奶、米糊、粥、苹果、青菜等会喜欢，不熟悉的口味，如芹菜、青椒、胡萝卜等可能会因不适应而拒食。有的妈妈担心宝宝有些食物不吃会影响营养均衡，强行让宝宝吃不喜欢的食物，反而造成宝宝厌食、拒食，影响其肠胃功能。有些宝宝会因此呕吐、腹泻、积食不化，影响宝宝的生长发育。所以，妈妈千万不要硬来。可以把宝宝不爱吃的东西和其爱吃的东西放在一起做，不爱吃的东西少放一些，或采用剁碎了掺和到肉末里或煮到粥里的办法，让宝宝一点点地接受。

经常可以看到：父母为了让孩子多吃一口，不顾孩子的拒绝填鸭式地

喂。这样的结果不仅会让孩子失去对吃饭的兴趣，导致厌食，弄不好还会喂出营养过剩的肥胖儿，宝宝其实比我们想象的更能干，科学家们做过这样一个实验：把几个宝宝放在不同的食物面前，让他们自由选取，结果令人不可思议的事情发生了——宝宝们每次的选择都不尽相同，而且，每个宝宝的选择都是近乎理想的健康饮食搭配。这给我们一个启示：我们应该相信孩子，给他更多选择的机会和权利，这样孩子会吃得更快乐。

宝宝添加辅食的原则

◉ 辅食仍要多样化　宝宝满10个月后，妈妈要充分利用牛肉、猪肉，鸡肉、鸡蛋、鱼等营养丰富的食品，让宝宝既可以品尝到不同的食物，又可以摄取丰富均衡的营养。

辅食的食物形态可以进行改变了：可以从由稀饭过渡到稠粥、软饭；由烂面过渡到挂面、面包，馒头；由肉末过渡到碎肉；由菜泥过渡到碎菜。

◉ 不能让宝宝吃的食物　刺激性太强的食物，如芥末、胡椒等香辣料较多的食品；不易消化的食物，如油炸食品、花生米、瓜子、肥肉等；太咸的食物，如腌鱼、腊肉、咸菜等；咖啡和浓茶，咖啡和浓茶中含有茶碱、咖啡因等物质，能兴奋神经，会影响宝宝神经系统的正常发育，还会造成宝宝贫血；甜饮和果酱，甜饮料和果酱中的营养价值较低，可造成宝宝食欲不振和营养不良。

第四节　宝宝的体能培育与训练

语言能力训练

会叫“妈妈”，观察宝宝叫妈妈时是否特指自己的妈妈，如果宝宝能特指妈妈，表明宝宝通过10个月智能发育标准；会叫“爸爸”，观察宝宝叫爸爸时是否特指自己的爸爸。

听觉能力训练

训练者给宝宝一块饼干或小手

巾，对他说："把饼干给妈妈！"或"把小毛巾给妈妈！"引导宝宝把手中的物件交给妈妈。开始时训练者可以用手势或表情提示。

对宝宝说："妈妈来了，拍手欢迎！"让他能做出拍手的动作。做对了大人要夸奖、称赞，使他体会到成功的喜悦，这可强化宝宝的理解和正确反应。

会话能力训练

这一阶段是宝宝模仿能力最强的时期，宝宝，"咿咿呀呀"的语调开始和成人说话的语调比较相似了，妈妈和爸爸要充分利用这段时间，用与宝宝的生活联系最密切的简短的词语训练宝宝的会话能力。训练时应注意以下几点：

❶ 要用普通话教宝宝正规的词语：如果宝宝说"儿语"时，妈妈或爸爸不要重复宝宝的"儿语"，而要用亲切柔和的语调把正规的词语教给宝宝。比如，当宝宝说小狗狗的时候，就要告诉宝宝正规的名称：小狗。

❷ 宝宝比较容易接受的是名词和动词：尽管有时听不出宝宝在说什么，但妈妈或爸爸都要善于倾听和回应，你必须与宝宝进行对话，从而鼓励宝宝不断地进行尝试。

❸ 要充分运用宝宝身边的东西，配合日常生活中的动作教宝宝：比如宝宝熟识的亲人、食物、玩具等。在训练时，要鼓励宝宝一边指着东西一边发出声音，从宝宝用手势与声音相结合，逐步发展到用词语代替手势。

社交能力训练

继续训练宝宝模仿大人动作，如见到邻居和亲友，爸爸拍手给宝宝看，妈妈把着宝宝的双手拍，边拍边说"欢迎"。反复练习，然后逐渐放手让他自己鼓掌欢迎。

当宝宝想要亲近你，要求搂抱及其他疼爱行为时，大人要用亲吻、搂抱给予回应，并说"宝宝真可爱"等亲热疼爱的话。

行为能力训练

◉ 与小朋友打招呼　让宝宝与其他同龄的宝宝在一起玩玩具，让宝宝主动地与小朋友打招呼。见到小朋友会打招呼，如发笑、点头、抬手、尖叫、摇晃身体等。开始时训练者先进

行示范，然后拉着宝宝的手做打招呼的动作，并且说：“嗨！”，“欢迎欢迎！”让宝宝模仿。

◉ 大小便坐盆　在宝宝有大小便表示时或定时地让宝宝坐盆，如能排便，大人应给以赞扬、鼓励，长期坚持训练、培养，就可以养成习惯。

◉ 有洞的纸箱　用一个边长1尺左右（正方形，长方形均可）的包装纸箱。在上面开一个大约10厘米×10厘米的洞。在右下角另剪一个边长为5厘米与底和高都贯通的等边三棱角出口。让宝宝从大洞投入一个小球，叫他摇动纸箱使小球从边角出口处漏出。告诉宝宝从大洞里看看，哪一头亮就向哪边摇，让他学会解决问题的办法。宝宝起初只会乱摇，后来他便学会不必摇，让箱子斜着放，小球自然会滚出来。

感知能力训练

将不倒翁放在宝宝面前，训练者先示范推动不倒翁，使之摇动，让宝宝模仿，也去摇动不倒翁。

将不倒翁用力推，它摇摆的次数多，时间长；轻轻地推动不倒翁，使它摇摆的次数少、时间短。让宝宝用不同的力量推动不倒翁，训练者可以扶着宝宝的手有节奏地跟着不倒翁摇摆的次数拍手。让宝宝观察用力推动和不倒翁摇摆次数的关系，体会自己的力量和能力。

数学能力训练

目的：发展注意力、记忆力和手的技巧，形成简单数概念的萌芽。

方法：在宝宝的注视下，用一张纸包上1包糖果，打开，再包上，鼓励他打开纸把糖果找出来，当他打开后，你就说“1块”，把糖果给他作为奖励。当着宝宝的面另取4块一样的糖果，边说“这是1块，这是3块”，边用2张纸分别包上1块和3块，再打开让他注视两边的糖果各5秒钟后包上（两包的位置不要变），要求他把两包糖果都打开，看他要哪一包。反复玩后，如果他总是要3个的一包，说明他能区别“1”与“3”；然后，你再包上2块和3块，看他是否还要3块，即能区别“2”与“3”。

运动能力训练

爸爸妈妈要让宝宝在快乐中锻炼

运动能力，激励宝宝的进取精神，这比宝宝学到了什么技能更重要。

◉ 协助宝宝站立　给宝宝准备能扶着站的东西，比如沙发墩、小木箱、椅子、婴儿床等。宝宝扶着这些物体能够练习站立，为1岁以后走路打基础。站立后，宝宝脊椎的三个生理弯曲就都形成了。宝宝刚刚可以扶着物体站立时，可能是摇摇晃晃的，像个不倒翁，慢慢就能站稳了。当宝宝能扶着东西站稳后，就让宝宝靠在物体上，两手不再扶物，父母在旁边保护着宝宝不要向前趴下，锻炼宝宝独站片刻。

◉ 帮助宝宝做蹲起运动　从蹲着到站立，这个月的宝宝需要父母用手拉一下，或自己扶着物体站起来。自己徒手站起来需要有个过程，父母可以用手指轻轻勾着宝宝的手指，边说宝宝站起来，边用力向上拉。如果宝宝站起来了，就鼓励宝宝说："宝宝站起来了，宝宝长高了，宝宝真棒。"

◉ 训练宝宝迈步向前　这个月的宝宝可能会扶着床沿、沙发墩、木箱等横着走几步。有的宝宝推着能滑动的物体向前迈步，但不敢离开物体向前走。父母可以进行这样的训练：让宝宝靠着物体站在那里，妈妈蹲在宝宝前面，把手伸向宝宝，做出要抱的动作，并对孩子说："宝宝走过来，让妈妈抱一抱。"这时，宝宝可能会试着让身体离开倚靠物体，两只小手伸向妈妈，要向前迈步。如果宝宝还不能向前迈出，身体已经向前倾斜，妈妈就及时地向前抱住宝宝，并说："宝宝真勇敢。"

认知能力训练

◉ 用食指表示1岁　当大人问宝宝"你几岁了"时，母亲要教他竖起食指表示自己1岁。经过几次之后，宝宝会竖起食指表示1。如"你要几块饼干?"他会竖起食指，表示要1块。这时母亲只能给他一块，让他巩固对"1"的认识。

◉ 识图、识物、识字　继续教宝宝认识图片卡及各种物品。待宝宝认识4～5张图片后，再让他从一大堆图片中找出他所熟悉的那几张。一旦找出来，你就要大加赞赏和鼓励。

要教宝宝指认身体部位3～5处。通过镜子游戏、娃娃游戏，与大人面对面地学习，宝宝可以认识脸上器官、手、脚、肚子等部位。

情绪与社会行为训练

◉ 懂得命令　吩咐宝宝做三件事，如“把某某拿来”、“坐下”、“把某某东西给妈妈”等，不要做手势。如果宝宝能懂得并服从大人的指令，做相应的事，表明宝宝通过10个月智能发育标准。

◉ 理解“不”　宝宝拿一玩具时，大人说“不要拿，不要动”但不做手势。观察宝宝是否立刻停止拿玩具动作。

第五节　宝宝常见问题与应对

宝宝磨牙怎么办

宝宝磨牙的原因有多种，一般是由精神过度紧张，肠道寄生虫、饮食紊乱等引起的。

◉ 肠道寄生虫病　宝宝如果患上蛔虫病，蛔虫产生的毒素会刺激肠道，使肠道蠕动加快，从而引起消化不良，睡眠不安；毒素如果刺激神经，就会产生神经兴奋，而致磨牙，另外，蛀虫也会分泌毒素，引起肛门瘙痒，影响宝宝睡眠而发生磨牙。

◉ 精神过度紧张　如果宝宝在睡觉前过度玩耍或者白天受到了刺激，比如受到爸爸妈妈的责骂，看了打斗的场面等，就会引起精神紧张以致压抑、焦虑不安而引起磨牙。

◉ 饮食紊乱和营养不均　如果宝宝挑食偏食，就会形成营养不均衡，导致钙、磷以及各种维生素的缺乏。引起晚间面部咀嚼肌的不自主收缩，便会磨牙。另外，如果宝宝晚间吃得太饱，睡觉时肚子里的食物还未消化完，就会加重胃和肠道的负担，也会引起睡觉时磨牙。

宝宝屏气发作怎么办

屏气发作又称呼吸暂停症，婴幼儿多因发怒或轻微外伤而发作。轻者出现呼吸暂停，重者面色发绀（或苍白）、短暂地出现意识丧失、强直性抽搐或尿失禁。

屏气发作与亲子关系不协调有关，患儿父母往往对孩子过分保护或遇事过分紧张，有些患儿是对父母刻板的喂养方法及过早训练大小便表示抗拒。屏气发作也可能与缺铁有关，当缺铁性贫血被纠正后，屏气发作可改善或消失。

屏气发作一般无需特殊治疗，如果频繁发作，可口服阿托品治疗。如果与缺铁有关，应给予铁剂治疗。

父母要注意对孩子不要过分溺爱或百依百顺，让孩子从小养成健康的性格。

宝宝“鸡胸”

鸡胸是由佝偻病严重而引起的骨骼改变。由于佝偻病使孩子的胸部肋骨软化，在呼吸时肋骨受胸腔内负压作用向内牵拉，造成肋骨骨陷。多见于第7、第8、第9肋骨与胸骨相连处，使胸骨向前凸出，似鸡的胸架，故称“鸡胸”。如果患儿有鸡胸，就必然使肺脏受压，而影响小儿的心、肺功能，使宝宝容易患感冒和肺炎，并且不容易很快治愈，体质也明显下降。值得注意的是，孩子胸部突出，尤其是左侧胸部突出，也可能是患有先天性心脏病。由于心脏扩大把胸部向外顶起而外突，所以不要认为“鸡胸”就是缺钙，而延误了先天性心脏病的诊断和治疗。

宝宝“八字脚”

造成“八字脚”的主要原因是宝宝“缺钙”（即维生素D缺乏性佝偻病），此时宝宝骨骼因钙质沉积减少、软骨增生过度而变软，加之宝宝已开始站立学走路，变软的下肢骨就像嫩树枝一样无法承受身体的压力，于是逐渐弯曲变形而形成“八字脚”。另外，不适当的养育方式也可能导致“八字脚”的发生，如打“蜡烛包”、过早或过长时间地强迫宝宝站立和行走等。为防止宝宝发生“八字脚”，首先要防止宝宝发生“缺钙现象”。爸爸妈妈要及时增加宝宝饮食中的钙质食物，比如，豆制品等；另外，让宝宝多晒太阳和适当服用维生素D制剂来预防。如宝宝已经患“缺钙症”则要带宝宝到医院进行检查和治疗。

宝宝的心脏有杂音

医生在对很多婴幼儿听诊时都能听到心脏杂音，一般可分为两类：一类是生理性或功能性杂音，也称为无害性杂音，有的随年龄增长会消失；另一类是病理性或器质性杂音，多由先天性心脏病引起。

由于先天性心脏病危害较大，因此，有心脏杂音婴儿的家长应尽早带孩子到医院检查，明确杂音原因。若为病理性杂音，则应进一步检查心脏畸形的性质、程度，并在医生指导下选择适宜的时间手术。即便症状不明显或暂时不需手术的先天性心脏病患者，也应定期复查，一旦有手术指征，就应在尚未导致心肺功能不全前早做手术。

宝宝角膜炎

角膜炎的发病情况比较常见，它是一种比较严重的眼病，重者会形成角膜溃疡，在眼角膜上留下白色瘢痕，从而影响孩子的视力。

角膜炎多是外伤引起的，也有一部分是由疱疹病毒所致。秋冬时节，由于气候阴晴不定，宝宝的身体抵抗力也有所下降，这时特别容易引发疱疹病毒性角膜炎。

患了角膜炎后，孩子会感到眼睛疼痛，怕光，流泪。炎症即可影响孩子视力，如若发生角膜白斑，对视力的影响将更明显。

护理及治疗：

❶ 使用抗生素眼药水及眼膏。

❷ 用消毒的毛巾热敷。

宝宝扁平足

产生扁平足的原因有先天性与后天性两种。先天性扁平足是由于距骨畸形，造成韧带松弛所致；后天性扁平足患儿的足骨并无异常，常由于体重过重、行走习惯不良、长期站立或负重过多或重病后活动太早等原因，使足部肌肉和韧带松弛萎缩，最后形成扁平足。确定有无扁平足需在宝宝2岁以后，一旦发现孩子有扁平足应尽早进行治疗。

足弓对脚腿部关节以及内脏和脑都有重要的保护作用，值得一提的是，3岁前的宝宝几乎都有些扁平足，直到会走路以后才能逐渐发育成正常的足弓。

◉ **鞋子要合适**　给宝宝选用布底鞋，后跟可以稍微高一些（一般高2厘米就可以）。鞋的大小要合适，鞋底要有一定的弯曲，以便能够托住足弓。

鞋要轻便、舒适。不能让宝宝穿拖鞋，因为拖鞋不仅不能保护足弓，还可能造成“八字脚”。

◉ **锻炼足部肌肉**　让宝宝赤足在沙滩或草地上行走，屈曲足趾，足底外缘着地步行，有利于足部外侧肌肉和韧带的锻炼。让宝宝赤脚走路时，要选择直且平坦、干净的路面，以软硬适中的沙土质地为宜，以防宝宝娇嫩的足底被尖锐的硬物刺伤。

可尝试让宝宝用脚趾抓取小圆珠，以锻炼足部肌肉。

◉ 莫让足部过于疲劳　不要让宝宝过早地学走路和过久站立，更不能让宝宝负重过多。

◉ 促进足部血液循环　用热水给宝宝泡脚，可以促进宝宝足部血液循环。

感冒也会有并发症

感冒在成人看来不算回事，可是对宝宝来说则不可小视，感冒可引发各种并发症。

◉ 中耳炎　高烧不退（超过3天以上）、耳朵痛、宝宝烦躁、搔抓耳朵。

◉ 鼻窦炎　流鼻涕超过10天没有改善迹象，且有黄绿色的浓稠鼻涕，伴随咳嗽、严重鼻塞、头痛。

◉ 肺炎　高热不退且咳嗽加剧、呼吸急促、食欲减退。

◉ 脑膜炎　颈部僵硬、剧烈头痛、呕吐、怕光、持续高热，甚至意识不清。

一般感冒不需使用抗生素，只需多喝水、多休息，在感冒流行时减少出入公共场所。若有咳嗽、有痰、流鼻涕、鼻塞则可依不同症状给予药物治疗以减轻不适。感冒病毒最易经由鼻咽腔分泌物传染，预防的最佳方法就是要多洗手，戴口罩不要共用毛巾。

接种后的异常反应

宝宝出生后必须接受一系列疫苗的接种，在接种时，极少数宝宝会出现异常反应，这些异常反应包括晕针、无菌性脓肿、过敏性皮疹、过敏性休克、血管神经性水肿，全身感染和其他反应。

◉ 晕针　注射后突然晕厥，轻者只感心慌、恶心或手足发麻等，短时间即可恢复正常。重者脸色苍白，心跳加快，出冷汗，甚至突然失去知觉。晕针与空腹、疲劳、室内空气不好、精神紧张或恐惧有关。

◉ 无菌性脓肿　因吸附剂（氢氧化铝或磷酸铝）未被完全吸收，或接种部位不准，引起局部组织坏死、液化而形成。一般于接种后24～48小时前后，可见注射部位有较大的红晕或浸润，2～3周后局部出现硬结，伴有

疼痛，肿胀可持续数周或数月，随之发生脓肿、破溃，不易愈合。遇到这种情况应去医院处理。

◉ 过敏性皮疹　皮疹多种多样，以荨麻疹最常见。一般在接种后数小时到数天发生，接种活疫苗在 1～2 周内发生，重者可给予抗过敏药，一般预后良好。

◉ 过敏性休克　个别婴儿预防接种后会发生休克。多在接种后数分钟至半小时内发生，表现为烦躁不安、面色苍白、发绀、四肢凉及出虚汗等症状，重者神志不清、血压下降、大小便失禁。遇到这种情况应立即送医院儿科，或就地皮下或静脉注射肾上腺素，争分夺秒，组织抢救。家长在婴儿接种疫苗后，应在现场观察半小时后再离开。

◉ 血管神经性水肿　个别婴儿在接种后 1～2 天内，注射部位红肿范围加大，皮肤发亮，重者水肿可扩大至整个上臂及手腕。处理方法是局部热敷，口服抗过敏药物。

◉ 全身感染　如果婴儿有免疫缺陷，接种后可引起全身感染。处理时应注射特异性免疫球蛋白或输血浆。

◉ 其他反应　低热，轻度腹泻，注射局部皮肤出现红肿、疼痛、发痒等症状。

宝宝皮肤瘙痒

瘙痒是某种不适体征而非疾病，家长常见到宝宝摩擦或抓搔他的皮肤。瘙痒的发生可能有不同的原因，包括对某种药物、食物，乳液或肥皂的反应；受到某种霉菌感染；昆虫的蜇咬等。先要找到瘙痒原因，再想办法让宝宝停止抓搔。

假如宝宝皮肤变黄（黄疸），或宝宝呼吸困难的话，就需就医；假如瘙痒情况不见好转或宝宝抓破皮肤而造成出血或感染，也要就医。还有，若宝宝出现发热现象也要及时联络医生。

第十二章

11个月宝宝的养护

第一节　宝宝的生长发育特点

体格发育

◉ 身高　这个月男宝宝的平均身高约75.3厘米，女宝宝的平均身高约74厘米。

◉ 体重　这个月男宝宝的平均体重约9.8千克，女宝宝的平均体重约9.2千克。

◉ 头围　这个月男宝宝的平均头围约46.3厘米，女宝宝的平均头围约45.1厘米。

◉ 牙齿　这个月宝宝大概能长出5~7颗牙齿，当然也有些宝宝刚刚开始出牙，但乳牙萌出最晚不应该超过周岁。宝宝正常出牙顺序是，先出下面的二对正中切牙，再出上面的正中切牙，然后是上面的紧贴中切牙的侧切牙，而后是下面的侧切牙。宝宝到1岁时一般能出这8颗乳牙。1岁之后，再出下面的一对第一乳磨牙，紧接着是上面的一对第一乳磨牙，而后出下面的侧切牙与第一乳磨牙之间的尖牙，再出上面的尖牙，最后是下面的一对第二乳磨牙和上面的一对第二乳磨牙，共20颗乳牙，全部出齐在2~2.5岁。如果宝宝出牙过晚或出牙顺序颠倒，可能会是佝偻病的一种表现。严重感染或甲状腺功能低下时也会导致出牙迟缓。

语言发育

11个月的宝宝能模仿大人说话，

说一些简单的词。11 个月的宝宝已经能够理解常用词语的意思，并会一些表示词意的动作。

11 个月的宝宝喜欢和成人交往，并模仿成人的举动。当他不愉快时，他会表现出很不满意的表情。

感官发育

照镜子时宝宝会伸手去摸镜子中的影像，他开始探索容器与物体之间的关系，会摸索玩具上的小洞。他会辨认事物的特质，如说“喵”表示猫，看到鸟时用手向上指等。

听觉发育

11 个月的宝宝，能够在听了一段音乐之后，模仿其中的一些，在听了动物的叫声后，也可以模仿动物的叫声。

动作发育

11 个月的宝宝能稳稳地坐较长的时间，能自由地爬到想去的地方，能扶着东西站得很稳。拇指和食指能协调地拿起小的东西。会招手、摆手等动作。

认知发育

此时他仍然非常爱动，不要期望他会有所不同。在宝宝周岁时，将逐渐知道所有的东西不仅有名字，而且也有不同的功用。你会观察到他将这种新的认知行为与游戏融合，产生一种新的迷恋。例如，不再将一个玩具电话作为一个用来咀嚼、敲打的有趣玩具，当看见你打电话时，将模仿你的动作，你可以通过给他提供建设性的玩具——鞋刷、牙刷、水杯或汤勺等来鼓励这种重要的发育活动。此时他也许已经会随儿歌做表演动作。能完成大人提出的简单要求。

心理发育

11 个月的宝宝喜欢模仿着叫妈妈，也开始学迈步学走路了。喜欢东瞧瞧、西看看，好像在探索周围的环境。在玩的过程中，还喜欢把小手放进带孔的玩具中，并把一件玩具装进另一件玩具中。

11 个月后的宝宝在体格生长上比以前慢一点，因此食欲也会稍下降一些，这是正常生理过程，不必担心。吃饭时千万不要强喂硬塞，否则会造成逆反心理，产生厌食。

第二节　宝宝的日常护理

增加宝宝的户外活动

到了11个月这个阶段，为了增加宝宝的社会知识，开阔眼界，促进运动机能和智力发育，带宝宝四处玩玩是很有益处的。宝宝一到外面，就会用手指着要到这边去、那边玩，很不愿意回家，大人也应该边指实物边用简单的话教宝宝，比如见了狗就教“汪汪”，见了猫就教“咪咪”等，这样，宝宝不仅会很高兴，而且很快就会记牢。

户外活动在宝宝的身心健康教育方面是非常重要的。如果老是把宝宝关在家里，尽管在室内让宝宝爬上爬下，但宝宝的运动量仍然不足，结果是宝宝脾气越来越坏，晚上睡不好，吃东西也不多，脸色变得苍白，失去安定的神态。如果把宝宝带到室外去，让宝宝在户外自由自在地活动，爱怎么玩就怎么玩，宝宝会变得异常活跃，眼神也会生动活泼，于是宝宝食欲增强，睡眠也会变好。这就是户外活动的好处，是任何室内活动代替不了的。如果一天中能让宝宝在室外待上3小时以上，能走上100~200米的路，大自然会回报您一个健康活泼的宝宝。

在外面玩够以后，宝宝就能够单独在家里长时间地玩小汽车等能够动的玩具和洋娃娃等。这样，妈妈也可以轻松些。宝宝玩的时候应尽量穿得单薄些，以便能自由活动。

照看宝宝的人不宜经常变换

如果在婴幼儿期，照看宝宝的人经常变换，就会对孩子社会交往发育以及语言、玩耍、活动的发育能力造成损害。

当照看宝宝的人员变更时，孩子的生活环境和生活规律也常常发生变化。这一系列的变化会影响宝宝正常身心的发育。

最理想的状态是，孩子的母亲从孩子出生时一直都和宝宝在一起，悉心照顾和教育宝宝，让宝宝在深厚的母爱滋润下健康成长。

不宜过早让宝宝学走路

长期以来，人们普遍以为宝宝走路越早就表示宝宝越健康。不少家长为了使自己的宝宝尽早学会走路，很早就让宝宝学走路。其实这样的认识和做法恰恰是育儿的一个误区，对宝宝生长、发育极为不利。

宝宝运动功能的发育是个缓慢渐进的过程。宝宝的骨骼组织中含胶质多，含钙质少，骨质比较软，容易受外力的牵引而变形。其肌肉组织中，尤其是下肢及足部肌群比较娇嫩，肌纤维细软含水分多，故肌力欠缺。如果练习走路的时间过早，全身的重量必为双下肢所承受，由于垂直重力的持续作用，往往使双腿产生弯曲畸形，甚至形成“X”或“O”形。日常生活中，可见到一些家长为尽早锻炼宝宝下肢的运动功能，常用两手支撑宝宝两侧腋窝，助力向上，反复使之做“跳跃运动”，这对宝宝下肢畸形的形成和发展起着一定推波助澜的作用。另外，过早学走路也使宝宝双足弓遭受重力压迫，加之维护足弓部位的肌力又较软弱，可使足弓渐渐变得扁而平，易形成“平板足”。

宝宝学走早容易导致近视。这是因为宝宝出生后视力发育尚不健全，他们都是些“目光短浅”的近视眼，而爬行可使宝宝看自己能看清的东西，这便有利于宝宝视力健康正常地发育，相反，过早地学走路，宝宝因看不清眼前较远的物景，便会努力调整眼睛的屈光和焦距来注视景物，这样会对宝宝娇嫩的眼睛产生一种疲劳损害，反复则可损伤视力，这就好比近视眼不戴眼镜会使视力越发下降一样。

对宝宝多诱导少斥责

家长应多运用爱抚手段，积极诱导宝宝，避免宝宝出现消极情绪。快1周岁的孩子，与父母已形成了一定的依恋情感，父母的爱抚在一定程度上可以起到积极的教育与感召作用。

如果对孩子过多斥责，会使孩子产生消极、抵触或恐惧的情绪，不利于孩子身心健康。

因此，让孩子在父母的关爱中养成良好的行为习惯是至关重要。

保护宝宝的嗓子

每个父母都希望自己的宝宝有一副好嗓子，发出美妙动听的声音。然而，除了先天因素外，还需要知道如何做好声音的保健。

◉ 宝宝嗓子哑的原因　出现声音嘶哑现象的主要原因是宝宝没有学会科学发声，长时间用嗓过度或高声喊叫。宝宝的声带比较柔嫩，组织比较疏松，高声喊叫会导致声带充血、水肿。由于宝宝发育尚不成熟，在心理上却在逐渐摆脱依从状态，自我表现欲强，自我控制能力弱，很容易用嗓过度伤及声带。

◉ 穿着不当影响宝宝发音　宝宝衣服以宽松为主，这应在宝宝出生后就开始做起。有些父母让宝宝穿紧身的衣服，认为穿着好看，却不知道穿着太束缚，会使得宝宝的颈部、胸部和腰部受挤压，影响顺畅的呼吸而致发音不佳。

◉ 坐姿对发音的影响　要求宝宝坐时一定要有坐相，即背部挺直、头居中，这样呼吸和发声才流畅。如果弯腰驼背头向前倾，呼吸气流不会流畅，会使发声受到影响。

◉ 站姿对发音的影响　宝宝站着学说话时，头颈部必须挺直，不要把头往下压，否则会使颈部紧张度提高，致使声带拉紧，影响发声。最好的站姿是头往前方直视，颈部直起。

莫让宝宝经常看影碟

目前市面上专门给婴儿观看的影碟越来越多。商家声称，孩子早期看光碟，对发育有积极作用。但是孩子长期看婴儿光碟很可能会影响孩子的语言功能。

8～16 个月大的孩子观看婴儿影碟的时间越长，语言功能的发育就越差。如果父母每天给婴儿或者刚学走路的孩子至少讲一次故事，那么孩子语言发育测试的分数就会增加。

可见要想使宝宝健康发育，在孩子0～3岁期间，家长要多和孩子说话，多和孩子沟通，不能单纯依赖某些媒体节目。

宝宝爬高要阻止吗

蹒跚学步的宝宝对爬高有着浓厚的兴趣，但爬高会让宝宝面临许多危险。这时爸爸妈妈就得多费心，既要满足他攀登的欲望，又要确保他的安全无闪失。

攀高能够培养宝宝对空间的感觉。当宝宝成功地爬上沙发或是登上楼梯的台阶时，他对自己的身体与世界的关系又加深了一些了解，对如何

调整自己的动作以避免危险又多了一份认知。

宝宝爱爬高的天性是不容易遏制的，如果担心宝宝有危险，爸爸妈妈可以帮助他转向更为安全一些的活动。例如用几个纸盒子拼成隧道，让他在里边爬行。

如果宝宝对爬高不感兴趣，爸爸妈妈也不必担心，因为有些宝宝正是通过钻洞钻桌子来满足自己的探知欲的。最好是给予他适当的鼓励，在保证安全的前提下，帮助宝宝探索这个对他而言全新的世界。

宝宝蛮横不听话怎么办

◉ 宝宝常做的令大人头疼的事

❶ 扯头发；
❷ 扔东西、敲东西、咬东西；
❸ 抢别人的东西；
❹ 用脚踩踏物品；
❺ 撕书；
❻ 用手拧人；
❼ 胡乱摆弄东西；
❽ 玩弄宠物。

◉ 宝宝为什么这么蛮横　1岁左右的宝宝还不能用语言来明确表达自己的想法，只好用激烈的肢体语言来引起父母的注意。虽然父母感觉很头疼，但这毕竟是宝宝发育的必经过程。

◉ 家长要及时转换恼怒情绪　家长转换心情最有效的方法是做其他事情，比如深呼吸、喝水、给朋友打电话等，来转移注意力。如果这样做还是很烦躁，那就找块毛巾扔向墙壁，用这种对周围的人没有危害的方法发泄吧！

第三节　宝宝的喂养

断奶后的宝宝仍要喝牛奶

宝宝虽然断奶，但并不是所有的乳制品都不应吃了。因为宝宝还在生长发育，不能缺少蛋白质，而牛奶是优质蛋白质，也是人体钙的最佳来源，而且钙磷比例非常适当，利于钙的吸收，更利于宝宝的身体发育。所

以，宝宝还要喝牛奶，而且还不能太少。

11个月大的宝宝每天吃3顿奶、2顿辅食，或者2顿奶、3顿辅食。宝宝在出生之后是以乳类为主食，这个阶段要逐渐变为以一日三餐为主，早、晚牛奶为辅，再慢慢地转为完全断奶。因此这个时期可以吃软饭、面条、小包子和水饺等。每天的辅食应该变换花样，使宝宝有食欲。

对宝宝来说，吃什么都消化，才能吃什么都香。谷类、鱼肉，板栗、苹果、酸奶以及各种蔬菜，都是锻炼宝宝胃肠的好食物。它们或含有丰富的多种糖类，能增加宝宝肠道糖类消化酶的含量；或能刺激身体对蛋白质和肽类食物的消化和吸收；或能使胃肠道保持正常的酸碱度；或可直接提供有益菌。所以，爸爸妈妈要多给宝宝吃健胃的食物。

正确摄入脂肪

脂肪虽然是很重要的营养素，但摄入不合理，同样也会给宝宝的身体带来一定的影响和危害。爸爸妈妈在为宝宝制定食谱时，应考虑宝宝的需要量，不宜过多，也不宜过少。如果供给脂肪过多，会增加宝宝肠道的负担，容易引起消化不良、腹泻、厌食；如果供给脂肪过少，宝宝的体重不增，易患脂溶性维生素缺乏症。脂肪的来源可分为动物性脂肪与植物性脂肪两种。动物性脂肪包括动物肉、蛋、奶等，含饱和脂肪酸。植物性脂肪主要为不饱和脂肪酸，是必需脂肪酸的最好来源，应该多选用植物脂肪。

为宝宝补充含铁食物

每100克猪肝中含铁31.1毫克，蛋白质20.8毫克。猪肝中还含有丰富的维生素A和叶酸，营养较全面。但猪肝中也含有较多的胆固醇，一次不宜吃得太多。每100克蛋黄中含铁10.2毫克，蛋白质15毫克。蛋黄含有丰富的铁、锌和维生素D，如果不过敏的话，鸡蛋对宝宝来说是最重要的食物之一。

体质偏热或偏寒的调理

有的妈妈发现，宝宝喜欢饮水，经常会出现口腔溃疡，嘴边起泡，大便干结；还有的宝宝平时不爱喝水，大便经常不成形，肠胃也不好，一旦

受凉或吃得不合适就会拉肚子。到了夏天一吃冷饮胃里就不舒服，或者不能吃西瓜和梨，吃了就可能产生腹泻。这是为什么呢？这是因为宝宝的体质偏热或者偏寒。体质偏热的宝宝除了喜欢饮水，大便偏干外，还有舌质红，小便偏黄，怕热多动，有时口内有不消化的气味等症；体质偏寒的宝宝除了不喜饮水，大便不成形外，还有舌苔白厚，小便清长、怕寒少动等症。对体质偏热或偏寒的宝宝来说，可以通过中医方法来调理。

在饮食方面，不要经常挑选与体质相矛盾的食品：对体质偏热的宝宝，爸爸妈妈可以多挑选平性或寒凉性食品；对体质偏寒的宝宝，爸爸妈妈可以多挑选平性或温热性食品。但是爸爸妈妈要注意，从体质上说是正常的宝宝，也不要吃太多的热性食品或凉性食品，超过了人体的适应能力，同样会出现“食物伤人”的现象。

因此，既要根据不同的季节，又要根据个人的体质情况，合理地挑选不同性质的食品来组织一日三餐的食谱，才有利于促进宝宝的健康。

宝宝不宜多吃奶糖

人的一生要长两次牙，第一次长的是乳牙，第二次长的是恒牙。一般来说，小孩到两周岁时 20 个乳牙就长全了。

乳牙的骨质比恒牙脆弱得多，最怕酸性物质的腐蚀。奶糖就是酸性物质，并且极易黏附于牙齿上或牙缝中，导致婴幼儿乳牙疏松、脱钙，从而形成龋齿。另外，吃糖过多也会降低食欲，造成婴幼儿营养缺乏，因而危害很大。

不要在宝宝进食时逗他乐

在孩子进食时逗乐是非常危险的事，不仅会影响小儿良好饮食习惯的形成，还可能使小儿将食物吸入气管。

小婴儿误把奶液吸入气管，会发

生吸入性肺炎；大孩子如把花生米、瓜子仁呛入气管，会引起肺不张、窒息等。

在生活中，有的家长把黄豆、五香豆向上一抛，再张开嘴去接，表演给孩子看，孩子如果照此模仿，食物就可能误入气管，引起严重后果。

不要让宝宝偏食或挑食

我们日常吃的饭菜中，含有多种营养成分，若孩子偏食、挑食，则易缺乏某些营养素，不利于身体健康。

如果加以引导，就能逐渐改变孩子偏食、挑食的习惯。不要随便允许孩子剩饭，某些食物孩子不喜欢吃，可先少给他吃一点，以后逐渐增加，但不应轻易答应孩子不吃某些食品。也可用孩子的某些心理来进行引导，如果女婴不爱吃蔬菜，但她非常喜欢漂亮，你就告诉她，多吃蔬菜长得更漂亮，经过一段时间，她偏食的习惯就会渐渐改变。

◉ 偏食习惯对宝宝产生的危害

偏食的宝宝经常是爱吃的多吃，不爱吃的少吃，甚至不吃。这样饱一顿、饥一顿，易造成胃肠功能紊乱，从而影响消化吸收，若不纠正，可使婴儿生长发育迟缓，甚至停滞。

偏食可使婴儿食欲减退，久之可致营养不良或营养性贫血，抗病能力下降，容易患感染性疾病和消化道疾病。

偏食还能引起各种维生素缺乏性疾病。如不吃全脂乳品、蛋黄、豆类、猪肝等食物，或不吃胡萝卜、西红柿、绿色蔬菜等，可因维生素 A 缺乏而致夜盲症，严重者可引起角膜浑浊、软化、溃疡甚至穿孔，最终导致失明。

爱吃荤菜而不吃新鲜的绿叶菜、西红柿及水果的婴儿，可因体内缺乏维生素 C 而致坏血病。轻者牙龈出血，重者引起骨膜下、关节腔内及肌肉内出血，婴儿肢体疼痛、拒抱，影响肢体活动，严重时可引起骨折。

不吃鱼、虾、蛋黄、香菇等富含维生素 D 的食物，可致维生素 D 缺乏，如不及时补充与治疗，轻者婴儿多汗，夜啼，重者可抽风，并引起骨骼畸形，如“鸡胸”、“O”形或“X”形腿等。

宝宝不宜多吃巧克力

巧克力香甜可口，婴儿较喜欢，但巧克力不是婴儿的最佳食品。

巧克力是一种以可可油脂为基本成分的含糖食品，它的脂肪、糖、蛋白质含量分别为：30% ~40%、40% ~60%、5% ~10%。巧克力含较多脂肪，热量较高，是牛奶的7 ~8 倍。

巧克力不适合宝宝吃，是因为巧克力含蛋白质较少，钙、磷比例不合适，糖及脂肪太多，不符合婴儿生长发育的需要特点；其次吃过多的巧克力往往会导致食欲低下，影响婴儿的生长发育。偶尔吃点巧克力并不会引起不良后果，只不过别把巧克力当做营养佳品即可。

宝宝哭闹时不宜进食

为了制止孩子哭闹，有的家长采用往哭闹的孩子嘴里塞糖果或喂糖水，甚至用奶头堵住孩子嘴的做法，这样做会对孩子造成极大的危害。

孩子哭闹时，咽喉气道通畅，这时如果喂食，食物就会顺着气流被吸进气管，引发吸入性肺炎、肺气肿等疾病。因此，宝宝哭闹时不应喂食。

第四节　宝宝的能力培育与训练

语言能力训练

当宝宝能说一个字，如“球”时，你再加字组词，如“大球”，“皮球”、“红球”等，鼓励宝宝去选择。每次等宝宝伸手说“要”再给他。你可以采取上述的方法，提供各种物品让他选择，鼓励他说“要”。

让宝宝喊“妈妈”。“妈妈”这个词可联想各种含义，如叫一声“妈妈”，妈妈抱，妈妈给拿饼干，跟妈妈玩等。例如当宝宝看到爸爸的新衣时，他会指着衣服说：“爸爸”，你应说“对，这是爸爸的新衣。”要鼓励宝宝说最后一个音，加深他对已有词的印象。

感官能力训练

对11个月的宝宝，可开始培养他（她）对图画的注意和兴趣，可将图画上所画的东西与实物对照让其了解和认识，能说出名称更好。如图画中有梨或苹果，要拿出梨或苹果进行实物对照，并教他（她）说“这是梨”、“这是苹果”。图画旁若注有文字，也可开始认简单的字。如图画中有手，让宝宝看大人的手和自己的小手，教他说“这是手”，同时指“手”字让他认，以引导宝宝对书本和文字的注意力和兴趣。

运动能力训练

◉ 蹲和弯腰　让小孩站在床栏旁，训练他用一只手把床栏抓牢，固定好自己，同时蹲下或弯腰用另一只手去捡玩具。反复练习。

◉ 手的动作　把着宝宝的双手，让他五指分开，再握拳再分开，让他的五指逐个伸屈；边说边让宝宝模仿你做各种手的动作。如用手握住棍子、用棍子够取玩具等。

◉ 涂画　可给宝宝笔和纸玩，笔以彩色蜡笔为宜，先训练宝宝学握笔，先戳出小点，后乱涂乱画。

用手解开纸包的食品或糖果，慢慢地用手把纸剥开，使食物露出来放到嘴里吃。然后把纸包的食品放到宝宝面前，鼓励他剥开纸取出食物。

手部动作训练

首先训练宝宝有意识地将手中物品放下，父母可先做示范，然后引导宝宝去做。当宝宝能完成该动作后，再训练宝宝将手中物品有意识地投入特定的器皿中。先让宝宝坐好，在宝宝面前放一小盒子或其他一些小容器，父母将一些小物品如彩色纸片、糖果纸等放在手掌中，让宝宝拿取，并引导宝宝将纸片放入盒中。也可选用带孔的盒形玩具，让宝宝将手中物品从孔中投入盒形玩具内。

训练用手能力时，父母可选用与宝宝一道做游戏的方法，让宝宝在游戏的过程中学习手的多种用途。选一带盖的盒子，让宝宝将物品放入盒内后，将盖子盖起来。父母先做几次示范，再让宝宝模仿。也可让宝宝推玩具车，翻看彩色的画片。

认知能力训练

买一大盒塑料积木，示范堆积木给宝宝看，边做边说："大的在下，小的在上。"并堆起两块做个样子，放在一边，让宝宝也拿同样大小两块积木照样子堆积木。玩后将积木放回盒内。

训练宝宝指认图中小白兔的长耳朵、大象的长鼻子、娃娃的大眼睛等。父母除了告知图中的物名外，还要让宝宝注意事物的特点。复习几次后，可以问"兔子有什么?"宝宝会指耳朵作答。

利用讲故事、做游戏、念儿歌等方式，让宝宝认识身体的各部位，包括面部的五官、手、肚子等，并让宝宝触摸自己的身体或洋娃娃的身体部分。训练者用小刷子、海绵块或吹风机刺激宝宝身体的各个部位，加强其对身体部位的认识。

看身体各部位的图片，唱"五官歌"："好宝宝，跟着我，拍拍手，摸摸头，摸摸脸，摸着眼睛看不见；摸摸耳，摸摸鼻，摸着嘴巴笑呵呵；挥挥手，how are you? 跺跺脚，快快走。"训练者与宝宝边唱，边看，边做动作。

感知能力训练

三形板上有圆形、方形、三角形等三种形状的孔和相应的三块形板。把三形板放在宝宝面前，训练者把三形板的形块当着宝宝的面取出来，让他抚摩、玩耍，从而认识不同形状的形板。

把三形板放在宝宝面前，训练者示范将圆形的形板从洞穴中取出来，然后让宝宝用手把圆形块取出来。再继续取出其他的形块。当宝宝能取出形块时训练者要及时予以称赞、表扬。

宝宝会竖起中指和食指以表示要两个东西大概要到周岁前后了。常常是要两块饼干，两根虾条之类的小食品。宝宝还不会说，但是会用手指去表示，即竖起中指和食指表示要两个。学会这个动作也要大人先作示范，如只竖起食指就给 1 个，竖起中指和食指就给两个。宝宝通过手势与食物的联系就懂得要两个时就要竖起两个指头。这时宝宝还不会讲话，但他很会用姿势表示意愿，所以教会宝宝"要两个"时竖起两个指头是非常容易学会的。如果完全没有人给予示范，宝宝难以自发地学会。所以是否适时给予能够接受的指导就有了差别。

空间立体能力训练

准备物：比较结实的底浅、面积稍大的纸盒一只，玩具数个。

让宝宝将大纸盒里的玩具随意地拿进取出，开始可能要妈妈示范给宝宝看。当宝宝把大纸盒里的玩具拿出来时，你可逗引宝宝爬进纸盒里，“这是宝宝的家”，让他坐一坐，扶着站一站。当宝宝把玩具装进大纸盒里时，你可教宝宝推动大纸盒，“嘀嘀嘀，大卡车开来了，送货来啦?”

这是一个很有趣的综合训练游戏，宝宝非常喜欢。等宝宝懂得玩法后，可鼓励他单独玩。要注意环境安全。

行为能力训练

在给宝宝脱鞋或脱袜时，先让宝宝自己练习脱，这是他很喜欢的一件事。开始时他只会用两脚互相蹬踢，把鞋袜踢下来。一定要让他练习用手脱掉鞋子和袜子，训练者可以给予辅导和帮助，逐步让他自己能完成脱鞋袜的事情。

训练者和宝宝都坐在地上，训练者先把鞋子脱掉，站起来光着脚走路，说：“脱掉鞋走路真舒服啊!”鼓励宝宝也用手脱掉鞋子站起来。

智力训练

这个阶段与宝宝玩的都是很简单的家庭游戏，但爸爸妈妈不要忽视这些游戏的作用，它对宝宝的益处是巨大的。

◉ **搭积木游戏**　训练宝宝的观察力和手部肌肉。这个游戏主要是训练宝宝的观察力和手部小肌肉动作的灵活性，锻炼宝宝对手部动作的控制能力，并理解物体与物体之间的关系。游戏时，妈妈或爸爸先给宝宝两块积木，让宝宝把一块积木摞在另一块积木上。再给宝宝一个乒乓球，让宝宝把乒乓球再摞在第二块积木上，无论怎么放，结果都是乒乓球从积木上掉下来。这时，妈妈或爸爸再给宝宝一块小积木，宝宝一摞就摞上去了。成功给宝宝带来喜悦，同时也使宝宝对不同物体的不同性质有了初步的认识，尽管宝宝还不清楚物体的几何形状，但这样的直接体验对将来的学习具有重要意义。

◉ **摇摆舞游戏**　这个游戏主要是训练宝宝大动作与平衡的能力，培养

宝宝对音乐的节奏感。游戏时，妈妈或爸爸先让宝宝坐在床上，放一段宝宝最爱听的、节奏明快的儿童音乐。然后妈妈或爸爸用手扶着宝宝的两只胳膊，协助宝宝左右摇身摆动，多次重复后，逐渐让宝宝自己随着音乐左右摆动。只要宝宝能独自站立20秒以上，就可做这个游戏，但在游戏时要时刻监护着宝宝，要让宝宝既能随着音乐的节奏左右摇晃，又不至于跌倒。

◉ **翻画册游戏** 训练宝宝的综合能力。妈妈一边一页一页地翻画册，一边用手指指着画册上的小动物，告诉婴儿动物名称，并学这个动物的叫声。慢慢地，婴儿开始模仿妈妈，也开始这样翻画册。翻过一页后，看到画册上的动物，让孩子指着小动物达到练习婴儿伸手指的目的。问孩子这个小动物叫什么名字，再想想它是怎么叫的。翻下一页时，妈妈在一旁先问一问："宝宝猜一猜，下一个是什么动物啊？""是啊，该是什么动物了？"由此，宝宝开始练习记忆。这是练习手指灵活性的简单有趣的活动，锻炼了手的灵活运用能力、观察事物的能力、思维能力、记忆能力。所以，这个简单的游戏，训练了宝宝综合的能力。

第五节　宝宝的常见问题与应对

宝宝胃肠炎的护理

胃肠炎症状包括呕吐、恶心、腹泻、腹部抽搐和食欲不振。宝宝患胃肠炎最普通的原因是感染病毒，集体生活中的宝宝很容易罹患，并快速扩散。胃肠炎也可能是肠胃直接受到细菌感染，通常是来自受污染的食品，称为食物中毒。胃肠炎也可能是其他感染的征候，例如，流行性感冒，这是感染的细菌经由血液扩散到肠道。当流行性感冒的征候中带有呕、泻时，通常称为"胃肠型流行性感冒"。胃肠炎是喝牛奶的宝宝最易患的病，通常是由喂奶用具消毒不严格所引起。那么如何护理得了胃肠炎的宝宝呢？

❶ 停止食物和牛奶的摄入，每隔

15分钟要给宝宝喝少量的水，以防脱水。

❷ 让宝宝躺在床上，床边放个容器，以便他呕吐时用。

❸ 每次上厕所后要洗手，以免感染扩大。

❹ 如果宝宝吐、泻6小时以上，而又不能以流质食物控制症状时，要立即请医师诊治。

❺ 如果宝宝住院，要陪护他。

❻ 要注意卫生细节，如果给宝宝喂奶粉，要消毒所有器具；在为宝宝备食前要洗手。

❼ 避免给宝宝酸性饮料，如橘子水和葡萄汁，它们会刺激胃部。

宝宝乳牙迟出

正常的婴儿，一般半岁开始就要出牙，早的甚至在出生4个月时就开始出牙，而晚的在10个月时出牙，极个别晚的在11～12个月时出牙。排除疾病原因的话都属正常。通常情况下，如果超过10个月仍未出牙。医学上称为“乳牙迟萌”，一般要到医院诊断了。

“乳牙迟萌”主要和孩子自身的发育状况和身体功能有关。孩子发育好，出牙就及时，牙质优良；反之，出牙就延迟，牙质欠佳。孩子乳牙迟萌常见的原因有：

❶ 缺钙，这是最常见的原因。

❷ 内分泌代谢障碍，如甲状腺功能低下也会妨碍牙胚形成，延迟乳牙萌出。

❸ 神经系统功能紊乱、某些传染病以及先天性骨骼发育不全等，都会使牙齿生长发育受到影响。

因此，要想使小儿萌生出一副健美的牙齿，必须做到：首先是在孩子出生以前，孕妈妈要做好自身的保健工作，从怀孕后6周就要开始每天注意摄入充足的蛋白质、维生素及各种矿物质，尤其是要注意补充钙质，以免缺钙影响胎儿。再者在孩子出生后，注意加强孩子体格锻炼，让他多晒太阳，要注意膳食的平衡，适当多吃含钙食物。可以适时喂孩子一些面包干、饼干等，这样可以锻炼牙齿，有利于婴儿乳牙及时顺利地萌出。

宝宝惊厥怎么办

惊厥又称抽风、惊风，是3岁以前婴幼儿常见的症状，常令家长非常恐慌与紧张。

发现小儿惊厥，家长千万不要慌乱，不要用力拍打和摇晃小儿，也不要使劲搂紧孩子，而是要将小儿平放，将头歪向一侧，使口腔分泌物流出来，保持呼吸道通畅，使孩子能呼吸到新鲜空气，防止窒息。在按压人中时要用拇指指腹中等用力压按，不要用指甲用力掐压，以防损伤孩子的上唇。父母不要把手放入病儿口中，以防咬伤。在送医院途中要给予相应的降温处理，如枕凉袋、酒精擦浴等。

惊厥如为高热惊厥，多发生在发病初期体温急骤升高时（39℃～40℃），发作时间多较短暂，大多发作一次，但也有多次发作者，所以退热要迅速，特别是在发作时。

有些孩子无明显原因突然发作时，要警惕是否有误服药物或有毒物质的可能。

宝宝拒绝服药的应对办法

宝宝常常会拒绝服药，爸爸妈妈要掌握一些技巧才行。在喂宝宝液体药物时，先在滴器或注射器中装入正确的药量，将它放在你身旁的桌子上，将宝宝抱在腿上，面对着你，双腿置于你身体的两侧。让他的背靠在你的膝上，如此他的头就会比身体稍低。将装药的容器塞入他的脸颊和牙床（或牙齿，如果他有的话）之间。喂他一点药，同时轻吹他的脸。吹拂会导致一种让他吞咽的反射动作。继续一边轻吹，一边将剩余的药喂完。对于非常小的宝宝，可使用一种具有类似奶嘴的瓶嘴装置，将药装在剂量瓶中，然后装上瓶嘴，宝宝就会像从奶瓶吸奶一样吸吮药液。

宝宝患异食癖怎么办

异食癖是指婴儿和儿童在进食过程中逐渐出现的一种特殊的嗜好，对通常不宜取食的异物，进行难以控制的咀嚼与吞食。发病年龄以幼儿为多，但学龄儿童亦可见到。

异食癖患儿常喜食煤渣、土块、墙泥、砂石、肥皂、纸张、火柴、纽扣、头发、毛线以及金属玩具或床栏上的油漆等，对较小的物品能吞食下去，较大的物品则舔吮或放在口里咀嚼。他们不听从家长劝阻，常躲着家长偷偷吞食异物。一般合并临床症状为食欲减退、疲乏、腹痛、呕吐、面黄肌瘦、便秘和营养不良等。

小儿异食癖可能与不良生活习惯、缺乏铁与锌、患肠内寄生虫病等因素有关。

宝宝擦烂红斑

有些白白胖胖的婴儿，惹人喜爱。可就是这样的孩子，往往发现在其颈部、腋下、腹股沟，臀部等部位有红斑，轻度浮肿，边界清楚，重的表现为糜烂、渗出，甚至感染化脓。

擦烂红斑护理不好，一时很难痊愈。护理时应先清洁干燥皱褶部位的皮肤，然后经常扑些单纯扑粉，减少相互摩擦。局部红斑可用3%硼酸溶液擦洗，再扑些单纯扑粉或六一散，炉甘石洗剂。若糜烂渗出，则用3%硼酸溶液湿敷，待干后再扑些婴儿爽身粉。若有感染可局部用0.1%雷凡诺尔湿敷，一般不要用紫药水。

宝宝患尿路感染

肾盂肾炎、膀胱炎和尿道炎统称为尿路感染。由于婴幼儿期的生理解剖特点以及无法预告大小便、缺乏卫生观念等因素，容易发生尿道感染并有上行感染。当宝宝有原因不明的发热时，应首先怀疑此病。此病发病率女孩高于男孩。

◉宝宝尿路感染的主要表现 婴儿发生尿路感染时，全身症状常伴有腹痛、呕吐、发热等，局部可表现为尿道口红肿、尿频、尿急、尿痛或血尿，因尿频而致尿布疹，宝宝排尿时哭闹，尿恶臭。

◉宝宝尿路感染的防治护理 婴儿应及时更换尿布，经常清洗会阴部，保持局部干燥。及时治疗尿布皮炎。

不穿开裆裤，纠正小儿玩弄生殖器的习惯，给宝宝洗澡时应将男孩的包皮翻开洗净。

尿道口发红可涂复方红汞，或用1:5000的高锰酸钾水坐洗。

鼓励宝宝多饮水和排尿，应注意某些患儿有因排尿痛而故意抑制排尿的现象。

到医院化验尿液，确诊后服用抗生素治疗。一般疗程为10~14天。

宝宝患麦粒肿

麦粒肿俗称“针眼”，是眼皮的皮脂腺肿胀的一种炎症。它是由于受到细菌感染而造成的，可发生于任何年龄。麦粒肿可能由于接触患者而被传染，如果该患者碰触受感染部位，然后又碰到他人的话他人即被感染。其症状包括肿胀、上眼皮或下眼皮边缘红肿疼痛、对强光敏感、流泪频繁。如果宝宝患了麦粒肿的话，要尽快带宝宝看医生，并请医生处理。为防止该病，每个人都要经常洗手，别共用毛巾，避免刺激物，如香烟和强光。

小儿麻痹症的预防

小儿麻痹症即脊髓灰质炎，是由脊髓灰质炎病毒（Ⅰ、Ⅱ、Ⅲ型）感染所引起。病毒主要侵犯脊髓前角的运动神经细胞，致使小儿瘫痪，故称小儿麻痹症。传播途径主要是消化道，病毒随患者的粪便排出体外，通过被污染的食物、手、苍蝇等途径传给小儿。夏秋季多见。

小儿麻痹症的主要症状是发热，2～3天后热退，出现手足麻痹，有时候麻痹会逐渐恢复，但大部分患儿都会留下或轻或重的后遗症。

❶ 一旦发热、瘫痪，应立即送医院诊治。

❷ 报告疫情，隔离病儿：病儿应卧床休息，瘫痪肢体保持功能位，以防畸形。加强饮食卫生和个人卫生。

❸对有后遗症者，可进行针灸、推拿、功能锻炼等。畸形严重者，可手术矫治。

❹ 预防接种：小儿出生后两个月服糖丸，连服 3 个月，7 岁时加强 1 次。与病儿有过密切接触而又未服糖丸疫苗的小儿，在接触后 3 日内可肌注免疫球蛋白，以减少或减轻症状。

第十三章 12个月宝宝的养护

第一节 宝宝的生长发育特点

体格发育

◉ 身高　这个月男宝宝的身高平均为77.3厘米，女宝宝平均身高为75.9厘米。

◉ 体重　这个月男宝宝平均体重为10.1千克，女宝宝的体重平均为9.5千克。

◉ 头围　这个月男宝宝的平均头围为46.5厘米，女宝宝的平均头围为45.4厘米。

◉ 牙齿　1岁的宝宝一般已长出4~8颗牙。

◉ 腰部脊柱前凸　成人或大孩子的体型呈曲线形，这主要是由于脊柱有三个生理性弯曲而形成的。有两个生理性弯曲，即颈部脊柱前凸和胸部脊柱后凸，已分别在出生后3个月左右会抬头时，以及6个月左右会坐时形成。到了1岁左右时，宝宝就开始练习直立行走，在身体重力等作用下，脊柱出现了第三个生理性弯曲——腰部脊柱前凸。虽然1岁左右第三个弯曲已经出现，但由于脊柱有弹性，再加上宝宝骨头柔软稚嫩，在卧位时弯曲仍可变直。而且脊柱的3个弯曲一般要到宝宝6~7岁时才固定下来，所以，爸爸妈妈要从宝宝小的时候开始，让宝宝保持正确的坐、立、走的姿势，使宝宝有一个挺拔健康的身姿。

语言发育

12个月的宝宝喜欢嘟嘟叽叽地说话，听上去像在交谈。喜欢模仿动物的叫声，如小狗“汪汪”、小猫“喵”等。能把语言和表情结合起来，他不想要的东西，他会一边摇头一边说“不”。

这时的宝宝虽然不能够理解大人说的很多话，但对大人说话的语调能够理解。一般来说，妈妈知道他说的是什么，比如他说“外”，意思是想到户外去玩，妈妈此时要告诉他正确的话该怎么说。

人际行为发育

要东西时，孩子能主动给，并会松手把东西放在家长手中；穿衣知配合，如穿上衣时手会伸向袖口，穿裤子时，会把腿伸直作配合。

视觉发育

这个时期的宝宝能从有限的信息中知道形状、颜色等内容，能看明白他人的脸部表情，视觉的空间关系各个方面也更加精确。

大动作发育

放松支持宝宝的双手，宝宝能独自站立10秒钟以上。牵一只手，能向前行走3步以上。

心理发育

12个月的宝宝喜欢和爸爸妈妈一起玩游戏，看书画，听大人给他讲故事。喜欢玩捉迷藏的游戏。喜欢认真地摆弄玩具和观赏实物，边玩边咿咿呀呀地说着什么。有时发出的音节让人莫名其妙。这个时期的宝宝喜欢的活动很多，除了学翻书、讲图书之外，还喜欢搭积木、滚皮球，还会用棍子够玩具。如果听到喜欢的歌谣就会做出相应的动作来。

12个月的宝宝，每日的活动是很丰富的，在地上从爬、站立到学行走的技能日益增加，他的好奇心也随之增强，宛如一位探查家，喜欢把屋子里每个角落都了解清楚。

为了宝宝心理的健康发展，在安全的情况下，应尽量满足宝宝的好奇心，要鼓励他的探索精神不断发展，千万不要随意恐吓宝宝，以免伤害他正在萌芽的自尊心和自信心。

此时的宝宝喜欢会动的东西，比如汽车、鸟和小动物。还喜欢模仿穿鞋、梳头、吃饭和洗脸等等。宝宝更喜欢看电视，他还看不清，看的是活动的、色彩鲜艳的画面，如广告、动画片等。但不能让宝宝长时间看电视，因为宝宝看电视是单方面地接受信息，不能对话，不能动手，不能参与，这对宝宝的发育是不利的。

这个年龄的宝宝能较短时间地记忆，妈妈教他什么，可能几天就忘了。记忆需要培养，宝宝对感兴趣的东西就记得比较好，强迫他记的事物就容易忘。妈妈在训练宝宝的记忆力时，一定不要忘了这一客观规律。

精细动作发育

捏住小丸能往瓶里放，但不一定成功，能全掌握笔在纸上画，能留下笔道。会将瓶盖翻正后盖在瓶上，但不能拧紧。

宝宝的睡眠变化

12个月的宝宝每天需睡眠12～16小时，白天要睡两次，每次1.5～2小时。

有规律地安排宝宝睡和醒的时间，是保证良好睡眠的基本方法。所以，必须让宝宝按时睡觉，按时起床。睡觉前不要让宝宝吃得过饱，不要玩得太兴奋。睡觉时不要蒙头睡，也不要抱着摇晃着入睡，要让宝宝养成良好的入睡习惯。

第二节　宝宝的日常护理

提高宝宝的运动能力

一般的家长很容易把宝宝智力的发展同看图识字、数数、背诗等联系在一起，但却很少会与运动联系起来，而事实上运动对宝宝的智力发展非常重要。

运动锻炼了宝宝的骨骼和肌肉，促进了身体各部分器官及其功能的发育，发展了身体平衡能力和灵活性，

从而促进大脑和小脑之间的功能联系，促进脑的发育，为智力的发展提供了生理基础。所以宝宝的运动能力又常被当做测量智力发展的主要指标。

宝宝满周岁后，运动能力明显提高，爬得更灵活，站得更稳，能迈步行走、转弯、下蹲、后退等。宝宝这时不仅会在运动中探索认识周围的环境，而且对周围的环境开始产生一定的影响。宝宝从学会使用工具逐渐发展到了制造工具，主动性、创造性都得到了发展。宝宝在各种运动中不断尝试到了成功的喜悦，情绪会非常愉快兴奋，自信心也得到加强，比如宝宝兴奋地享受着被大人追逐的感觉，大笑大叫地从滑梯上滑下来等。

此外在运动中，宝宝接触其他的小朋友，并在大人的指导下逐渐学会了与人交往的点点滴滴，这将促进宝宝的社会性的发展，而社会性的发展又可促进宝宝独立性的发展，共同为宝宝进入幼儿园，加入儿童集体做好准备。

父母应提供机会让宝宝多运动，同时应注意运动内容和方式的丰富多样，充分调动宝宝的兴趣，并可在运动中加强宝宝对语言的理解，激发宝宝的想象力。

为宝宝学走路提供安全的环境

宝宝开始学走路时，所碰到的危险会更多。除了居家环境的安全外，父母也可帮宝宝穿上防滑的鞋袜，以减少宝宝跌倒。

◉ **阳台上要安装围栏** 宝宝一旦学会走路，肯定会到处乱走。父母要特别留意阳台对宝宝的潜在危险。如果阳台没有围栏，或栏杆高度在85厘米以下，或栏杆间隔过大（超过10厘米以上），或阳台上摆小凳子，就很容易导致危险。

◉ **家具的摆设** 家具的摆设应尽量避免妨碍宝宝学习走路。父母应将具有危险性的物品放置在高处，或妥善收藏，并且留意家具是否带有尖锐的棱角，以防宝宝发生碰撞。

◉ **门窗的安全处理** 宝宝容易在开关门中发生夹伤，父母可使用门防夹软垫来避免危险。窗户上也要有安全围栏，以免宝宝爬到窗户上发生跌落事故。不要让宝宝玩窗帘绳，以免发生被绳子缠绕造成窒息的危险。

宝宝的活动要有规律

宝宝没有什么复杂的活动，主要活动是3件大事：睡觉，吃，玩。睡眠方面，宝宝一昼夜要睡13～14小时，白天2次，上、下午各1次，每次约2小时。饮食1天5次，两餐之间间隔约3～4小时。在宝宝的活动中，每日应有2小时以上的户外活动时间。

不要让宝宝经常待在家里

这个月的宝宝不仅好奇，而且好动、爱玩，妈妈要适当带宝宝到公园或者郊外玩耍，这既能增强宝宝的体质，也能发展宝宝的个性。

爸爸妈妈可以带宝宝到街上看城市的建筑物、行驶的车辆或者路边的商店；也可以带宝宝到公园，看各种花草，玩一玩滑梯，或者跟别的宝宝一起游戏，这样不仅能锻炼宝宝的身体，而且能增进宝宝与他人之间的交往，更重要的是还能扩大宝宝的眼界，丰富宝宝的见识。

莫让宝宝穿金带银

细心的人不难发现，如今手腕上戴着银手镯，脚腕上戴着银铃铛，脖子上套着金项圈、长命锁等金银饰品的宝宝多起来了。这些对宝宝健康十分不利。金属本身对人的皮肤就有刺激，会使婴幼儿发生皮肤过敏。

宝宝如果常戴手镯、项圈，还容易长湿疹。宝宝戴饰物还存在不安全的因素，比如咬下铃铛吞下去，这是很危险的。

夏天气温高时容易出汗，宝宝佩戴饰物容易长痱子，从而产生不适感，会出现哭闹、烦躁等现象。因此，不提倡给婴幼儿佩戴金银饰物。

让宝宝学习穿衣服

这个阶段，宝宝在动作方面有了长足的进步，开始在吃饭和穿衣等自我照顾方面表现出一些独立意识。在心情好的时候，家人帮宝宝穿衣服时，宝宝会有一些肢体配合，表现为伸出脚穿鞋，将胳膊伸直或伸进袖子里，不久便会自己将腿伸入裤子内。

有些宝宝不主动配合穿衣服，仍然等着大人给穿，这时用布娃娃示范可使宝宝学得更有兴趣。妈妈说：“宝宝，你看娃娃真懒，不会自己穿

衣服。你做给它看，让它向你学习。”宝宝很乐意当娃娃的老师，他会努力做给娃娃看，从而学会了主动伸手穿衣和主动伸腿穿裤。宝宝做好了要让他坚持下去，每次穿衣服时把娃娃放在前面，让娃娃看着宝宝怎样穿，他会越来越熟练地自己穿上两只袖子。宝宝暂时还不会系扣，待2岁半前后会慢慢学会。

让宝宝自己用手脱去鞋袜，而不是用脚将鞋袜蹬掉。用手去脱可以将鞋袜放好，用脚蹬掉的鞋袜就难以找回来。宝宝能够坐在地上或小椅子上先将鞋脱去，然后把袜子脱去，把袜子塞进鞋里，把鞋放在平时放鞋的地方，然后再坐下来玩，养成把东西放在固定地方的习惯。宝宝越早学习自理能力，将来就越能干。

◉ 碳酸饮料　碳酸饮料有可能导致糖尿病和肥胖，还含有磷酸，会损害牙齿，导致骨质疏松。

如果宝宝经常喝碳酸饮料，饮料中添加的化学甜味剂还容易导致孩子学习能力低下和神经紊乱。

◉ 少让宝宝使用抗菌皂　抗菌皂之所以能抗菌，是因为含有少量有毒物质，这对神经系统正在发育的宝宝有害。最好让宝宝使用自然香皂，少用抗菌皂。

◉ 防晒霜中的遮光剂　许多防晒霜中的遮光剂能导致皮肤癌，遮光剂还阻挡紫外线，使人体皮肤不能正常制造维生素D，影响宝宝骨骼生长。

◉ 洗衣剂　洗衣剂中含有很多有毒物质，其中的香味剂就属于致癌物质，还对宝宝健康有害。

◉ 空气清新剂　空气清新剂含有致癌物质，能够导致哮喘和其他呼吸系统疾病。

最好不要在宝宝的房间使用空气清新剂，需要时可以用橘子皮或菠萝皮来代替。

排除意外事故的隐患

❶ 室内的取暖设备、家用电器、各种电门开关、易碎物品、易倒物体、热水、明火等，都要避免让宝宝触及。购买有防儿童开启装置的家用电器。电源插座和尖锐的桌椅拐角套上儿童保护套。

❷ 小的陈列柜，如果比较轻，有劲的婴儿可能会把它推倒，把自己压在下面。

❸ 爸爸放在烟灰缸里的未完全熄灭的烟头，可能会让宝宝拿到手里，放到嘴里，不但会烫了宝宝，还可能把烟头吃进去。

❹ 爸爸吸着烟抱宝宝，烫伤宝宝的事情时有发生。吸烟对宝宝的危害，还不仅仅是安全问题，婴儿被动吸烟，对宝宝的健康危害也是很大的。所以，有宝宝的家庭，最好不要吸烟。

❺ 卫生间里放着一盆水，婴儿如果掉进水盆里，水呛到气管就有发生危险的可能。所以，不要把有水的盆子放在地上。浴缸不要存水，要随时排尽。

❻ 卫生间的坐便器最好用防儿童锁锁上盖，防止宝宝头朝下跌入。

❼ 烫伤是最令亲人心痛的，可偏偏容易发生，刚刚煮开的奶或粥，放在婴儿能够到的地方，婴儿就有可能把手伸进去抓，也会把锅扒翻，滚烫的奶或粥会烫伤宝宝的皮肤。

❽ 把暖水瓶弄翻，这是在生活中常遇到的危险。

❾宝宝误服药物、化学物品也是很常见的意外。一定要保管好家庭常用药品及家用消毒剂、清洁剂、洗涤剂、杀虫剂等，避免宝宝误服。

❿脑外伤是最令亲人担心的，可是防不胜防。从高处坠落以及高空坠物砸伤是脑外伤的主要原因。

第三节　宝宝的喂养

断乳前后宝宝饮食的衔接

有的妈妈认为断乳了，就一点也不能给宝宝吃了，尽管乳房很胀，也要忍。其实，如果服用维生素 B_6 回奶，婴儿可继续哺乳，出现乳房胀痛时，还是可以让婴儿帮助吸吮，能很快缓解妈妈的乳胀，以免形成乳核。

断奶并不意味着就不喝牛奶了。牛奶需要一直喝下去，即使过渡到正常饮食，1 岁半以内的婴儿，每天也应该喝 300 ~ 500 毫升牛奶。所以，这个月的婴儿每天还应该喝 500 ~ 600 毫升的牛奶。

最省事的喂养方式是每日三餐都和大人一起吃，加两次牛奶，可能的话，加两次点心、水果，如果没有这样的时间，就把水果放在三餐主食以后。有母乳的，可在早起后、午睡前、晚睡前喂奶，尽量不在三餐前后喂，以免影响进餐。

这个月婴儿可吃的蔬菜种类增多了，除了刺激性大的蔬菜，如辣椒、辣萝卜等外，基本上都能吃，只是要注意烹饪方法，尽量不给婴儿吃油炸的菜肴。随着季节吃时令蔬菜是比较好的，尤其是在北方，反季菜都是大棚菜，营养价值不如大地菜。最好也随着季节吃时令水果，但柿子、黑枣等不宜给婴儿吃。

保持食品营养的方法

精米、精面的营养价值不如糙米及标准面粉，因此主食要粗细搭配，以提高其营养价值。淘大米尽量用冷水淘洗，最多 3 遍，并不要过分用手搓，以避免大米外层的维生素损失过多。煮米饭时尽量用热水，有利于维生素的保存。吃面条或饺子时，也应连汤吃，以保证水溶性维生素的摄入。

各种肉最好切成丝、丁、末、薄片，容易煮烂，并利于消化吸收。烧骨头汤时稍加醋，以促进钙的释出，利于宝宝补钙。

要买新鲜蔬菜，并趁新鲜洗好、切碎，立即炒，不要放置过久，以防水溶性维生素丢失。注意：要先洗后切，旺火快炒，不可放碱，少放盐，尽量避免维生素被破坏。

烹调肉菜时，应先将肉基本煮熟，再放蔬菜，以保证蔬菜内的营养素不致因烧煮过久而破坏太多。

让宝宝开始吃“硬”食

宝宝的咀嚼能力是在不断的运动中获得发展强健的。父母总是担心宝宝不能这样不能那样，喜欢给宝宝易嚼的食物，其实这是对宝宝能力的低估。宝宝此时已有8颗左右的乳牙，已经有了一定的咀嚼能力。适当给宝宝一定硬度的食物如烤薯片，干面包、饼干等，这样就给了宝宝锻炼牙齿的机会，在不断的练习中宝宝的咀嚼能力将会变得越来越强。应注意的是此处的硬物是不包括榛子、核桃等过硬的东西的，这样的东西不容易被嚼碎，易损伤宝宝的牙齿。

在让宝宝逐渐适应不同硬度的食物时要有耐心，不可过高估计他们牙齿的切磨、舌头的搅拌和咽喉的吞咽能力。固体食物应切成半寸大小，太大时很容易阻塞咽喉。硬壳食物至少要到4~5岁时才适宜吃。

注重天然加工的食物

从一定意义上讲，人工处理过的食物，有时甚至比养分流失的食物更无益，所以说天然而未经处理的食物最能保持其原有的养分。由于宝宝的身体还未发育成熟，对于食物的代谢比不上成人迅速，因此，人工添加物及一些不明物质，可能会给宝宝造成身体上的伤害。无论采取什么手段加工和烹饪菜肴，所用食品的养分在处理过程中，都会在所难免地流失一部分。因此，爸爸妈妈在为宝宝准备适合的菜肴时，应选择最新鲜的原料，多用蒸、煮等最简单的方式，少用或不用煎、炸、烤等加工和烹饪方式。

宝宝要多吃点蛋

完整的记忆是事物在中枢神经系统留下的痕迹，记忆力的强弱与乙酰胆碱有关。乙酰胆碱对大脑有兴奋作用，使大脑维持觉醒状态并具有一定的反应性，也可促使条件反射巩固，从而改善人们的记忆力。蛋黄含有卵磷脂和甘油三酯，卵磷脂在肠内被消化液中的酶消化后，释放出胆碱，胆碱直接进入脑部后与醋酸结合生成有

助于改善记忆的乙酰胆碱。这里主张儿童要多吃蛋，是为了使他们的智力发展得更快更好。

宝宝总吃煮鸡蛋，就厌烦了，可以变着花样做给宝宝吃。

注重饮食效果

在生活中，有许多同月生的宝宝，有的胖乎乎、圆滚滚，而有的却较瘦或比较适中。体重问题一方面取决于遗传、疾病等因素，另一方面就是取决于营养。但对一个体重超标的宝宝而言，禁食不如择食好。宝宝体重过重时，妈妈应给宝宝选择含热量少，但营养均衡的食物；而对于体重相对不足的宝宝，增加热量及营养均衡二者并重才是最根本的解决办法。

给宝宝的辅食安排

爸爸妈妈要注意让宝宝获得恰当的食物和营养，如肉泥、蛋黄、肝泥、豆腐等含有丰富的蛋白质，是宝宝生长发育必需的食品；而米粥、面条、米饭等主食是宝宝补充热量的来源；蔬菜可以补充维生素、矿物质和纤维素，促进新陈代谢，促进消化。所以，宝宝的一日三餐都要包含这几类食物。

睡前吃东西害处多

1岁左右的孩子一般都断奶了，有的家长总担心孩子的营养不够，怕影响孩子的生长发育，千方百计地想让孩子多吃一点，长胖一点。有的妈妈生怕孩子睡觉时肚子饿而睡得不踏实，就在睡前给孩子再吃一些食物，殊不知这种习惯很不好，因为孩子到了睡觉的时间吃着吃着就睡着了，嘴里含着食物，特别容易使牙齿坏掉。

另外，睡前吃东西也不利于食物的消化和吸收，因睡觉前人的大脑神经处于疲劳状态，胃肠消化液分泌会减少。因此，睡前吃东西由于胃肠道的负担加重，使小儿撑得难受，睡不安稳，影响睡眠质量。这里提醒家长注意的是，充足的睡眠是促进小儿生长发育的重要保证，为了小儿的健康，睡前不要给孩子吃东西。

补充营养的注意事项

爸爸妈妈在给宝宝补充营养时，要注意以下这些问题。

❶ 豆制品：豆制品虽然含有丰富的蛋白质，但是所补充的主要是粗质蛋白，婴儿对粗质蛋白的吸收利用能力差，吃多了，会加重肾脏负担，最好一天不超过50克豆制品。

❷ 断奶不断奶制品：宝宝快1岁了，从以乳类为主食的时期，开始逐渐向正常饮食过渡，但是，这并不等于断奶制品。即使不吃母乳了，每天也应该喝牛奶或奶粉。

❸ 高蛋白不可替代谷物：为了让婴儿吃进更多的蛋肉、蔬菜、水果和奶，就不给孩子吃粮食的做法是错误的。婴儿需要热量维持运动。粮食能够直接提供婴儿所必需的热量，而用蛋肉奶提供热量，需要一个转换过程。在转换过程中，会产生一些人体不需要的废物，不但增加体内代谢负担，还可能产生对身体的危害。

❹ 额外补充维生素：孩子1岁了，户外活动多了，也开始吃正常饮食了，是否就不需要补充鱼肝油了呢？不是的，仍应该额外补充，只是量有所减少，一般每日补充800国际单位维生素A，200国际单位维生素B。

第四节　宝宝的能力培育与训练

语言能力训练

宝宝能有意识地叫“爸爸”、“妈妈”以后，还要引导他有意识地发出一个字音，来表示一个特定的动作或意思，如“走”、“拿”、“要”等。从而使其能表达自己的愿望，与成人进行简单的语言对话。

训练者与宝宝一起背儿歌，每一句儿歌编一个动作，边背儿歌边表演动作。让宝宝跟着训练者一起做动作，要求能够随着儿歌的节奏，做出4种以上动作。在念儿歌时，训练者可把每句儿歌最后押韵的字空出来，让给宝宝说，使他的动作和押韵字配合。在进行中可以使用一些玩具，如洋娃娃等作道具，增加兴趣。逐步减少训练者示范动作，让宝宝自己表演。做对了就要及时表扬、称赞。

动作能力训练

让宝宝坐在床上，放一段他爱听

的节奏明快的婴儿音乐，用手扶着他的两只胳膊，左右摇身摆动，多次重复后，逐渐让他自己随着音乐左右摆动。再将宝宝扶着站立，待他站稳后，松开手。如果宝宝只能独自站立几秒钟，在他向一边倒时，你就轻轻碰一下他，让他站直，这样，他就像一个不倒翁一样左右摇摆而不倒。如果他能独自站立20秒以上，就可以让他学习随着音乐的节奏左右摇晃身体而不跌倒。摇摆舞可以训练宝宝的大动作与平衡能力，能培养宝宝的节奏感。

行为能力训练

◉ 平行游戏　在培养宝宝与同龄小伙伴玩时，可以让每个人手里拿着同样的玩具，在互相看得见处各玩各的玩具。如果玩具不同就会互相抢夺，互相看得见就会引起模仿，而且在小伙伴旁边还会引起表情和动作及表示意义的声音的相互呼应，使宝宝感受有伙伴的快乐。人际关系中互相帮助和分享玩具的快感会由此而生。

◉ 脱帽和戴帽　学会用手抓掉帽子，也会抓起帽子戴到头上，而且戴稳。由于宝宝的动作并不精细，半圆形的帽子可以戴好，毛绒帽子就不会拉正，需大人帮助。最好先用稍硬挺的布帽练习。

◉ 学会交朋友　从小就要让宝宝多和小朋友一起玩，这是宝宝学习语言、学习社交、培养谦让、懂得分享的最好课堂。对此父母和养育者千万不能忽视。经研究发现由祖父母带大，包办代替，限制过多，或在狭小环境中成长，很少接触众多小朋友的婴幼儿，日后常常存在着严重的感觉统合失调，导致运动不协调，生活自理能力、语言、交往、学习能力都较差。

创造能力训练

家长在教宝宝学习时，要注意激发宝宝的内在兴趣，宝宝只有对外界的一切充满了好奇，他才会去探究和发现问题。虽然有些问题使家长觉得不可思议，比如，母鸡能孵出小鸡，我能不能孵出小鸡呢？不过正是这些怪异的想法，才使爱迪生成了一个著名的发明家。因此，家长要鼓励宝宝多提问。

听觉能力训练

◉ 听懂数字1、2、3　在给宝宝做活动时，训练者应经常结合1、2、

3 数字进行。如看图书、走路、游戏、儿歌、搭积木、套环等，都配合数数，凡能够结合数字节奏进行的活动都可以结合数字节奏来进行，让宝宝在听数字的过程中熟悉数的概念。

社交能力训练

把玩具（如小鸭）放在离宝宝几步远的地方，要求他："请把小鸭拿给我。"等他拿来后，再说："把小鸭放到柜子里。"让他打开柜门，把小鸭放进去。用同样的方法，让他按你的要求做各种动作。这个活动可提高宝宝社会交往能力。

认知能力训练

先认红色，拿一个红色的瓶盖，告诉他这是红的，下次再问"红色"，他会毫不犹豫地指向红瓶盖。再告诉他球也是红的，宝宝会睁大眼睛表示怀疑，这时可再取 2 ~ 3 个红色玩具放在一起，肯定地说"红色"。颜色是较抽象的概念，要给时间让宝宝慢慢理解，学会第一种颜色通常需 3 ~ 4 个月。颜色要慢慢认，千万别着急，千万不要同时介绍两种颜色，否则更易混淆。

多带宝宝到室外活动，观看各种车辆，并一一告诉他各种车的名称，如大卡车、公共汽车、小轿车、摩托车、自行车等，并结合看交通工具的图片，让宝宝熟悉车辆的样子和名称。

结合日常生活和图片，认识各种水果及其名称，认识各种日常用品的名称。把实物与图片同时拿给宝宝看，使他能既认识事物，又认识图片，知道其名称。

把几种实物（如苹果、香蕉、玩具汽车、皮球等）放在一起，训练者说："苹果在哪里?"让宝宝能用手或眼看着苹果。如果不能，训练者可以用手指给宝宝以提示。

感知能力训练

训练者与宝宝面对面坐着，训练者做一种动作，引导宝宝模仿，如摸摸头、摸摸脸、拍拍手、跺跺脚、撅撅嘴，使宝宝能够模仿大人的 4 ~ 5 种动作。

利用念儿歌、做游戏，学习和模仿大人的动作。例如"找呀找呀找朋友（招招手），找到一个好朋友（点点头），敬个礼（手举到眼睛旁），握握手（握手），你是我的好朋友（拍拍手），再见（挥手）!

生活自理能力训练

在宝宝会走2~3步后，可让宝宝独自站稳，给他一个小玩具让他抓在手里，以增加安全感。家长先后退几步，手中拿着一件新玩具逗引宝宝，鼓励他向你走来，走到时，你再后退1~2步，直到他走不稳时才把他抱起来，要对他的勇敢、顽强给予表扬，并把玩具给他，和他玩一会儿。

智力训练

◉ **涂涂点点**　目的：发展手指的灵活性，培养对色彩、涂画的兴趣。

玩法：让宝宝坐在小桌前，你先用油画棒（蜡笔）在纸上慢慢画出一个娃娃脸或小动物，再涂上各种色彩，以激起他的兴趣。然后你把油画棒给他，教他用全手掌握笔，并扶住他的手在纸上作画。再放开手，让他在纸上任意涂涂点点。不管他涂成什么样子，都要夸奖他。

◉ **插锁眼**　目的：训练手眼协调能力，理解事物之间的联系。

玩法：每次进门开锁时，都要让宝宝看到，引起他的好奇心。再让他拿着钥匙，手把手地帮他把钥匙插进锁眼里。反复几次后，鼓励他自己做。也可用小一些的容易插进钥匙的锁，让宝宝手拿着钥匙，你拿着锁配合插锁眼。一旦插入，你就把锁打开，使他高兴，并理解钥匙与锁的关系。

第五节　宝宝的常见问题与应对

宝宝得了厌食症

厌食症是指较长时期的食欲减退或消失，往往是多种因素的作用使消化功能及其调节受到影响而导致厌食。主要原因是不良的饮食习惯，另外还有家长的喂养方式不当、饮食结构不合理、气候过热、温度过高、患胃肠道疾病或全身器质性疾病、服用某些药物等。患儿由于长期饮食习惯不良，导致较长时间食欲不振，甚至拒食。表现为精神、体力欠佳，疲乏无力，面色苍白，体重逐渐减轻，皮下脂肪逐渐消失，肌肉松弛，头发干枯，抵抗力差，易患各种感染性疾病。

宝宝噎着了怎么办

先将宝宝面朝下放在前臂上，固定住头和脖子。对于大些的宝宝，可以将宝宝脸朝下放在大腿上使他的头比身体低，并得到稳定的支持。然后用手腕迅速拍宝宝肩胛骨之间的背部四下。如果宝宝还不能呼吸，将宝宝翻过来躺在坚固的平台上，头偏向一侧，仅用两根手指在胸骨下方迅速推向下上方 4 下。如果宝宝依然不能呼吸，用提颚法张开气管，尝试发现异物。看到异物之前不要试图将其取出，但如果看见了，用手指将其弄出。取出异物后，如果宝宝不能自己开始呼吸，试着用嘴对嘴呼吸法或者嘴对鼻呼吸法两次，以帮助宝宝开始呼吸。继续上述步骤，同时拨打急救电话。

触电的紧急处理

宝宝懵懂无知，会在好奇心的驱使下，接触带电的家用电器，特别是开关，如误触通电线路，就可引起触电。触电造成的危害很大，超过 25 毫安以上的电流可致心房纤颤及死亡。220 ~ 1000 伏电压可致心脏和呼吸同时麻痹。

安全防范措施：发现宝宝触电后，要立即切断电源。用干燥的木棒、竹竿、扁担、塑料棒等不导电的东西拨开电线，之后迅速将宝宝移至通风处。对呼吸、心跳均已停止者，迅速喊人拨打急救电话，并立即在现场进行人工呼吸和胸外心脏按压。对触电者不要轻易放弃抢救，触电者呼吸、心跳停止后恢复较慢，有的长达 4 小时以上，因此抢救时要有耐心。实施人工呼吸和胸外按压法，不得中途停止，即使在救护车上也要进行。

宝宝爱打嗝怎么办

宝宝常常在饭后打嗝，家长很担心，不知是怎么回事。一般情况下宝宝打嗝多由以下原因引起的：

❶ 由于父母护理不当，外感风寒，寒热之气逆而不顺，“吃了冷风”而诱发打嗝。

❷ 由于饮食不当，如饮食不节制，食积不化或过食生冷奶水、过服寒凉药物，引起气滞不行，脾胃功能

减弱，而使胃气上逆而诱发打嗝。

③ 由于小儿进食过急或惊哭之后进食，一时哽噎也可诱发打嗝。

宝宝若无其他疾病而突然打嗝，嗝声高亢有力而连续，一般是受寒凉所致，可给婴儿喝点热水，同时胸腹部覆盖棉暖衣被，冬季还可在衣被外置一热水袋保温，有时即可不治而愈。若发作时间较长或发作频繁也可在开水中泡少量橘皮（橘皮有疏畅气机、化胃浊、理脾气的作用），待水温适宜时饮用，寒凉适宜则嗝自止。

若由于乳食停滞不化或不思乳食，打嗝时可闻到不消化的酸腐异味，可用消食导滞的方法，如胸腹部轻柔按摩以引气下行，或饮服山楂水通气通便，食消气顺则嗝自止。

几乎所有的打嗝均对身体无害，家长们无须担心，但要加强对孩子的护理，注意合理喂食，让小儿在愉快的环境中进食，防止受凉，孩子就不会打嗝了。长时间打嗝不止时需要注意。

宝宝被刀割伤的护理

常见引起切割伤的有刀、剪、金属片、玻璃碎片、草叶子边缘等。儿童最易受切割伤。

救助措施：仔细观察伤口的数量、部位、形状和大小；对于较小的表浅切割伤，一般可在家中自行处理。首先要清洁消毒伤口，如为玻璃割伤，要先检查是否清除干净每一碎片，然后将伤口周围清洗干净，再挤出污血，并用消毒液将伤口周围消毒，次序为先用碘酒消毒创面，再用75%酒精脱碘，注意消毒时应从伤口中心向外清洗。对于小于1厘米的非关节部位的伤口，一般不需缝合，直接用创可贴和无菌纱布包扎。

第十四章 13～15个月宝宝的养护

第一节　宝宝的生长发育特点

体格发育

1岁的宝宝度过了婴儿期，进入了幼儿期。宝宝无论是在体格和神经发育上，还是在心理和智能发育上，都出现了新的发展。

◉身高　男孩约78.69厘米，女孩约77.14厘米。

◉体重　男孩约10.58千克，女孩约10.14千克。

◉头围　男孩约47.32厘米，女孩约46.25厘米。

◉牙齿　已长出6～8颗。

语言发育

这时，宝宝已能听懂一些常见的最基本的日常用品名称。当父母说出某个事物的名称时，他能从周围环境中或图画中认出这个物体；当父母说出身体的某一部位时，他能认出被称呼的那个部分；他还能执行某些简单的命令，如“把球放在桌上”、“把鞋给我”等等。由此可见，这一阶段的宝宝能听懂的话比他能说的话要多得多，在以后的发展阶段中，宝宝将逐渐学会说这些话。这时，他只能说出一个一个的词，而且词汇量不丰富，大概有一二十个。他经常用一个词表达多种意思，因为对宝宝来说，一个词就是一个完整的句子，同一个词在不同的场合可以代表几种不同的意思。如“水”，也许是“要喝水”，也

许是“给我一点水”。

可见，宝宝最初用的几个词所表达的意思，不一定与父母理解的意思相同。因此，父母要结合当时的情景和他的具体情况来分析，以便能准确领会宝宝的意思。

动作发育

幼儿运用物体的动作进一步发展，已掌握更加复杂、准确而灵巧的动作，如用笔画画、拿筷子等。虽然这些动作还掌握得不太好，但是已经能够逐步按物体的特点来改造手的动作，能把某一动作推广到同一类的物体上，或把同一类的物体用于某一种动作上，如把给小狗（玩具）“喂食”这个动作推广到喂“小猫”、“小熊”、“小马”等；把饭碗、茶杯，酒杯都当做喝水的用具，等等。

幼儿通过不断尝试来掌握使用物体的方法，初步地掌握了大人使用工具的方法和经验。

心理发育

探索新环境、结交新朋友的愿望更加强烈，喜欢和小朋友在一起玩耍，但各自玩各自的，并不共同游戏，是独立性与依赖性共同增长的时期。慢慢地，开始注意观察玩伴的表情、动作，听他们说话，努力让自己和他们的玩耍相配合，对家里的宠物或玩具娃娃表现出自己的爱，喜欢并经常模仿大人的动作、语气。

当大人问“灯在哪里”“电视在哪里”时会用眼睛看或用手指，表明认识这些东西。初步学会辨认红色和圆形。会伸出1个食指表示要一种东西，能分清“1”和很多。会伸出食指和中指表示要2个，懂得“2”的意义。能找到先后藏在两个不同位置的同一个玩具，但必须看到藏的过程。会图片配对和套上大、中、小套碗。不按照玩具本来的方法来玩，而是喜欢用新的方法来尝试。

宝宝的睡眠变化

这时期的宝宝，睡眠变化表现为每天总的睡眠时间短，睡眠周期逐渐延长，浅睡时间相对减少，夜间睡眠时间延长，昼夜节律初步形成。

宝宝每天需睡13～15个小时，夜间能一夜睡到天明，白天觉醒时间长，有固定的小睡，一般2～3次小睡。

第二节 宝宝的日常护理

培养宝宝独立生存的能力

随着宝宝动作技能和自我意识的发展，开始有了学习自我服务并为家人服务的愿望和兴趣。例如，一旦学会了走，他就乐意走来走去，帮大人拿东西；一旦学会了将勺子凹面装上食物，他就乐此不疲地练习自己刚刚掌握的这一技能。这正是培养宝宝独立生活能力的契机。及时鼓励和培养宝宝有规律、有条理的生活卫生习惯和能力，不仅能促进宝宝动作技能的发展，提高健康水平，还能增强宝宝的独立性、自信心，使宝宝保持愉快的情绪。宝宝一旦形成了良好的卫生习惯，将会受益终生。

如何培养宝宝的生活自理能力呢？年轻的爸爸妈妈应掌握以下两个重点：

❶ 独立生活的技能。学着自己的事情自己做，并在这一过程中学会适合这个年龄段宝宝的一些生活技能，如洗脸、喝水等。

❷ 独立解决问题的能力。父母为宝宝创造条件，使宝宝有机会与成人，尤其是与同伴相处，学会处理与人、与事物的关系。

父母引导宝宝完成一项工作，比代他做完所花费的时间要多好几倍，为此付出的劳动也大得多，因此需要极大的耐心。但是，这种付出是值得的，它能保证宝宝较早学会独立生活，并使他终生受益。

教宝宝清洁口腔

◉ 宝宝蛀牙的原因　有些宝宝长牙没多久，就出现了蛀牙，妈妈觉得很奇怪，也没吃什么甜食，怎么就会有蛀牙呢？其实，奶粉也能导致蛀牙？有的宝宝会边喝奶边睡觉，这种情况下，牙齿泡在奶粉中久了，自然就滋生细菌，从而造成蛀牙。

◉ 防止宝宝长蛀牙的两大招

❶ 保证营养少蛀虫：健康食品可以锻炼宝宝的牙齿功能，所以爸爸妈妈可以多给宝宝吃蔬菜、水果以及含蛋白质的食物，因为缺少蛋白质，也会提升蛀牙发生的概率。另外，爸爸妈妈要让

宝宝少吃甜食，不要经常拿饼干、糖果来引诱宝宝，因为甜食会藏垢于牙缝中，产生导致蛀牙的酸性物。

❷ 生活习惯讲卫生：1 岁后爸爸妈妈应该训练宝宝用杯子喝奶，喝完奶之后必须清洁完口腔才睡觉。可以使用含氟牙膏、漱口水来帮宝宝清洁口腔。要帮宝宝戒除咬着奶瓶喝奶睡觉的习惯。可以用奶瓶以外的事物安抚宝宝入睡，例如听音乐、讲故事等等。如果宝宝非得含着奶瓶才能睡觉，爸爸妈妈可以用白开水取代，但千万不能用含有糖分的液体。

定期检查保健康：1 岁后，爸爸妈妈要定期带宝宝做牙科检查，至少半年一次。专业的牙科医师会告诉爸爸妈妈全面的口腔卫生知识和正确清洁保护口腔的方法，也能及时发现宝宝的牙齿问题。

保持良好的睡眠

良好的睡眠对宝宝的发育和成长至关重要，怎样使宝宝养成良好的睡眠习惯呢?

◉ **按时睡觉** 在宝宝入睡前 0.5 ~ 1 小时，应让宝宝安静下来。不看刺激性的电视节目，不讲紧张可怕的故事，也不玩新玩具。晚上入睡前要洗脸、洗脚、洗屁股。睡前让孩子排空小便。脱下的衣服应整齐地放在相应的地方。要按时上床、起床，逐步形成按时主动上床、起床的习惯。

◉ **自然入睡** 宝宝上床后，晚上要关上灯，白天可拉上窗帘，使室内光线稍暗些。宝宝入睡后，成人不必蹑手蹑脚，只要不突然发出大的声响，如“砰”的关门声或金属器皿掉在地上的声音即可。要培养宝宝上床后不说话、不拍不摇、不搂不抱、自动躺下、很快入睡、醒来后不哭的习惯。还要让宝宝养成不蒙头、不含奶头、不咬被角、不吮手指、不把玩具放在床上或抱玩具入睡以及不把衣裤放在床上的好习惯。对不能自动入睡的孩子要给予语言爱抚，但决不迁就，要让宝宝依靠自己的力量调节自己入睡前的状态。不要用粗暴强制、吓唬的办法让孩子入睡。有的宝宝怕黑夜，可在床头安一个台灯，有利于安然入睡。

◉ 睡眠舒适　1岁以后的宝宝已形成了自己的入睡姿势，要尊重宝宝的睡姿，只要宝宝睡得舒适，无论仰卧、俯卧、侧卧都是可以的。如果宝宝晚上刚喝完奶就要入睡，宜采取右侧卧位，有利于食物的消化吸收。若宝宝睡的时间较长，可以帮他变换姿势。

判断宝宝是不是罗圈腿

宝宝是不是“罗圈腿”，家长是可以初步判断的。

让宝宝仰卧，然后用双手轻轻拉直宝宝的双腿，向中间靠拢。正常情况下宝宝的两腿靠拢时，双侧膝关节和踝关节之间是并拢的，如果双侧踝关节并拢，膝关节之间的间隙超过10厘米，很可能就是罗圈腿了，家长应马上带宝宝就诊，在治疗原发病的同时，进行骨科矫正治疗。

父母应以科学的养育方法来预防宝宝罗圈腿的发生。由于宝宝处于身体发育阶段，腿部力量如过度承受身体重量，容易引起腿的变形，因此不要过早、过久地站立和学步。不要过早穿较硬的皮鞋，因为婴幼儿腿部力量较弱，学行走时穿硬质的鞋，会影响下肢正常发育。

值得注意的是，有些正常情况容易被误认为罗圈腿。6个月以内的宝宝两下肢的胫骨（膝关节以下的长骨）朝外侧弯曲是正常生理现象，6个月到1岁时就会逐渐变直。一些家长用捆绑法试图让宝宝腿变直是不对的，因为这样不但不能矫正腿形，还可能影响宝宝髋关节的正常发育。此外，2岁宝宝有时会有轻度膝外翻或膝内翻也属正常，大多能在生长过程中自行纠正，无须担心。

让宝宝定时坐盆大便

1岁多的宝宝已能自己行走，这时大人要帮助他养成定时坐盆大便的习惯（也可以在大人的马桶上放一个宝宝的马桶圈）。宝宝有便意时常会表现出坐立不安或小脸涨红，大人掌握规律后即应在这时让他去坐盆，教他“嗯嗯”地使劲。坐盆时要让宝宝精神集中，不要给他玩具、图书，更不能吃东西，每次坐盆时间至多3～5分钟，没有大便就让他站起来，告诉他有大便时自己来坐，便盆要放在比

较明显的固定位置。

为了避免宝宝夜晚尿床，晚上睡前1小时最好不要再给宝宝喝水。上床前先尿1次，大人睡前再把一次尿，一般夜里就不会尿床了，宝宝睡得也安稳。小便次数多一些的宝宝家长应摸索规律，夜里叫尿，但不可因怕宝宝尿床而频繁叫尿，以便延长他的憋尿时间。如果宝宝尿了床不要过多地指责。

炎热夏季宝宝的护理

在夏天，由于宝宝（特别是2岁以前的婴幼儿）调节体温的中枢神经系统还没有发育完善，对外界的高温不能适应，加上炎热气候的影响，使胃肠分泌液减少，容易造成消化功能下降，很容易得病。所以妈妈要注意夏天的保健工作，让宝宝健康地过好夏天。

❶ 衣着要柔软、轻薄、透气性强：宝宝衣服的样式要简单，要选择像小背心，三角裤、小短裙，这样既能吸汗又穿脱方便，容易洗涤的衣服。衣服不要用化纤的料子，最好用布、纱、丝绸等吸水性强、透气性好的布料，宝宝不容易得皮炎或生痱子。

❷ 食物要富有营养又讲究卫生：夏天，宝宝宜食用清淡而富有营养的食物，少吃油炸、煎烹等油腻食物。给宝宝喂牛奶的饮具要消毒。鲜牛奶要随购随饮，其他饮料也一样。放置不要超过4小时，如超过4小时，应煮沸再服用。如察觉到食物变质，千万不要让宝宝食用，以免引起消化道疾病。另外，生吃瓜果要洗净、消毒，水果必须洗净后食用。夏季，细菌繁殖传播最快，宝宝抵抗力差，很容易引起腹泻，所以，冷饮之类的食物不要给宝宝多吃。

❸ 勤洗澡：每天可洗1～2次澡，为防止宝宝生痱子，妈妈可用马齿苋（一种药用植物）煮水给宝宝洗澡，防痱子效果不错。

❹ 保证宝宝足够的睡眠：夏天宝宝睡着后，往往会出许多汗，此时切不要开电风扇，以免宝宝着凉。既要避免宝宝睡时盖得太多，也不可让宝宝赤身裸体睡觉。睡觉时应该在宝宝肚子上盖一条薄的小毛巾被。

❺ 补充水分：夏天出汗多，妈妈要及时给宝宝补充水分。否则，会使宝宝因体内水分减少而发生口渴、尿少。西瓜汁不但能消暑解渴，还能补充糖类与维生素等营养物质，应给宝宝适当饮用一些，但不可喂得太多以防伤脾胃。

第三节　宝宝的喂养

重点补充的营养

蛋白质摄入对于宝宝的生长发育是极其重要的。好吸收、高利用、少负荷的蛋白质才算是优质的蛋白质。富含丰富优质蛋白质的食物主要有：

❶ 鱼类：鱼肉中富含丰富的蛋白质，如球蛋白、白蛋白、含磷的核蛋白，还含有不饱和脂肪酸，钙、磷、铁等成分，这都是脑细胞发育必需的营养物质。

❷ 蛋类：鸡蛋中的蛋白质吸收率高。同时，蛋黄中的铁、磷含量较多，均有助于脑的发育。因此，蛋类是宝宝每天必吃的食物。

❸ 锌：对宝宝来说，锌的缺乏与否，关系到宝宝身体、智力的发育及免疫功能发育是否健全。

宝宝缺锌的主要表现是厌食或食欲不好，嗜食异物（如土块、煤渣、火柴头等）、贫血、生长发育迟缓以及容易反复发生呼吸道感染等。

海产品中牡蛎、鱼类含锌量较高；动物性食物中瘦肉、猪肝、鸡肉、牛肉等也含一定量的锌；豆类，坚果等也都是补锌的好食品。

乳类食品要适量

乳类食物是宝宝优质蛋白、钙、维生素 B_2、维生素 A 等营养素的重要来源。奶类钙含量高、吸收好、可促进宝宝骨骼的健康生长。同时奶类富含赖氨酸，是粗谷类蛋白的极好补充。但奶类铁、维生素 C 含量很低，脂肪以饱和脂肪为主，需要注意适量供给。过量的奶类也会影响宝宝对谷类和其他食物的摄入，不利于饮食习惯的培养。

肉蛋类食物营养好

这类食物不仅为宝宝提供丰富的优质蛋白，同时也是维生素 A、维生素 D 及 B 族维生素和大多数微量元素的主要来源。豆类蛋白含量高，质量也接近肉类，价格低，是动物蛋白较好的替代品，但微量元素（如铁、锌、铜、硒等）低于动物类食物。

吃零食要讲究方法

零食选择不当或吃多了会影响宝宝进食正餐，扰乱宝宝消化系统的正常运转，引起消化系统疾病和营养失衡，影响宝宝的身体健康。因此，吃零食要讲究方法，要适时适量、适当合理地给宝宝吃零食。

◉ 适时适量　吃零食的最佳时间是每天午饭、晚饭之间，可以给宝宝一些零食，但量不要过多，约占总热量供给的10%～15%；零食可选择各类水果、全麦饼干、面包等，量要少、质要精、花样要经常变换。

◉ 适当合理　可适量选择强化食品：如缺钙的宝宝可选用钙质饼干；缺铁的选择补血酥糖；缺锌、铜的宝宝可选用锌、铜含量高的零食。但对强化食品的选择要慎重，最好在医生的指导下进行，短时间内大量进食某种强化食品可能会引起中毒。不要用零食来逗哄宝宝，更不能宝宝喜欢什么便给买什么，不能让宝宝养成无休止吃零食的坏习惯。

蔬菜水果不可少

蔬菜水果是维生素C和β－胡萝卜素的唯一来源，也是维生素B_2、无机盐（钙、钾、钠、镁等）和膳食纤维的重要来源。在这类食物中，一般深绿色叶菜及深红、黄色果蔬、柑橘类等含维生素C和β－胡萝卜素较高。蔬菜水果不仅可提供营养素，而且具有良好的感官性状，可促进宝宝的食欲，防治便秘。

饮用果汁饮料要适量

果汁饮料口感好，易于饮用，是老少皆宜的饮品，适量饮用（每周不超过3次，每次不超过150毫升）无可厚非，但若过量饮用就会对健康造成一定的负面影响。

◉ 可造成营养流失　饮用果汁过多可能冲淡胃酸，长期大量饮用可能导致部分人群，特别是婴幼儿和老年人，出现胃肠不适的症状，减弱消化和吸收能力。有调查显示，每天饮用200毫升以上果汁的儿童中，许多人的身高、体重不但没有增加，反而比其他同龄人偏低。这是因为果汁饮料中含有过量果糖、山梨酸等难以消化的成分，宝宝长期摄入过多容易造成慢性腹泻，造成营养流失，影响宝宝的生长发育。

◉ 影响膳食纤维的摄入　果汁在制备过程中损失了一些营养素，特别是膳食纤维。而水果和部分蔬菜中富含的膳食纤维对于预防和减少多种疾病，特别是防治胃肠系统病变很有好处。每天大量饮用果汁，并以果汁替代蔬菜和水果，可能造成人体缺乏膳食纤维。

◉ 容易造成血糖波动　果汁饮料是典型的酸性食品，其酸性的代谢产物在体内蓄积过多会导致所谓的酸性体质。部分果汁中含有较多的糖分，长期大量饮用容易导致能量摄入超标。此外，果汁饮料中的糖分吸收速率要远远快于固体食物中等量的糖分，糖尿病或糖耐量低的人大量饮用后会增加血糖波动的风险。

◉ 人工色素影响健康　果汁和果味饮料中的人工色素对人体有一定负面影响。例如，可引起多种过敏反应，如哮喘、鼻炎、荨麻疹、皮肤瘙痒、神经性头痛等。对于儿童而言，人工色素还易沉淀于未发育成熟的消化道黏膜上，干扰多种酶的功能，造成食欲下降、消化不良。

第四节　宝宝的能力培育与训练

自我意识训练

1岁以后的宝宝开始对自身有所认识，这是自我意识萌芽的表现。自我意识是人类特有的意识，是人对自己的认识和自己与周围事物的关系的认识，它的发生和发展是一个复杂的过程。自我意识不是天生具备的，而是在后天学习和生活实践中逐步形成的。

宝宝到1岁以后就有了自我意识，表现出知道自己的名字，能用自己的名字来称呼自己，表明宝宝开始能把自己作为一个整体与其他的人区

别开来。开始认识自己的身体和身体的有关部位，如“宝宝的脚”、“宝宝的耳朵”等，还能意识到自己身体的感觉如“宝宝痛”、“宝宝饿”等。

1岁左右的宝宝学会走路以后，能逐渐认识到自己能发生的动作，感受到自己的力量，如用手能把玩具捏响，用自己的脚能把球踢走，这些都是宝宝最初级的自我意识表现。

大约到了2岁，宝宝学会说出代词“我”、“你”以后，自我意识的发展会出现一个新的高度。这时候，宝宝不再把自己当做一个客体来认识，而是真正把自己当做一个主体。3岁以后，宝宝开始出现自我评价的能力，能对自己的行为评价说好与坏。

对于每一个父母和家庭来说，赋予宝宝完整的人格和个性，要比健康的体魄更重要，这个阶段，培养宝宝形成各种优秀的个性特征，例如努力创造、不屈不挠、积极主动等良好素质，都有待父母去打造和雕琢。

语言能力训练

幼儿期是语言发展的一个非常重要和关键的时期。父母应该为宝宝创设良好的家庭语境，提供更多、更好地运用语言的机会。

◉ **增强宝宝的自信心**　爸爸妈妈要用鼓励的方式、互相激励的办法让宝宝产生说的欲望。针对个别性格内向的宝宝，不急于要求他能同其他宝宝一样一开始就能站出来说，而是进行个别交谈，一步一步地去引导，帮助其克服心理障碍。其实有些宝宝不是不想说而是不敢说，宝宝的自信心直接影响到他的学习态度和学习的努力程度。自信心的树立一方面与以往成功和失败的体验有关，另一方面与成人的期望和评价有关。因此要通过为宝宝提供多种自我表现的机会，鼓励宝宝大胆的表达自己的思想、情感、愿望，并实施赏识教育，增强宝宝表现的欲望。

◉ **激发宝宝表达的兴趣**　宝宝的年龄小，他的学习往往从兴趣出发，若运用外部压力迫使宝宝被动说话，往往会给宝宝造成心理负担，甚至引起厌学情绪。因此，父母要做到每天和宝宝交流，交流的时间、内容和地点因人而异。妈妈虽然是有意识地与宝宝沟通、交流，但应该让宝宝感到这是随意、自然的聊天。比如，有意识地引导宝宝讲述在儿童读物上获知的有趣的事情；说说自己在家的表现；

还可以从宝宝感兴趣的事物中选择话题，如“我的房间”、“我喜欢的动画片”等。这种交流，一方面有助于了解宝宝的语言发展情况，另一方面有助于增加宝宝与父母交流的机会，激发宝宝乐于表达，敢于表达的愿望。

智力训练

◉ 抓豆豆　碗里放些黄豆或绿（红）豆，教宝宝能一把抓起豆豆，然后把手松开，让豆豆从指缝里漏出掉到碗里。可以边抓边说：“黄豆绿豆，吃了长肉。”训练宝宝手的小肌肉运动。玩时特别要注意不能让宝宝将豆子放进嘴里，避免呛进气管。

◉ 玩面团　揪一团面给宝宝，让他捏面团。然后用面团做出小鸡、香蕉等形状，让宝宝跟着学。训练手指的精细动作。无论宝宝捏出来的东西是什么，都要表扬他、鼓励他。

◉ 捉迷藏　有意识地创设可以让宝宝藏身的“设备”，比如宝宝可以钻进去的大盒子等。四处走着找宝宝时，要将走过的地方高声向宝宝做“实况报道”，包括找到宝宝的地方。

第五节　宝宝的常见问题与应对

宝宝积食的处理方法

通常在节日过后，儿科门诊就会出现最常见的宝宝饮食问题：过食，过饱、积食。积食不是小问题，它不仅会增加宝宝肠、胃、肾脏的负担，还可能给这些脏器带来疾病。因此，爸爸妈妈要引起足够的重视。

◉ 宝宝积食的症状　正所谓“食不好，睡不安”，积食的宝宝会在睡眠中不停翻身，有时还会咬牙。宝宝还会出现胃口变小，食欲明显不振，常指着肚子说疼的情况，爸爸妈妈留意观察时，会发现宝宝鼻梁两侧发青、舌苔又厚又白，并有口臭。有的宝宝甚至还可伴有恶心、呕吐、手足发热、皮色发黄、精神萎靡等症状。

◉ 宝宝积食后用药　常见治疗用药有：健儿消食口服液、珠珀猴宝宝枣散、保婴丹、王氏保赤丸，醒脾养儿颗粒，补脾健胃颗粒等。爸爸妈妈也可以在家自制一些炒红果、山药薏

米粥。如果积食很严重，还可以去找中医捏脊。你也可以学习一些治疗积食的按摩方法。

◉ **预防积食** 预防宝宝积食，爸爸妈妈平时一定要适当调节宝宝饮食。饮食过冷、过热，过凉、过咸、过辛、过多等，都会对宝宝稚嫩的胃肠道造成伤害。保持饮食规律，日常多喝水，适当做运动，宝宝就不会那么容易积食。

宝宝蛔虫病的防治

蛔虫是人体中最常见的一种肠道寄生虫，儿童感染率最高。蛔虫病的主要表现是食欲不好、腹痛、腹泻或便秘，甚至可以造成宝宝营养不良、贫血、智力发育差等症状。由于毒素的刺激，宝宝还可出现不安、易怒、易惊、磨牙等症，甚至引起蛔虫性肠梗阻、胆道蛔虫症、蛔虫性阑尾炎、腹膜炎、过敏性肺炎等严重的并发症。因此，宝宝蛔虫病要及时检查治疗。治疗宝宝蛔虫病的药物种类较多，比较安全的有驱蛔灵、肠虫清等。中药有使君子、南瓜子、乌梅等，但要在医生的指导下用。还有一种方法是将花椒与椒子共取9克，麻油取120克，置于锅内加热，再将花椒倒入油中煎熬，至微焦时停火，待凉后滤除花椒，此油即为一次剂量，如一次服不下，间隔2~3小时后继续服用。用其治疗宝宝蛔虫性肠梗阻，服后2小时腹痛即会明显减退，半天后自动排虫。对于宝宝蛔虫病，应以预防为主，方法是阻止虫卵进入人体。蛔虫寄生在人体内一般多在1~2年内即死亡，也就是说，如果感染了蛔虫病，不经任何治疗，只要做到不再重复感染，过1~2年虫体可自行排出。另一方面，蛔虫病虽经有效的治疗，但如果不注意卫生，虫卵再次进入人体，两个月后在肠道内又会发育为成虫。因此预防初次感染和再次感染是非常重要的。教育宝宝养成良好的卫生习惯，不生吃蔬菜，瓜果要洗干净，饭前便后要洗手，要常剪指甲，不吮手指头。另外还要消灭苍蝇、蟑螂，做好粪便和水源管理。搞好环境卫生，就能避免虫卵进入人体内。

关节脱位的防治

骨与骨之间，由关节囊及韧带连

接而成为关节。关节脱位，通常是因外伤而致关节囊破裂及韧带损伤，使两骨之间的正常关系发生改变。这种脱位又称外伤性关节脱位。如果脱位的关节面彼此完全不相接触，叫做完全脱位，如果尚有部分接触者，即称不完全脱位。关节脱位的原因有直接外力和间接外力，以间接外力为多见。脱位以肩、肘、髋和下巴、手指等部位最易发生。

一般发生脱位时，可能会发出突然的声音，但如果是婴幼儿便很难发觉。

发生脱位后，可采取以下急救措施：

❶ 观察有无休克发生，并在抢救休克后，再用夹板及布带等固定受伤的关节。

❷ 对开放性关节脱位，需尽早做伤口包扎。对无破口的关节脱位，可用冷湿布敷于伤处。

❸ 在单纯脱位的早期，局部无明显肿胀，可摸到脱位之骨端，救护者可试行手法对其复位。但如果对骨骼组织不太熟悉，就不可随意地自己整复脱位部位，以免引起血管或神经的损伤。

❹ 若脱位时间较长，周围软组织肿胀，常难判断脱位的情况，则不宜盲目进行手法复位，应在X线检查后，在麻醉下施行。

❺ 单纯脱位在复位后局部必须固定，一般固定时间为上肢约2～3周，下肢约4～6周。

对脱位的护理应注意以下两点：

❶ 帮助伤员活动未被固定的肢体及关节。伤处解除固定后，也应当加强受累关节的主动功能锻炼，以防止肌肉萎缩和关节僵硬等。

❷ 为脱位患者脱衣服时，一定要先由健康的一手脱起，穿衣服时，由患部的一侧先穿。要减少伤肢的活动，以免再脱位。

脱肛的原因及治疗

我们俗称的“脱肛”，医学上称之为“肛门直肠脱垂”。它是指肛管、直肠外翻而脱垂于肛门外。1岁宝宝容易脱肛的原因如下：

❶ 在解剖上，1岁宝宝的骶骨弯曲较浅，直肠呈垂直位。当腹腔内向下的压力增加时，如咳嗽、腹泻或经常便秘的宝宝，直肠没有骶骨的支持而容易发生脱肛。

❷ 支持直肠的组织软弱，失去了固定直肠的作用。如营养不良的宝宝

更容易发生，因为他不仅直肠组织软弱，而且肛门括约肌也松弛，故直肠容易从肛门脱出。

❸ 长期的腹内压力增加，如经常便秘、腹泻的宝宝，或长期咳嗽者（如百日咳宝宝），因用劲而使腹腔压力增加，造成直肠从肛门脱出。

肛管脱出后医生可以用手法把它托回去，即先用热毛巾热敷脱出的肛管，以减轻脱出部位的水肿，然后在肛门及其周围涂些石蜡油（如果没有石蜡油可以用眼药膏代替），使局部润滑，最后用手轻轻地将脱出的肛管送回。如果不把肛管托回去，容易造成脱出部位的直肠红、肿、溃烂及坏死，以后还容易发生直肠狭窄。因此，发现宝宝脱肛要及时到医院治疗。如果是由于腹泻、便秘、咳嗽等引起的，还要同时治疗这些疾病，使腹腔压力减小，以减轻脱肛症状。

为了预防宝宝发生脱肛，在家中特别是在宝宝园中，大人不要图自己的方便而让小儿长时间坐便盆，要养成宝宝定时排便的习惯，还要加强宝宝的营养和体质，这样宝宝才能健康成长。

宝宝咳嗽的处理

咳嗽是人体的一种保护性反射，咳嗽能帮助清洁呼吸道，并使其保持通畅。咳嗽往往伴有咳痰，痰就是呼吸道中被清理出来的垃圾，与痰一起排出体外的还有病菌。咳嗽也是机体对外界环境的防御反应，空气干燥，有寒冷刺激或辣味、烟味等都可引起咳嗽，提醒人们做出防御。

◉ **盲目用药不可取** 宝宝咳嗽比成人的反应严重，多数会咳嗽不止。爸爸妈妈看到宝宝有点咳嗽，就会很紧张地马上去找医生给宝宝吃药，打点滴。盲目用药的结果往往是宝宝的胃口差了，而食欲不好，营养也就会跟不上，宝宝的抵抗力就随之降低，这样一来，宝宝更容易感冒、咳嗽，甚至会引起哮喘。宝宝一旦陷入这样的恶性循环，往往会变得身形瘦小、面色焦黄。

◉ **做好护理是关键** 宝宝出现咳嗽症状时，爸爸妈妈首先要做的是仔细观察，做好护理。如果仅仅是咳嗽，建议爸爸妈妈多给他喝温水，同时注意给宝宝保暖，保持室内空气的流通和适宜的温、湿度，同时在室内应严格禁烟。如果宝宝出现咳嗽加重，有并发症或全身症状等异常情况，要送医院检查。爸爸妈妈也不要擅自盲目地给宝宝用药，否则容易造成宝宝肾脏的负担。

第十五章

16～18个月宝宝的养护

第一节　宝宝的生长发育特点

体格发育

◉ 身高　男孩约79.87厘米，女孩约78.72厘米。

◉ 体重　男孩约11.16千克，女孩约10.83千克。

◉ 头围　男孩约47.09厘米，女孩约46.52厘米。

◉ 牙齿　可长出9～11颗乳牙。

语言发育

16～18个月的宝宝能听懂日常生活中的简单会话，对于有方向性的命令式语言，不用借助任何手势或面部表情就可以完全理解了，如9个月时，你对他说："宝宝，过来。"必须伸出双手迎接他，他对这句话的理解更多的是凭借你"双手迎接"的动作，而现在你只要说出这句话就行了，不用凭借动作或面部表情，因为他已经能理解你的指令式语言了。在语言表达方面，宝宝自己会为日常生活中一些常见的事物命名，如把拨浪鼓叫做"咚咚"，把猫叫做"喵喵"等。但是，他在命名或使用新词时会出现一种"泛化"现象。

动作发育

宝宝经过前一阶段时努力，能够独自走得稳当了，不但走得很好，而且很喜欢爬台阶，下台阶时知道用一只手扶

着下。此时家长不要阻止宝宝，要鼓励他，同时也要注意在旁边保护他。这样的活动既锻炼了身体，又促进了智力发育，能使手、脚更协调地运动。

这个时期的宝宝会用杯子喝水了，但自己还拿不稳，常常把杯子里的水洒得到处都是。吃饭的时候，宝宝常喜欢自己握匙取菜吃，但是还拿不稳。

这个时期的宝宝平衡能力还比较差。

心理发育

这时的宝宝逐渐地变得“不听话”了。你让他吃饭，他偏不吃，你要让他这样，他偏要那样。出现这种抗拒行为的原因，主要是因为这时的宝宝已开始逐步认识到自己是一个独立的个体了，有时甚至不接受父母的劝阻，明明知道是父母不同意的事，却偏要坚持干下去。

转移孩子的注意力是一个消除孩子抗拒行为的好办法。如果孩子要玩一个脏玩具，你可以给他一个新鲜的玩具取而代之，或开始一项有趣的活动，这样比简单地制止他玩脏东西效果要好得多。

对待孩子的抗拒行为，最主要的是要把握好孩子任性的程度，孩子的主动表现和自我主张是培养其独立性的起点。父母应该知道开放式的培养方式可以长期影响孩子的自我形象和处理问题的方法，甚至是他们的健康。因此，父母要注意培养孩子良好的习惯。

在孩子开始调皮时要警告或提醒他，这是培养孩子自我控制能力的最佳办法。

认知发育

让宝宝看着书上的实物图片，能和现实生活中相同的实物联系起来，并指给妈妈看。能辨别简单的形状，如圆形，方形和三角形。能从照片中找出爸爸妈妈，有的宝宝也能找到自己。能理解空间概念，如果妈妈说“苹果在妈妈衣袋里”，宝宝如果理解了空间概念，就会去掏妈妈衣袋。宝宝还具有了对物品类别区分的能力。如碗、勺子都属于吃饭用的。宝宝不但会把鞋子放在一起，还知道鞋垫是放在鞋子里的，袜子、鞋子和鞋垫关系密切。宝宝还能分辨出什么能吃，什么不能吃。

情感与社会行为发育

他始终相信自己是这个世界的中

心，他应该得到所有的关注，所有的玩具和所有的好吃的。他同样认为自己的想法也是别人的想法，所以和其他宝宝在一起的时候，他很自然地不论做什么都首先考虑自己的利益。宝宝开始向着执拗期迈进，比如积木倒了，他会毫不气馁地继续重搭。

感官发育

宝宝能分清前后方向，大人说在前面，宝宝会朝前走或向前看，说在后面，宝宝会转过头或转过身去。多数宝宝能从照片中找出爸爸妈妈，有的宝宝也能找到自己，宝宝的观察力和注意力都有进步，能记住若干事物的特点，宝宝能认识到物体放倒了，并将它翻过来。

宝宝的睡眠变化

每日睡眠时间仍为 14～15 小时，白天睡 1～2 次。

第二节　宝宝的日常护理

光脚散步对宝宝有益

光脚散步有很多优点，特别是对弱智宝宝以及足部骨骼和肌肉发育不良而不能正常走路的宝宝，都有较大的好处。

足弓是人类特有的，是在人直立、正常行走过程中产生的。而弱智儿的足弓不明显，或没有足弓。没有足弓的宝宝走、跑都很慢，不能双脚同时跳起，或跳得很笨，运动反应不灵敏。光脚散步可使脚掌受到外界刺激，促进足部骨骼、肌肉的发育及足弓的形成，同时向大脑传递刺激，促进大脑的发育。

在散步时注意让宝宝脚跟着地走一段路以后，再用脚尖走一段路，这样既能锻炼两腿的力量，也可以锻炼宝宝的平衡机能和移动身体重心的能力。

教宝宝养成良好的卫生习惯

宝宝现在已经能够稳当地走路了，所以经常会接触以前没有接触过的东西。接触外界难免带有细菌，这

些细菌是看不见、摸不着的，如果不注意卫生，就会感染细菌而生病。所以，爸爸妈妈此时要教宝宝养成良好的卫生习惯。

◉ **教宝宝保持双手卫生** 让宝宝懂得饭前便后要洗手，在宝宝吃东西之前，在接触过血液、泪液、鼻涕、痰和唾液之后，在接触钱币之后或者在玩耍之后都要提醒宝宝洗手，保持清洁。在不方便洗手的环境中，可用湿的消毒纸巾为宝宝擦干净手。有的宝宝贪玩、性子急，不是忘记洗手就是不认真洗，爸爸妈妈应经常耐心地提醒他，不要因宝宝不愿意洗手而采取迁就的态度。

◉ **教给宝宝正确的洗手方法** 先用水冲洗手部，将手腕，手掌和手指充分浸湿后，用洗手液或香皂均匀涂抹，让手掌、手背、指缝等处沾满丰富的泡沫，然后再反复搓揉双手及腕部，最后再用流动水冲干净。宝宝洗手的时间不应少于30秒。

宝宝的睡床要软硬适度

随着人们生活水平的提高，不少父母为让自己的宝宝睡得舒服一些，常常会让宝宝睡席梦思或弹簧床，或者喜欢将宝宝的床铺得软软的，其实长此以往对宝宝的生长发育不利。同样，这个年龄的宝宝也不适应睡硬板床，因为硬板床质地坚硬，不利于宝宝全身肌肉的放松和休息，容易产生疲劳，影响宝宝睡眠。所以，父母在为宝宝选择睡床时，要软硬适度，相对来说，比较适合宝宝的是棕绷床，因为棕绷床柔软并富有一定的弹性，睡眠时既可使宝宝的肌肉得到充分放松，又不会对宝宝的骨骼发育产生不良影响。

培养宝宝良好的作息规律

早期教育的重点，应该是让宝宝养成好习惯。因为习惯一旦养成改起来很难。给宝宝养成良好的作息习惯，对于今后的生活学习都是很有必要的。

◉ **建立规律作息的原则**

❶ 尊重宝宝的节奏，不要让宝宝感受到压力。

❷ 随着宝宝的年龄、发展特性及需求而及时调整。

❸ 不要做硬性的要求，因为每个家庭的条件和习惯都有所不同。

❹ 随着季节变化调整作息时间。

◉ 良好的环境使宝宝睡得更香甜

尽量不开房间里的大灯，只开一盏灯光柔和的小壁灯，让宝宝一看到小壁灯亮起来，就知道该到睡觉的时间了。买一个柔软的儿童专用枕头，让宝宝睡得更香甜。还有，选择透气性好的被褥、挂上宝宝专用蚊帐等，给宝宝营造一个温馨舒适的睡眠环境。

◉ 父母是宝宝的好榜样　宝宝习惯何时醒来、何时睡觉、何时玩乐，与父母本身的作息相关。宝宝的时间观念与父母的工作形态有关，如果父母必须要晚睡晚起，宝宝多半也会跟着这样做。所以，可能白天习惯睡觉的宝宝，如果要强迫他醒着，就会很不好控制。或者宝宝半夜醒来，熬夜工作的爸爸没有哄宝宝睡觉，还陪他玩耍，宝宝会觉得晚上比白天还好玩，当然晚上就会容易醒。这样的日夜颠倒，不但让宝宝有不良的生活习惯，也会影响宝宝的身体状况。此时父母可以考虑配合宝宝调整自己的作息，让宝宝能有足够的睡眠时间。最好在每晚9点左右就寝，等到宝宝熟睡之后，爸妈再起来做自己的事。

◉ 准备工作也要定时　给宝宝洗澡洗脸可以固定在特定时间，让宝宝建立什么时候该睡觉和起床的条件反射，最终做到作息时间有规律。

第三节　宝宝的喂养

重点补充的营养

◉ 宝宝可以吃饭了　虽然咀嚼功能和消化功能仍旧不完善，但宝宝萌出的小乳牙可以帮助宝宝咀嚼食物，对食物的色、香、味已有了初步的要求，现在可以适量给宝宝吃些饭了，但需要注意的是，在烹调宝宝的食物时要多下些功夫，一些比较硬或者不易消化的食物还是暂时不要给宝宝吃，食物要软、烂、碎，利于宝宝消化吸收。

◉ 食物品种要多样化　1岁后，宝宝身体生长发育仍然需要多种营养素，所以要给宝宝提供多种多样的食物，给宝宝的食物搭配要合适，要有荤有素，有干有稀，并且食物要多样化。

◉ 宝宝需要多吃些蔬菜　蔬菜对宝宝来说很重要，同时也要让宝宝吃得安全卫生和营养均衡，爸爸妈妈在给宝宝吃蔬菜时，应注意选择无污染的蔬菜；食用前注意清洗干净；多吃颜色较深的蔬菜；多吃新鲜时令蔬菜；各种颜色的蔬菜都要吃。

少让宝宝吃零食

适量给宝宝吃一些零食，可及时补充宝宝的能量以满足生长发育的需要，也给宝宝带来快乐。但一定要适量，时间及食物选择也应恰当，否则会影响宝宝的正常饮食。

宝宝的胃容量小，而活动量却很大，消化快，所以往往还未到吃饭时间就饿了。这时可给宝宝一些点心和水果，但量不要多。

还需要提醒父母们的是，要掌握给宝宝吃零食的时间。可在每天中、晚饭之间，给宝宝一些点心或水果。但量不要过多，约占总供热量的10%～15%。餐前1小时内不宜让宝宝吃零食，否则影响正餐的摄入量。睡前不要吃零食，尤其是甜食，不然易患龋齿。

宝宝的饮食要以正餐为主，零食为辅。零食可选择各类水果、全麦饼干、面包等，但量要少，质要精，花样要经常变化。

太甜、太油的糕点、糖果、水果罐头和巧克力不宜经常作为宝宝的零食。因为它们含糖量高，油脂多，不易被宝宝消化，且经常食用易引起肥胖。冷饮和汽水不宜作为宝宝的零食，更不能让宝宝多吃，以免消化功能紊乱。

父母们一定要有计划、有节制，不能宝宝喜欢什么就给买什么，让宝宝养成无休止地吃零食的坏习惯。

摄取蛋白质应限量

宝宝要摄取足够的蛋白质来满足生长的需要，但是什么样的量才算合适呢？

据科学预算，宝宝每天需要蛋白质23克左右。30克蛋白质食物大约提供7克蛋白质。下面列出的食物所提供的蛋白质相当于30克蛋白质食物。

1个牛肉饼（直径5厘米、厚度1.3厘米），1小块肉（直径2.5厘米），1个鸡蛋，半节猪牛肉混合的香肠，2汤匙花生酱，90克豆腐。

以上列举的仅是约数，因制作方法、选料和孩子食量的不同，各有差异。

蛋白质进入人体后其代谢产物氮是要经肾脏排出的。而肾脏排氮量有一定限度，幼小的宝宝肾功能尚未发育齐全，不能将体内过多的氮量排出。一旦宝宝遇上发热、呕吐、腹泻时，体内水分不足，小便浓缩，很容易引起高氮血症，影响宝宝的智力发育。所以父母们一定要注意给宝宝吃的食物蛋白质不能过多。

宝宝吃油不宜过多

肉类是营养价值较高的食品之一，含有较多的蛋白质、脂肪、无机盐和维生素等营养物质，对宝宝的生长发育、生理功能的调节以及维持正常活动起着重要作用。肉类可以烹调成多种美味佳肴，能提高食欲，宝宝通常也十分爱吃，然而，过量食肉对宝宝反而有害，因为肉类是属于高脂肪食物，在每日饮食中，脂肪占总热量比例高的饮食形态，比较容易让人变胖。

肉类含有较丰富的饱和脂肪酸和胆固醇，我国大部分居民以吃猪肉为主。一般来说，猪肉中的脂肪含量要比其他肉类高，饱和脂肪酸和胆固醇的含量，猪肉也比其他肉类高。如果长期过量地吃肉，尤其是猪肉，势必会摄入大量的饱和脂肪酸和胆固醇，给人体带来许多不利影响。

有些爸爸妈妈还认为，宝宝进食越多，体格就越健壮，以致宝宝从小就养成了过食习惯。孰不知，宝宝过量摄入营养较丰富的食物，而活动量又不够，天长日久，体内脂肪便大量堆积而导致肥胖。宝宝期肥胖的人到了中老年，容易因动脉硬化患上心脑血管疾病，且病后康复较慢，死亡率也相对较高。

若只吃肉而其他食物吃的非常少的话。宝宝并不会变胖，反而有可能会瘦弱。

因为人体需要各类的营养素，且必须在这些营养素全都足够的情况下，才能促进生长发育，肉类含的蛋白质虽然是生长所必需，但无其他营养成分配合，仍不足以维持正常的生长。

谷类食物成为主食

进入幼儿期后，粮谷类应逐渐成为宝宝的主食。谷类食物是糖类和某

些B族维生素的主要来源，同时因食用量大，也是蛋白质及其他营养素的重要来源。在选择这类食品时应以大米、面制品为主，同时加入适量的杂粮和薯类。在食物的加工上，应粗细合理，加工过精时，B族维生素、蛋白质和无机盐损失较大。加工过粗、存在大量的植酸盐及纤维素，可影响钙、铁、锌等营养素的吸收利用。一般以标准米、面为宜。

第四节　宝宝的能力培育与训练

运动能力训练

这个时候，爸爸妈妈要训练宝宝手指的灵活性，锻炼宝宝手指小肌肉的机能。

◉ 进一步训练宝宝手指的灵活性

宝宝的手指虽然已经很灵活了，但还需继续训练，因为随着宝宝手指灵活性的进一步提高，可以促进宝宝的大脑发育。为此，妈妈爸爸可以和宝宝一起做手指操。训练宝宝用手指拿东西，是刺激大脑最好的办法，可以让宝宝经常拿些小的物体，其中搭积木就是这个时期最好的游戏。妈妈或爸爸也可以给宝宝放一段音乐，随着音乐的节奏，让宝宝的每个手指都得到运动。

◉ 锻炼手部小肌肉的机能　手的发展和心智的发展是互相促进的，手在锻炼过程中不仅能促进小肌肉和运动智慧的发展，也能促进人的整体智慧的发展，也就是我们常说的心灵手巧。因此，应多多创造和利用机会让宝宝的手动起来。

生活中，让宝宝小手活动的地方很多，只要家长是个有心人，一定能够捕捉到更多的机会。比如，吃饭时，宝宝会把饭粒撒在桌上，他们会一粒一粒去捏起来吃，爸爸妈妈可能觉得不卫生，不让宝宝捏，但其实这个过程非常能锻炼宝宝手指的能力，所以爸爸妈妈尽可能不要阻止宝宝这样做，因为他们这是在学习，是在成长。我们要做的就是把桌子清理得干净卫生，方便宝宝捏饭粒。

宝宝益智游戏

宝宝长大了许多，对游戏的兴趣

也更大了，爸爸妈妈要利用这个机会用游戏来拓展宝宝的能力。

◉ 采蘑菇游戏　这个游戏可以训练宝宝走和蹲的动作，从而提升宝宝的肢体协调能力。爸爸妈妈准备一个小提篮，一只玩具兔子，一些彩色硬纸剪成的蘑菇，并将蘑菇散落在地上。取出玩具小兔，说小兔子饿了，让宝宝给采一些蘑菇。然后让宝宝提着篮子拾蘑菇，再走回父母身边来。在做这个游戏时，应注意蘑菇不要太多，不要让宝宝蹲的时间过长。

◉ 说错话游戏　这个游戏的目的是训练语言理解能力。这个游戏要在宝宝认识人的身体各部位名称的前提下进行。这个游戏可以培养宝宝的语言纠错能力，提升其语言智能，增加宝宝的语言理解能力。

妈妈和宝宝面对面坐下，指着膝盖问宝宝："这是我的鼻子吗?"

妈妈指着自己的眼睛问宝宝："这是我的耳朵吗?"

如果宝宝发现妈妈说错了，就要表扬宝宝；如果宝宝没发现，可以加以指导。

◉ 扮鸭子游戏　这个游戏旨在训练语言表达能力，通过训练宝宝练习念简短的儿歌，促进语言的发展，从而提高宝宝的语言表达能力。在宝宝吃饱一段时间之后，帮助宝宝先热热身，伸伸胳膊，蹬蹬腿，扭扭腰。然后父母扮作小鸭爸爸或妈妈，戴上鸭子头饰，让宝宝当小鸭。鸭妈妈领着小鸭边找东西边走，并发"嘎嘎嘎……"的叫声，头一摇一摆，模仿小鸭吃食的样子，让小鸭跟着模仿，可以随口念儿歌："嘎嘎嘎，我是小小鸭。"让宝宝跟着模仿。

◉ 追影子游戏　这个游戏可以锻炼宝宝行走的稳定性，同时还能促进视力的发展。可以选择晴朗天气，带宝宝到户外。妈妈先踩一踩宝宝的影子，然后说："呀，我踩到宝宝的胳膊了。"然后和宝宝互相踩影子，比一比谁不被对方踩到，踩到后可以大叫："我踩到你的胳膊了！我踩到你的腿了！"训练时，妈妈要提醒宝宝不要跑得过快，以免摔倒，并注意周围的环境，以保证安全。

◉ 面具游戏　这个游戏在培养宝宝的绘画和想象能力的同时，还能提高宝宝的形象思维能力。妈妈可以比着脸上眼睛、嘴巴、鼻子的位置在纸上剪4个洞，然后撕条纸带，两头用订书机定在耳朵的位置。然后将纸递给宝宝，指导宝宝在面具上画头发、

胡子等，不过要注意别让宝宝拿到剪刀、订书机。

◉ 分蔬果游戏　这个游戏可以促进宝宝分类能力和思维能力的发展，从而提高宝宝的逻辑思维能力。妈妈准备一些干净的蔬菜和水果，先做示范，将蔬菜和水果分开。再把蔬菜和水果混合在一起，对宝宝说："妈妈不小心将蔬菜和水果混在一起了，宝宝能帮妈妈把蔬菜和水果分开吗?"当宝宝在分开的过程中出现错误时，家长可及时指出"萝卜是蔬菜，还是水果呢?"让宝宝动脑子考虑后再重新分。如果宝宝还不能分正确，家长可教宝宝"萝卜是蔬菜，应该放在蔬菜这边。

第五节　宝宝常见的问题与应对

1 岁多还不会走路的现象

1 岁半的孩子还不会走路，属于发育落后了。孩子不会走路的原因有很多，家长应细心观察，寻找原因，对症施治。

首先，应考虑孩子大脑的发育有没有问题，腿的关节、肌肉有没有病。

其次，家长有没有训练过孩子走路，孩子是否爬过，站得好不好，是否用屁股坐在地上蹭行过，是否过早地用了"学步车"，这些因素都会影响孩子学会走路或推迟其走路的时间。

最后，可以看看他的脚弓，是不是扁平足。扁平足是足部骨骼未形成弓形，足弓处的肌肉下垂所致，家长可以帮他按摩按摩，并帮他站站跳跳。有的孩子脚部肌肉无力，无法支撑全身重量，大人要帮他锻炼肌肉力量。

宝宝得了流感

◉ 宝宝患上流感的症状　流感是由流感病毒所引起的，有一定的季节性，主要好发于冬春季。流感比较典型的症状有高烧、头痛、咳嗽、全身酸痛，疲倦无力、咽痛等。流感发热比普通感冒要高，一般以高热为主。宝宝流感有时还会出现胃肠症状，比如恶心、呕吐、拉肚子，而且流感容易诱发如肺炎、心肌炎、中耳炎、脑膜炎等并发症。

宝宝得了流感，静养最重要。爸爸妈妈要保证宝宝有充足的睡眠，以及足够安静的室内环境。

如果宝宝不想老是躺着的话，也可以让宝宝在室内玩耍。宝宝没有食欲时，也不必强迫宝宝吃饭。由于发热会消耗大量水分，所以一定要帮宝宝补充足够的水分。饭后用温水漱口，用热毛巾清洁鼻孔，能起到排毒的作用。

◉ 给宝宝测体温　宝宝发烧时，一定要及时给宝宝测体温，如宝宝体温过高，要在医生指导下降温，退热后，可简单地给宝宝洗个澡，但不能让宝宝感到疲劳。

◉ 护理要周到　临睡前给宝宝喝一杯饮料，有助于宝宝夜间鼻腔保持通畅。对于有咳嗽、流涕症状的宝宝，可把床头部的垫子垫得稍微高一些，这样，宝宝的呼吸会比较容易一些。不要让宝宝穿得过多，而应及时调整室温，室温应设定在以不感到寒冷为宜。而且，爸爸妈妈要营造一个使宝宝感到舒心的环境。室内要保持舒适、温暖，保持空气流通。为了让室内空气不过分干燥，可以在宝宝的房间里放一个增湿器，或者在通气处挂一条湿毛巾，以增加空气的湿度。

◉ 如何预防宝宝流感　一般情况下，3岁以下的宝宝自身免疫功能正在发育和成熟，对外界病毒的抵抗能力较弱，容易感染流感。而接种疫苗是预防流感最有效的方法。另外，在流感的高发季节，爸爸妈妈还要给宝宝多吃一些含维生素的食物，提高宝宝自身的免疫能力。

疥疮的防治

疥疮是由疥虫引起的。疥虫是一种很细小的节肢腿动物，可经由接触传染，小朋友拉手或一起游戏时的身体接触，都可以传染疥疮，而家人互相传染的机会更大。

患疥疮的宝宝的手掌、脚掌会出现细小的水泡或红疹，容易被误认为皮肤炎。

由于疥疮经由接触传染，故患者的家人很多亦同时受到感染而感到浑身瘙痒，需要一并接受治疗。

治疗疥疮，必须先杜绝疥虫。方法主要是外涂药物，常用的包括有丙体666、硫磺及苯甲酸卡酸乳剂等。患者必须依照以下程序用药，方可有效。

第一晚，患者热水浴后将乳剂涂

于头部以下之全身皮肤上。由于瘙痒是身体的反应，不代表痒的地方才有疥疮，故必须注意全身涂满乳剂，除头部及颈部外不遗漏任何部位，待乳剂干后，穿回当日之衣服。24 小时后才可洗澡。过后可用止痒药膏涂擦身体上瘙痒的部分而并非全身涂擦。

患者的家人不论是否感到皮肤瘙痒，均须同时接受治疗。患者的衣物可以沸水洗过或以熨斗熨过。这种疗法一般可杀死全部疥虫，皮肤瘙痒或会持续两三星期，这不代表疥虫未被铲除。反而若用疥虫的药太多，可能引起皮肤敏感而感到瘙痒。

麻疹的防治

麻疹是由麻疹病毒引起的一种急性呼吸道传染病，多见于冬末春初。麻疹传染性很强，主要在宝宝之间相互传染。一旦接触麻疹患儿，麻疹病毒就会通过其咳嗽、打喷嚏等飞沫经过鼻、口、咽、气管等进入易感者体内而引起发病。麻疹患者是主要的传染源，从出疹前 3 天到出疹后 6 天，这期间均有传染性，如果合并肺炎则要延长至出疹后 10 天。护理过麻疹患儿的人又去接触未做免疫预防的宝宝，也会使之受传染而发病，可见其传染性是很强的。

从接触麻疹患儿起，直到出现症状，需要 10～11 天。麻疹初起时，患儿常有发热、咳嗽、流鼻涕、眼睛发红、怕光、流眼泪，很像重感冒。宝宝发烧 2～3 天后，在口腔第二个臼齿附近的颊黏膜上，可以看到针尖大小的小白点，周围有红晕，这叫麻疹黏膜斑，这是麻疹早期的一个特征。第 4 天后，疹子出现，先在耳后及颈部开始出现红色的小疹子，接着很快从脸上、胸前、后背、四肢，最后到手、足心，疹子才算出齐。皮疹呈玫瑰红色，起初较稀，以后渐密，发热、咳嗽、眼睛畏光等症状也加重，疹子与疹子之间的皮肤为正常肤色。疹子一般经 3～5 天出透出齐。疹子出齐后，体温逐渐下降，精神和其他症状也有好转。皮疹按出疹的顺序自上而下逐渐消退。同时皮肤有米糠样小脱屑，留下棕褐色的色素沉着。正常情况下，对患儿护理得好，7～10 天就可痊愈。如果护理不当，就会并发肺炎、心力衰竭、喉炎和脑炎等，严重时可危及生命。

宝宝患此病后，除了给予精心照顾外，还可以给其服用一些清热解毒、解表透疹的中药。

第十六章

19～21个月宝宝的养护

第一节 宝宝的生长发育特点

体格发育

◉身高　男孩约82.31厘米，女孩约81.62厘米。

◉体重　男孩约11.60千克，女孩约11.24千克。

◉头围　男孩约47.54厘米，女孩约47.01厘米。

◉牙齿　此时大约萌出12颗牙，已萌出上下尖牙。

感官发育

宝宝更喜欢对称的、色彩丰富、抽象的图案，还能分辨一些颜色了。此时宝宝如果还不能分辨出红色和绿色，就要想到红绿色盲的可能。这时的宝宝对声音开始敏感起来，能够辨别电视或广播中说话的声音是男声还是女声，宝宝开始通过听妈妈的指令去做一些事情，根据妈妈说话的语调能辨别出妈妈是高兴还是生气，而不需要再看妈妈的表情。

语言发育

这个时期的宝宝在自己玩玩具时，会对着玩具说话；在搭积木时会小声叽叽咕咕，父母可参与到孩子快乐的游戏中，和孩子对话交流。父母要注意这时忌再用儿语和他对话，因为这样可能会耽误孩子学习说话。父

母要用规范发音与孩子对话，要抓住一切机会鼓励孩子大胆说话。

认知发育

大多数宝宝形状感知能力都有了明显提高，能够区分3种以上的形状了。宝宝能够比较准确地把各种不同形状的物体，通过相对应的缺口放到固定的容器中。

此时期的宝宝已经开始有了初步的思维活动，对事物的认识已经开始由整体向多方面发展，所以在日常生活及游戏中要注意培养宝宝的认知能力，教宝宝去观察不同的事物，在观察中教会他一些抽象概念，如物体的大与小、位置的上与下等等，使宝宝对这些事物特征有一定的分辨能力。

宝宝记忆力有所增强，开始记忆事情的经过，并能通过联想表达他的记忆。比如爸爸妈妈总是在双休日带宝宝到动物园或游乐场去玩，宝宝就记住了，当爸爸妈妈都不去上班的时候，就会要求父母带他去动物园或游乐场。在日常活动中可让宝宝有意识的记一些东西并不时地对宝宝提问，培养和锻炼宝宝的记忆力。

运动发育

此时的宝宝已经能够独立行走了，还会牵拉玩具行走、倒退走，会跑，但有时还会摔倒。有意思的是，他虽然能扶着栏杆一级一级地上台阶，可却常常喜欢四肢并用上楼梯。让他下台阶时，他就向后或用臀部着地坐着下。1岁半的孩子会向地扔球；会用杯子喝水，洒得很少；能够比较好地用匙，开始自己吃饭。

情感与社会行为发育

这时的宝宝已经有初步的自我意识。爸爸妈妈可以教宝宝准确地说出自己的名字（包括姓），并教会宝宝正确使用“我”这个代词，知道哪些东西是“我”的，哪些事情是“我”做的，使宝宝逐渐完善自我意识。

快到2岁时，除了继续依恋妈妈外，也开始亲近其他人。经常照顾宝宝生活起居的看护人、爸爸、爷爷、奶奶、姥姥、姥爷，家里的兄弟姐妹和周围的小朋友，如果对他表示友好，他会很高兴地和周围人玩耍。如果对他不表示亲近，或不经常和他在一起玩耍，他也不会主动发展密切关系，在人际交往上，宝宝还处于被动状态。宝宝既能走路，又会用语言表达了，这时他会对周围的事物更好奇，还会对一些新面孔发生兴趣。宝宝的同情心在这个月也开始萌生，妈妈要利用机会慢慢培养。

心理发育

孩子的个性在这个时期已明显表现出来了。喜欢听音乐的孩子在听到音乐时会竖起耳朵倾听，喜欢画画的孩子给他彩笔就会自己涂鸦，喜欢运动的孩子则会蹦蹦跳跳跑个不停。父母应尽量满足孩子某种爱好的需求。

这个时期的幼儿的活动范围有了较大的提高。他们喜欢爬上爬下，喜欢模仿父母做事，如擦桌子扫地等，喜欢模仿小哥哥小姐姐们做广播体操等活动。

逃避依赖，主张自我，是这个年龄段幼儿的特点。但成人常常无法及时改变以往的态度，忘记这就是正常的成长规律，以至于胡乱地愤慨惊讶。宝宝不可能都依照父母的心意，生活在不变的法则中，这点在宝宝近2岁时，父母能深切地体会到。可爱而显得不安定的近2岁宝宝想尝试反抗，对父母而言是幸运的。如果这种反抗期在5年或10年后才来临，父母将不知要遭受多大的打击和创伤。

宝宝想主张自我、尝试独立，父母就顺着宝宝的心意，既能缓和宝宝的反抗情绪，还可借着轻微的反抗培养宝宝的生活意欲，这未尝不是一种收获。

此时宝宝感情的发展也日趋复杂化。在与成人的心灵交流中，或是看电视、观看图书时，都能看到宝宝幼嫩的感情在萌动。父母已经不能放心地说“这么小的孩子怎么懂呢。”

在社会性方面，近2岁的宝宝与亲近的大人关系很和谐，但是跟陌生人，以及不熟的亲友就显得很生。不过，与其独自一人，他们倒宁可与他人同处，这就是这个时期的特征。再进一步，与朋友的关系就可活泼化。

这个时期的幼儿对语言及知识也兴致勃勃。常常会问道：“这是什么?”“那是什么?”不停地吸收新的知识和语言。只要父母不采取填鸭式的教育，近2岁的宝宝就可顺利成长。为了启发宝宝的智能发展，父母要做到充分回答宝宝的问题。

宝宝的睡眠变化

这个时期的宝宝每天需要睡眠12 ~ 13小时，夜间10小时左右。午睡一次约2 ~ 3小时。

第二节 宝宝的日常护理

让宝宝学会自己洗漱

每天早晚宝宝同大人一起洗脸、漱口、擦油，自己做才能学会自我保护并养成自觉的清洁习惯。

宝宝出齐 20 颗乳牙就可以学习自己刷牙了。有些宝宝虽然磨牙还未出齐，也应当学习漱口或者用牙刷刷门牙和犬齿。宝宝最喜欢挤牙膏，让他练习从牙膏最底端轻轻地开始挤，挤一小点儿放到牙刷上就够了，同妈妈一起练习上下里外轻轻刷牙。妈妈拿着宝宝的小手帮助他练习，然后逐渐放手让他自己去做，自己刷牙漱口如同做游戏一样能使宝宝感到快乐。

大人示范，让宝宝学习自己洗脸。先让宝宝洗净双手，趁手上有水时挤出一点洗面奶让宝宝用双手在脸上揉搓，然后双手再互相揉搓，再在脸上揉一会儿。待脸上略干时用流水冲净双手，手上蘸水揉按脸部，用水多次清洗，将脸上、手上的污垢冲干净，再用干毛巾将手和脸上的水分吸干，也要将眼角、耳朵背面、颈部的水分擦干。宝宝喜欢学着在脸上涂护肤霜，可以让他对着镜子涂。大人提醒他要把护肤霜涂在前额、下巴和脸颊上，把剩下的涂在手背上。

让宝宝学会自己穿衣服

宝宝 1 岁以后，手眼协调能力逐渐增强，可以逐步训练宝宝基本的生活自理能力。除自己吃饭、上厕所以外，还可以训练宝宝自己穿衣服，这是帮助宝宝迈向独立的重要课程。

不要让宝宝和小动物玩耍

随着宝宝活动能力的增强，有些宝宝喜欢和猫狗一起玩耍。宝宝与小动物玩耍存在着很多的危险。

宝宝和小动物玩耍发生最多的事故是被小动物咬伤、抓伤，更不能排除被感染狂犬病的可能。

猫狗等小动物身上的沙门氏菌、钩虫、蛲虫等病菌会感染到宝宝。

猫狗等小动物的毛屑或皮脂腺散发的脂分也可引起宝宝过敏或哮喘等

疾病。

因此要尽量减少宝宝与猫狗等小动物的接触，更不要让宝宝与猫狗等小动物一起生活。

宝宝不喜欢和小朋友玩

有的宝宝在家里经常和爸爸妈妈玩互动的游戏，喜欢捉迷藏、扔皮球，每次都玩得很开心，但是，他好像不喜欢和别的小朋友一起玩，虽然鼓励他接触更多的小朋友，可是他总是很不乐意，总是自己一个人跑来跑去玩。如果有小朋友跑过去，他就会马上让开。家里人都为宝宝与人交往的能力担忧呢。

◉ 妈妈要这样做　给宝宝亲密感：家庭的影响对宝宝性格的培养和能力的形成有着非常重要的作用。2岁的宝宝如果得不到爸爸妈妈有意识地触摸与亲密，就会表现出缠人、胆怯；另外，即使爸爸妈妈的工作压力大或者人际关系出现了问题，也不要把自己的坏心情传染给宝宝，妈妈在宝宝面前要努力保持一个良好的心情，给宝宝营造一个温馨的家庭氛围。

不要急于让宝宝接触其他小朋友。当宝宝不愿与其他小朋友一起玩，爸爸妈妈千万不要强迫宝宝去接触别人，这样只会进一步加深宝宝的排外心理。更不要把宝宝单独留在一个地方，让宝宝去“适应”这个环境。

◉ 身教胜于言传　对于这个阶段的宝宝，爸爸妈妈的说教所起的作用真的是微乎其微，很多道理他们还理解不了，这时不如让宝宝看到自己是怎么与人交往的，当爸爸妈妈与别人说话时所用的礼貌用语“谢谢”“对不起”等，比说上很多遍的道理强很多倍。

教宝宝擤鼻涕

流鼻涕是一种正常的生理现象，患感冒的时候更容易流鼻涕，特别是对于宝宝来说更是如此。

在宝宝患感冒之后，由于鼻黏膜发炎而使鼻涕增多，常常会造成鼻塞。处于这个年龄的宝宝生活自理能力很差，如果不会自己擤鼻涕，就会用衣服袖子随意一抹，或是使劲一吸又咽回肚子里。由于鼻涕中含有大量病菌，所以，以上两种现象不仅不卫生，还会影响身体健康。

正确的擤鼻涕方法，是用手绢或

卫生纸盖住鼻孔，分别轻轻地擤两个鼻孔，即先按住一侧鼻翼，擤另一侧鼻腔里的鼻涕，然后再用同样的方法擤另一侧鼻孔里的鼻涕。在教宝宝用卫生纸擤鼻涕时，要多用几层纸，以免宝宝把纸弄破，弄得满手都是鼻涕之后再随手擦到身上。

特别要注意的是，如果同时捏住两个鼻孔用力擤，非常容易把带有细菌的鼻涕，通过连通鼻子和耳朵的咽鼓管，擤到中耳腔内引起中耳炎。中耳炎轻者可能导致宝宝听力减退，严重时引起脑脓肿将会危及生命。因此，教会宝宝正确的擤鼻涕方法是非常必要的。

帮助宝宝克服尿床的方法

由于宝宝的神经系统发育还不完善，在熟睡时不能察觉到体内发出的信号，所以才会经常发生夜间尿床的现象，这是每一个宝宝必然经过的一个生理发育阶段。宝宝尿床并非不可避免，只要方法得当，尿床的毛病一定会得以克服。

首先，父母要尽量避免可能使宝宝夜间尿床的因素，比如晚餐不能太稀，入睡前半小时不要让宝宝喝水，上床前要让宝宝排尽大小便。

其次，父母要掌握好宝宝夜间排尿的规律（一般隔 3 小时左右需排一次尿），并定时叫醒宝宝排尿。夜间排尿时，一定要在宝宝清醒后再坐盆，因为不少 5 岁以后的宝宝还尿床的原因之一，就是小时候夜间在朦胧状态下排尿造成的。

此外，克服宝宝尿床要有一个过程，只要父母有耐心而且方法得当，时间一长宝宝就不会尿床了。即使偶尔把被褥尿湿了，父母也不要责备宝宝，以免伤害宝宝的自尊心，造成心理紧张，反而容易使尿床现象转化为尿床病症。

预防宝宝失踪

◉ 加强安全意识很有必要　宝宝越大爸爸妈妈需要注意的东西越多。如今，社会上屡有宝宝失踪的悲剧发生，这虽然有一定的社会原因，同时，爸爸妈妈的安全防范意识不足也是导致悲剧发生的原因之一。建议爸爸妈妈一方面加强自己对宝宝的监护意识，另一方面还要提高宝宝的适应能力、应变能力、自我保护能力，以防止宝宝失踪事件的发生。

◉ 少去公共场所　爸爸妈妈应尽

可能少带宝宝去公共场所。需要带宝宝外出时，最好有两个大人，并随时查看宝宝是否紧随在身边。不要让宝宝离开爸爸妈妈的视线，特别是刚会走路的宝宝。

◉ 教导宝宝记住家庭资料　外面车多人多，宝宝通常不会注意这些，只顾自己玩，很容易走散。为作预防，在家时要教导宝宝背熟一些简单资料（如家庭住址、爸爸妈妈的名字、电话及工作单位等），并教导宝宝如果外出时与大人走散，就去找警察叔叔，请警察叔叔帮忙送回家。

◉ 教导宝宝少接近陌生人　教导宝宝不要与陌生人接近，不接受陌生人给的东西，并养成这种习惯。在家时爸爸妈妈应教会宝宝听到敲门声后，多问问对方找谁、是谁，尽量由爸爸妈妈来开门。另外，爸爸妈妈最好不要留宝宝一个人在家，但是万一出现这种情况时，要告诉宝宝不能为任何陌生人开门，不管他是警察还是熟悉的人。如果有人一直按门铃，教导宝宝，要告诉那个人说爸爸在睡觉，让他留下电话。如果门外的人不离开，就给爸爸妈妈打电话。

让宝宝学会大小便

在厕所的便桶上加个小圈，让宝宝坐在便桶上大小便，有些男孩学会站着小便也应鼓励。宝宝很会摆弄冲水器，让他自己冲水，保持厕所清洁。要经常提醒宝宝上厕所，以免贪玩尿湿裤子。冬季衣服太厚需要帮助宝宝大小便。从坐便盆进步到上厕所，会使宝宝产生“长大了”的自豪感。

第三节　宝宝的喂养

合理搭配主食和副食

毋庸置疑，我们要给宝宝提供正确的饮食。所谓正确的饮食，主要是指宝宝在满了 1 岁以后，在生长发育水平上比较正常，达到了普遍认可的标准，并且显现出健康成长的趋势来。在这一前提下，我们才可以说什么是正确的饮食，也就是通过将宝宝主食与副食的合理搭配，来保证满足

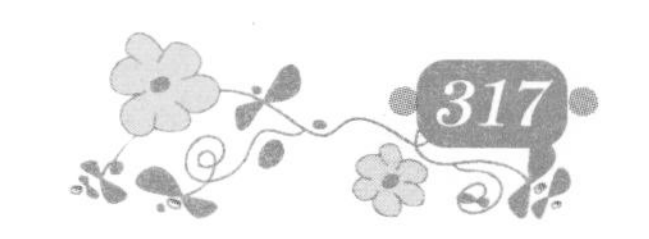

宝宝每天所需营养的全面性与丰富性，使宝宝健康成长。所以，如何合理地为宝宝进行饮食的搭配，也就成为宝宝的饮食是否正确的关键，而这一点则往往为我们所忽视，以为宝宝只要每天吃饱喝足了，就能够正常地生长发育，结果常常是让宝宝吃得太多，也就难以避免宝宝开始肥胖起来，这与宝宝饮食搭配的不合理直接相关。

如果我们能够坚持宝宝一日三餐都吃主食，并且在宝宝吃主食的同时也让宝宝吃副食，使宝宝除了获得丰富的营养之外，还养成不偏食的良好饮食习惯。

为了能够使宝宝吃够吃好，就需要制定一个短期的食谱，一方面使主食在一定时间内变换花样，不仅有米饭，包括干饭、稀饭、米糕、米糊等等，而且还有面食，包括馒头、包子、面条、面包等等。另一方面，在为宝宝选择副食的时候，一定要坚持食品必须保证质量的原则，尽量选用新鲜的肉类、蛋类与蔬菜，这样制作出来的食品味道鲜美可口，宝宝也就会喜欢吃，自然胃口就好，对吃饭的兴趣也就很高。所以，最好不要只图方便，买些现成的食品来给宝宝吃。

父母还要让宝宝尽量少吃零食，培养良好的生活习惯，这对于宝宝的健康成长十分重要。

宝宝的饮食规律

◉ **适当给宝宝加点心** 因为宝宝需要充分的营养，少了正餐或点心都会导致血糖降低，进而导致宝宝情绪不稳定。尤其是学步期间的宝宝，由于活动量增大，消耗多，饿得快，这就需要喂些点心补充热量。不过，宝宝吃了点心后又可能不好好吃正餐，针对这种情况，在给宝宝吃点心时，就不要让宝宝吃得太多，具体以宝宝能够正常吃正餐为原则。

◉ **教宝宝改掉不良的饮食习惯** 由于宝宝经常与全家人一起吃饭，家里人的饮食习惯，就会潜移默化地影响着宝宝。有些宝宝不爱吃胡萝卜，全麦面包，甚至白开水，这往往是因为家里人，尤其是爸爸妈妈有偏食的习惯造成的。因此，为了宝宝的健康，爸爸妈妈首先要以身作则，然后教宝宝改变不良的饮食习惯。

先补锌再补钙

锌有“生命之花”“智力之源”

的美誉，对促进孩子大脑及智力发育、增强免疫力、改善味觉和食欲至关重要。所以营养专家提出：补钙之前补足锌，孩子更健康、更聪明。我们知道，生长发育的过程是细胞快速分裂、生长的过程。在此过程中，含锌酶起着重要的催化作用，同时锌还广泛参与核酸、蛋白质以及人体内生长激素的合成与分泌，是身体发育的动力所在。先补锌能促进骨骼细胞的分裂、生长和再生，不仅为钙的利用打下良好的基础，还能加速调节钙质吸收的碱性磷酸酶的合成，更有利于钙的吸收和沉积。如果孩子缺锌，不仅无法长高，补充的钙也极易流失。

人体内的各种微量元素不仅要充足，而且要平衡，一定要缺什么补什么，不要盲目地同时补充。如果确实需要同时补充几种微量元素，最好分开服用，以免互争受体，抑制吸收，造成受体配比不合理。钙和锌吸收机理相似，同时补充容易产生竞争，互相影响，故不宜同时补充，白天补锌、晚上补钙效果比较好。目前，市场上有不少补充锌的制剂，如葡萄糖酸锌等。孩子在喝这些制剂时，除了要注意和钙制剂分开来喝以外，也要和富含钙的牛奶和虾皮分开食用。

宝宝不爱吃饭时可提供营养加餐

有些宝宝因为没有食欲而不爱吃饭，尤其是在夏天，一些平时吃饭很好的宝宝也没了胃口。与其在宝宝没有胃口的情况下硬喂宝宝吃饭，还不如做一些色香味俱全的营养加餐，来保证宝宝日常所需的营养。

妈妈要挑选能补充宝宝所需热量和营养的食品，在食材和制作方法上多下工夫，变换花样，每天制作出不同的营养加餐来吸引宝宝的注意。宝宝只要有了胃口，自然就能正常进食了。

在挑选加餐食材时，最好选择时令食品。时令食品不但新鲜，而且味道很好，营养价值也很高。

很多妈妈爱子心切，在宝宝很小的时候，就用珍贵药材给宝宝补身体，这样大可不必。妈妈不如多花些心思，亲手制作饱含浓浓母爱的营养加餐，来保护宝宝的健康。

宝宝宜食的健脑食品

国内外现代营养专家长期研究的结果表明，营养是改善脑细胞、使其功能增强的因素之一，也就是说，加强营养可使宝宝变得聪明一些。

大脑主要由脂质（结构脂肪）、蛋白质、糖类、维生素及钙等营养成分构成，其中脂质是主要成分，约占60%。宝宝自出生以后，虽然大脑细胞的数目不再增加，但脑细胞的体积不断增加，功能日趋成熟和复杂化。而婴幼儿时期正是大脑体积迅速增加、功能迅速分化的时期，如果能在这个时期供给宝宝足够的营养素，为脑细胞体积的增加和功能的分化提供必要的物质基础，将对宝宝大脑的发育和智力的发展起到重要作用。因此，父母应尽量为宝宝选择各类益智健脑的食品。

正餐前不给宝宝吃甜食

有的宝宝经常在快要吃饭的时候要求吃巧克力或其他甜食，妈妈可能会想，只要宝宝不闹，给他少量吃点也没有什么关系。于是在宝宝空腹时就喂给他甜食，这是一种不好的饮食习惯。

经常空腹并在饭前吃甜食，会降低正餐食欲，破坏肠内产生B族维生素和叶酸的正常菌群，导致维生素缺乏症和营养不均衡。空腹吃甜食还会使胰岛素在血液中增多，使大脑血管中的血糖迅速下降，造成低血糖，而体内则会反射性地分泌出肾上腺素，使血糖回到正常水平，这种现象称为肾上腺素浪涌现象，可使人的心率加快。甜食也很容易引起宝宝的饱腹感，导致他不想吃正餐。由于甜食中除了大量的糖外，几乎没有宝宝正常生长发育所需要的其他营养物质，如维生素、蛋白质等，长此以往也必然会造成宝宝营养不良，不是过于肥胖就是十分瘦弱，而营养不良又为其他疾病埋下隐患。

宝宝的大脑比成年人更敏感，会比较容易出现头痛、头晕、乏力等症状，因此饥饿时吃一点甜食是有益的，但这也仅限于偶尔为之，而且甜食最好在进餐前2小时食用。尤其不要在快要进餐前给宝宝吃甜食。

莫让宝宝吃含有人工色素的食品

儿童食品具有多种多样的颜色，其中有些颜色是化学合成的，添加了人工合成色素。人工合成色素对人体健康有害无益，可引起多种过敏症。

某些人工合成色素会作用到神经

介质，影响到冲动传导，从而导致孩子一系列多动症症状。

我国食品卫生标准对人工合成色素的使用规定十分严格，强调婴幼儿代乳食品不得使用人工合成色素。

不要让宝宝餐前大量饮水

餐前孩子多为空腹状态，如果这时让宝宝过量饮水，会导致很多不良后果。

餐前大量饮水会冲淡胃液，致使消化能力降低。在炎热的夏季容易引起腹泻、呕吐等症。

餐前大量饮水会降低胃酸的杀菌能力，使孩子易受病菌、寄生虫卵的侵袭。

短时间内饮水过量可能使宝宝胃部扩张，甚至出现胃下垂。

宝宝不宜喝可乐

可乐是人们喜爱的饮料，但婴幼儿最好不要饮用。1瓶可乐含咖啡因50～80毫克。咖啡因是一种中枢神经兴奋剂，服用量超过1000毫克便可能出现烦躁不安、呼吸加快、失眠、心跳加速、耳鸣、眼花、恶心、呕吐等中毒症状。

婴儿对咖啡因特别敏感，容易引起中毒表现。因此，婴幼儿不宜喝可乐。

第四节　宝宝的能力培育与训练

益智玩具

每一个宝宝的正常发展都是一个系统、完整和协调的过程。宝宝的一言一行都是在不同的生活环境中形成的。遗传因素、生理因素和社会环境因素，都是影响宝宝成长的重要因素，而其中家庭因素尤为重要。在家庭教育中，人们往往会忽略与宝宝自幼相伴的玩具的作用，如果父母能用

心挑选适合自己宝宝的理想玩具，那么，对宝宝的早期智力开发，将会取得良好的效果。

这里介绍几类适合婴幼儿各个年龄段的启智玩具：

◉ 球　6 个月的宝宝对能动的一切东西都感兴趣，能滚的彩色球对宝宝最有吸引力，用小手去推一推，球就会向前滚，宝宝还会爬着追逐小球，如果妈妈能陪着宝宝一起玩会更妙。

◉ 积木　8 个月的宝宝已有了不少的发现，宝宝已经能认识玩具、家具等多种用具，宝宝能了解到有一些物件软绵绵的，有一些硬邦邦的，有一些有棱有角，有一些圆滚滚的。面对积木，宝宝会开始运用两只手，能使两块积木相碰发出响声。一块叠在另一块上面会比单独一块积木高。而且还能用积木叠成多种不同的形状。

◉ 玩沙　所有的宝宝都爱玩沙、玩水。18 个月以后的宝宝已经懂得，不能随便把什么东西都往嘴里塞，这时就可以提供各种小工具，如小铲、小耙、小桶等让宝宝去玩沙子，可以让宝宝把沙堆砌成各种形状，充分发挥宝宝的创造能力。

◉ 娃娃　这个时候的宝宝已能表达自己的喜爱和厌恶。如果有了娃娃玩具，特别是女孩子，可以像妈妈对待自己那样对待娃娃，为娃娃洗脸、穿衣、喂食、赞扬或责备娃娃。

◉ 叠杯　对于这个时候的宝宝来说，叠杯玩具是最变幻无穷的游戏，既能叠成高塔，又可缩成一只单杯，还可以把小积木或其他小东西藏在叠杯内再寻找一番。通过这类游戏，宝宝们能够知道有些东西虽然眼睛看不见，但却是实际存在的。

◉ 玩具车　这个时候的宝宝已能基本控制自己身体的各个部位，可以驾驶“小车”了，可以开快、开慢，也可以骑“大马”了。如果“小车”还能载上宝宝自己的一些小玩具，而自己又能充当运输司机，那真是其乐无穷。

动作能力训练

1 岁以后宝宝的活动场所主要是地面上，在这个时期，球是宝宝最好的玩具，家人可以与宝宝相互扔球、捡球、接球、滚球、踢球等；还可以让宝宝与小朋友一起玩球，促进宝宝行走、跑、滚动、扔、投掷、弯腰捡拾等基本动作的发展，使宝宝上、下

肢肌肉得到锻炼，动作更加灵活协调，培养宝宝的注意力、观察力。

几个宝宝一起玩球，可通过游戏的集体活动，建立良好的关系，培养相互合作的意识。给宝宝玩各种套叠玩具、穿绳玩具、积木、积塑等，有助于锻炼宝宝小肌肉动作和手指的灵活性、准确性、培养注意力和观察力，套叠玩具有套塔、套碗、套环等。穿绳玩具包括木珠和塑料珠、塑料管、木线轴和花片等。玩这些玩具时，可先给宝宝做示范，然后让宝宝学会自己玩，家长可在旁边进行指导。玩的时候可教宝宝学会把铅笔插入笔筒内，开始用大口的笔筒，逐渐教宝宝学会插入小口的笔筒，还可以教宝宝把小的物件装入小口径的容器中等。

还可以利用走平衡木、滑滑梯来发展宝宝的平衡动作，既培养宝宝的注意力，还能培养勇敢的精神。开始走平衡木或滑滑梯时，家人要在旁边扶持和鼓励，再逐渐放开手，让宝宝自己玩。自制的平衡木可选择宽度约30厘米，长约1.5米的木块，两头搭在两块大积木上，把大块木板的一头架高，自制成滑梯。

想象力训练

任何想象都要以感知材料为基础，离开感知无法想象。生活是感知的源泉，也是想象力的源泉。

培育宝宝的想象力，需要扩大宝宝的视野，丰富宝宝的感性知识。2岁左右的宝宝可以多多认识周围环境、托儿所和家庭附近地区的新鲜事物，认识一定的社会环境，如商店、邮局、图书馆、影剧院、当地的名胜古迹，有条件的可以去看一看乡村辽阔的田野，看一看农作物怎么样生长、成熟和收获。应当常常带宝宝出去，让宝宝观察大自然的变化，经常与宝宝交谈，启迪思路，唤起丰富多彩的想象力。

鼓励宝宝学会模仿也很重要。模仿，是想象力发展的起步。宝宝常常从模仿开始自己的再造想象，模仿得越像，再造得就越是自如。在模仿的过程中，逐步学会抓住事物的本质特征，建立本质间的联系。在此基础上，逐步把各种事物间的必然联系重新组合起来，进而发展创造性的想象能力。

喜欢模仿，是宝宝的突出心理特征，父母应当在扩大宝宝观察视野的基础上，引导宝宝做更多的模仿。例如，爸爸在家里写东西，宝宝也会拿起笔来乱画一气，这时就应该给宝宝一个专用的本子，让宝宝自由地画，想画什么就画什么，乱画中能画出智慧来。爸爸在家里干活儿，可以有意识地让宝宝帮个小忙；妈妈做饭时，也可以请宝宝看一看，满足宝宝模仿的心愿。

适当做一些美术活动，让宝宝动手画画，动手制做，动手创作。两只大公鸡昂首对话、太阳底下做早操、帮助妈妈做事情、用泥塑造自己的玩偶、剪纸粘贴，手指尖的活动会使想象力更加新颖、更别具一格，富于创造性。

让宝宝多多参与丰富多彩的活动，给宝宝表演的机会和锻炼条件，充分发挥每一位宝宝的创造才能，给宝宝插上想象的翅膀，让宝宝大胆地想象。

社交能力训练

❶认识自我：把宝宝抱坐在镜子前，对镜中的宝宝说话，引宝宝注视镜中的自己和家长及相应的动作，可以促进宝宝自我意识的形成。

❷ 多听多练：随时随地教会宝宝认识周围事物的名称，宝宝的言语能力很快就会发生惊人的变化。父母多多和宝宝说话，不仅有意识地使用不同的语调，还应当结合不同的面部表情，如笑、怒、淡漠等，训练宝宝分辨面部表情，使宝宝对成人的不同语调，不同表情有不同的反应，并逐步学会正确地表达自己的感受。

❸ 发音训练：和宝宝说话时，应当坐在宝宝正对面的位置，使宝宝能够清楚地看到自己的口形、表情，说话速度要慢而明确。

❹ 躲躲藏藏游戏、既能锻炼宝宝的感知能力，培养宝宝的注意力和反应的灵活性，还能促进宝宝与成年人之间的交往，激发宝宝愉快的情绪。

智商训练

◉ 开商店　准备一些实物、玩具和纸片（做纸币），让宝宝和你一起玩开商店的游戏，你当顾客，宝宝当售货员。让宝宝先问：“你要买什么？你回答：“我要买铅笔。”并把“纸币”递给宝宝，宝宝就把东西拿给你。可互换角色，学说名词。

◉ 按指示找物　把宝宝喜爱的玩具藏起来，让宝宝根据你的指示把东西找出来，如：“在床上。”当宝宝走到床边，再告诉他：“在枕头底下。”可逐渐增加难度。训练辨别方向的能力。

第五节 宝宝的常见问题与应对

宝宝口吃的处理

不要强化口吃这个问题。即：不要在宝宝面前谈论口吃这件事，更不要当着宝宝的面，表现出由于宝宝口吃而产生的紧张和烦恼。淡化口吃这个问题，不必让宝宝感到他的语言出现了很大的问题，减少宝宝学习语言的压力。

对宝宝要更加有耐心和爱心。当宝宝说话口吃时，不要说："看你，又结巴了"或"不能这么说，应该……"，而应充满爱心地、面对面地看着宝宝，让他跟着你再说一遍。

放慢学习语言的进程。这样可以减轻宝宝的压力与负担，提高学习兴趣。

家中有人口吃，最好纠正后再与宝宝接触。

练习唱儿童歌曲。很多口吃的宝宝说话时口吃，但唱歌时不口吃。因此，练习唱歌既可以增强宝宝的语言能力及信心，又可增加宝宝的词汇量。

对于口吃严重、在家中难以纠正者，可等宝宝大一些后（4～6岁），带宝宝去专门的机构矫治。

中毒的防治方法

婴幼儿对一切可能拿到手的东西都想塞入口中，因而往往造成中毒事件，而家庭之中的中毒事件又以药物中毒最多，因此如何事前防止中毒事件应当是家中每一个人的义务。

孩子容易误食的食物有以下几种：

◉ 香烟　烟蒂内含有大量的尼古丁，特别是烟灰缸内的水分又常常溶有大量的尼古丁烟毒，幼儿不小心饮用之后，情形往往相当严重。

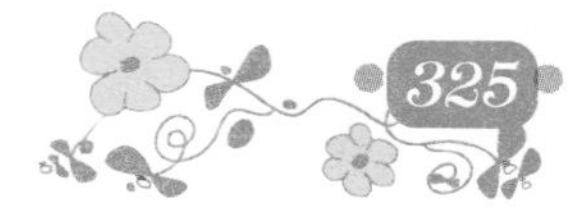

◉ 除虫剂　液状牛奶色的杀虫剂含有很强的毒性，误饮之后务必送到医院急救。

◉ 农药　是具有高度危险性的毒物，千万不可让孩子接触到。

◉ 药品　大人服用的药品幼儿随意服用则具有危险性，故一定要放在孩子够不着的地方。

◉ 水银　误食填装在体温计内的少量水银也会有生命危险，应放在孩子够不着的地方。

◉ 洗涤剂　如果是清洗厕所用洗净剂或漂白剂则即使少量仍有生命的危险。

◉ 酒类　有很多父母经常让幼儿尝试饮酒，这对幼儿是相当危险的。

当出现以下情况时，应及时判断孩子是否已中毒：

❶ 小儿出现呕吐及腹泻。

❷ 无明显原因而发生抽搐。

❸ 在孩子附近发现装毒物的空罐。

❹ 孩子神志不清，发现其手或身旁有具毒性的植物或浆果。

这时，家长应该这样做：

❶ 立刻要孩子说出或指出究竟吃了什么东西。

❷ 留下你认为孩子可能已吃了的东西作样品，如几片叶子、浆果或空瓶。如他吃药片，留下空瓶，有助医生诊断和治疗。

❸ 如果孩子吃下漂白水、苛性碱或除草剂等腐蚀性毒物，绝不要催吐，因吃下这些东西可造成食道烧伤，再吐出来又会再刺激食道，加重原来伤势。可让孩子一点点地喝冷开水或冻牛奶，以冷却食道烧伤部位，并尽快送往医院。

❹ 如你有把握确定孩子吃下的不是腐蚀性物品，就可对他引吐。但如神志不清或痉挛、烦躁不安时不要催吐。

中毒后神志不清应立即叫救护车或去最近的医院，并施行急救：

❶ 把孩子安放在正确的体位，按照神志不清的方法处理。

❷ 密切注视孩子的呼吸及神志不清的程度变化。

❸ 如果必须进行人工呼吸，要十分小心，不要让毒物进入你口中。想办法洗掉孩子脸上的毒物。必要时合拢孩子的双唇，用鼻子做口对口人工呼吸。

第十七章

22～24个月宝宝的养护

第一节　宝宝的生长发育特点

体格发育

◉身高　男孩约89.06厘米，女孩约87.42厘米。

◉体重　男孩约12.64千克，女孩约11.92千克。

◉头围　男孩约48.44厘米，女孩约47.39厘来。

◉牙齿　此时宝宝大约萌出16颗牙，已萌出第二乳磨牙。

语言发育

两岁左右的孩子最爱说，嘴会不停地讲。喜欢同周围的人交谈，说话速度很快，听起来滔滔不绝，实际上没说出几件事来。总的看来，这个时期的宝宝已经掌握了基本的语法结构，句子中有主语、谓语。熟悉宝宝的爸爸妈妈基本上可以听懂他在说什么。

将近2岁的孩子注意力集中的时间比以前长了，记忆力也加强了，已掌握了300多个词汇。他能够迅速说出自己熟悉的物品名称，会说自己的名字，会说简单的句子，能够使用动词和代词，并且说话时具有音调变化。他常会重复说一件事。他喜欢一页一页地翻书看。给他看图片，他能够正确地说出图片中所画物体的名称。大人若命令他去做什么，他完全能够听得懂并且去做。

感官发育

宝宝对疼痛和冷热有了强烈的感觉，而且还知道采取“措施”：热了，宝宝会脱衣服，踢被子；冷了，会要求穿衣服，钻到被子里；对疼痛更是反应强烈，并能告诉妈妈疼的准确位置。

运动发育

宝宝到了2岁时，脚步已经很稳固，可以随心所欲到处走动。这时的宝宝会到处跳来跳去，活动能力之强叫人吃不消。

现在的宝宝下半身变得很结实，所以很少跌倒，爬楼梯时不必扶着栏杆，也能上下自如。

宝宝活泼好动，当然喜欢一些活动性的游戏。看到能动的交通工具，会自己坐上去看看。进展较快的宝宝，2岁半后甚至会自己骑三轮车。

公园的游乐设施也玩得很好。虽然还不会自己荡秋千，但会爬上溜滑梯的楼梯，并滑下来，也会抓着单杠让身体晃来晃去，在平衡台上也能走得很好。

很多人说运动神经与遗传资质有很大的关系，其实宝宝幼儿时的训练对其影响更大。如果双亲不喜欢运动，孩子在爸爸妈妈影响下自然也易显得不擅运动。宝宝从1～2岁起，就应该养成活动身体的习惯。

认知发育

爸爸妈妈现在需要帮助宝宝先识别红、黄、绿三种颜色：当宝宝能够认识路口红灯、黄灯和绿灯后，再告诉宝宝红绿灯的意义。

2岁是表象出现的时期，宝宝会在头脑中回忆起妈妈，看到与妈妈相关联的东西也会想起妈妈，宝宝的记忆力也随之发展了。

宝宝有极强的模仿力，也有极强的模仿欲望，喜欢模仿大人或动物的动作：由于已知道钥匙或钱币的用途，当他拿着钥匙时，会走近房门，准备开门。

心理发育

2岁左右的宝宝喜欢看画片，喜欢听故事，喜欢看电视动画片，喜欢大运动游戏，也很喜欢模仿大人的动作。他会学着把玩具收拾好，并且对自己能独立完成一些事情的技能感到很骄傲。比如他可能会把积木搭好然

后拉你去看。2 岁左右的宝宝很爱表现自己，也很自私，不愿把东西分给别人，他只知道“这是我的”。他还不能区分什么是正确的，什么是错误的。将近 2 岁的宝宝独立性还很差，如果突然给他改变环境，或让他与父母分离，他会感到恐惧。

宝宝快满 2 岁了，喜欢独自到处跑着玩，在床上跳上跳下地蹦个不停，喜欢和小朋友们玩捉迷藏的游戏，喜欢玩有孔的玩具，习惯性地将物体塞入孔中，反复玩弄不厌其烦。还喜欢听儿歌、听故事、搭积木、按开关等有趣的活动。

这个时期的宝宝的胆量大一些了，不像以前那样畏缩了，不再处处需要家长的保护，他不再像以前那样时刻依赖着大人，能够较独立地活动，宝宝的情绪多数时间都比较稳定愉快，有时也发脾气。在高兴时会用亲昵的声音和举动靠近你，在家庭中经常起到节目主持人的角色。

这一年龄阶段的宝宝做事喜欢重复，并且有一定的顺序和规律性。家长可以在日常生活中，如玩具的摆放、家庭简单物品的放置和生活规律上，有意识地对他进行培养。

第二节　宝宝的日常护理

宝宝起床后不可立即叠被子

起床后立即叠被子对人体的健康有不利影响。人在长时间的夜间睡眠当中，会排出很多物质。首先是水分，人体排出的水分会使被子有不同程度的受潮。另外，人的呼吸和全身皮肤上的毛孔会排放出多种气味。据研究表明，人体从呼吸道排出的化学物质约有 149 种，从汗液中蒸发的化学物质约有 157 种。在几个小时的睡眠当中，被子和人体充分接触，吸收了大量的水分和化学物质，有一定程度的污染。如果在宝宝起床后就立即叠被子，会使被子上的水分和化学物质难以散发掉，长期沾染在被子上。如果让宝宝长期使用受到污染的被子，就会对健康产生不利影响。

所以正确的做法是：在宝宝起床

后翻开被子晾一段时间，让被子中的水分、化学物质散发后再叠被子。被单要勤洗勤换，每隔一段时间要将被子放在阳光下曝晒，以消灭其中的细菌和病毒。

培养宝宝洗发习惯

卫生习惯有很多，包括早晚要洗手洗脸，饭前洗手，睡前洗脚，定期洗头、洗澡、理发，饭后漱口、早晚刷牙，用手帕擦鼻涕，不随地乱吐等，其中培养宝宝洗头发的习惯是令一些母亲头疼的事情。因为有些宝宝害怕将头放进水里甚至害怕靠近水。

如何才能找到令宝宝满意的解决方法呢？

❶ 在卫生间里，先让宝宝洗你的头发，熟悉洗头发的一系列程序。

❷ 耐心细致，对于每个程序一定要反复督促，反复练习，帮助他形成较巩固的卫生习惯。

❸ 如果他刚剪过头发，在洗头时，你可以先和他玩理发的游戏，假装要把你和他的头发修剪成各种发型，用这种游戏来激起宝宝洗头的兴趣。

❹ 可以选择任何地点来洗头，如让他站在板凳上，用洗脸盆洗，当然也可以让他在卫生间用淋浴的方式。

❺ 宝宝如果怕泡沫流进眼睛里，你最好用那种不会让人流泪的洗发精，也不要让他的眼睛和脸部有洗发精泡沫。

❻ 在洗头发时，可以给他抹上洗发精，慢慢地将热水冲到他的头顶和头后部时，给他一块手帕，让他保护好鼻子和眼睛。

❼ 有时可以让他自己拿着淋浴器洗，诱导宝宝洗头发。

❽ 在培养宝宝的卫生习惯时，一定要布置出令宝宝愉快的卫生环境。一是准备宝宝的洗漱用具，包括盆（有洗脸盆、洗澡盆、洗脚盆）、毛巾（洗脸毛巾、浴巾、擦脚巾）、专用的漱口杯等。但要注意选择大小形状和花色不同的各种盆和毛巾，以便让宝宝辨认。这样做的目的是使宝宝明白洗漱用具主要供个人使用，以形成良好的卫生习惯，有效地防止传染疾病。二是要为宝宝准备专用的符合其年龄特点的方便安全的卫生角，便于宝宝学习和掌握良好的卫生习惯，便于清洗、消毒与保持卫生。

防止宝宝踢被子

宝宝总在睡梦中踢被子，父母对此会很伤脑筋。原因是在人熟睡以后，人体大脑皮质处于抑制状态，外界的轻微动静（如谈话、开门、走动等声响）都不能传入大脑，人体暂时失去了对外界刺激的反应，使整个身心都得到休息。但是，在刚入睡还没有完全睡熟或刚要醒来还没有完全醒来的时候，大脑皮质处于局部的抑制状态，即大脑皮质的另一部分仍然保持着兴奋状态，只要外界稍有刺激，机体便会作出相应的反应。尤其是宝宝的神经系统还没有发育成熟，兴奋后极易泛化，当外界条件稍有改变时，如白天宝宝玩得过于兴奋，睡前父母过分逗引宝宝，睡时被子盖得太厚或衣服穿得太多，睡眠姿势不佳，患有疾病等，均可引起宝宝睡眠不安、踢被子等。

防止宝宝踢被子，父母应该注意做到以下几点：

❶ 在睡前不要过分逗引宝宝，不要恐吓宝宝。白天也不要让宝宝玩得过于疲劳。否则，宝宝睡着后，大脑皮质的个别区域还保持着兴奋状态，极易发生踢被子。

❷ 宝宝睡时被子不能太厚，要少给宝宝穿衣服，不要以衣代被。

❸ 父母要让宝宝从小养成好的睡眠姿势，不要把头蒙在被里，手不要放在胸前。

❹ 蛲虫病也是引起宝宝踢被、睡眠不安的原因，一经发现，应立即治疗。

第三节　宝宝的喂养

五类营养素不可少

2岁左右的宝宝正处于大脑发育的关键期，通过多种营养素的补充可以使脑神经细胞活跃，思考及记忆力增强，为宝宝的智能发展奠定良好的基础。促进宝宝大脑发育，有五类营养素是必不可少的。

◉ 脂肪　脂肪可维持神经细胞的正常生理活动，并参与大脑思维与记忆等智力活动，对脑细胞和神经的发育起着极为重要的作用。

推荐食物：各种坚果及果实类，如核桃、芝麻、葵花子、南瓜子、西瓜子、杏仁、花生，芒果等。各种鱼类，特别是牡蛎、乌贼，章鱼、虾等

含量更高。各种肉类，如牛肉、猪肉、羊肉、鸡肉、鸭肉，鹌鹑肉等。

◉ 蛋白质　蛋白质是最主要的营养素之一，必须适当补充，以满足宝宝发育之需。

推荐食物：各种乳类及肉蛋类，如母乳、牛奶、鸡蛋、鹌鹑、牛肉、羊肉、鸡肉、猪肉。各种动物脑，如猪脑、牛脑、羊脑等、大豆及大豆制品，如豆腐、豆浆、豆奶、大豆油等。各种鱼和虾，特别是非养殖性鱼虾的蛋白质含量更高。

◉ 钙质　钙质不仅对骨骼生长、牙齿坚固及心脏调节有重要作用，而且它对脑和神经细胞的信息传递也有很大影响。

推荐食物：杏仁，花椰菜、荠菜、橄榄、扁豆，海藻、牛奶、奶粉、乳酪、沙丁鱼、蛤、虾、芝麻等。

◉ 各种维生素　维生素是宝宝发育必不可少的重要营养素，尤其是维生素C、维生素E和B族维生素，能使脑功能更灵活、敏锐。

推荐食物：维生素C健脑食物：草莓、苹果、梨、山楂、红枣、菠菜、龙须菜、甘蓝、菜花、香菜等。维生素E健脑食物：苹果、胡萝卜、芹菜、莴笋、燕麦、芝麻、各种肉类等。B族维生素含量较多的食物：糙米、玉米、花生、小豆、蚕豆及蔬菜、水果、蘑菇等。

◉ 糖类　糖类是宝宝大脑活动的唯一能源。

推荐食物：各种谷类杂粮，如小米、玉米，黑米、大米、面食。其他食物，如红枣、桂圆、蜂蜜、土豆等。

平衡膳食的原则

膳食营养的第一层意思就是要求全面的营养。如果膳食能提供所有的必需营养素，膳食营养的质量就得到了基本保证；如缺少某种或某些必需营养素，就存在膳食营养质的缺陷，即称为“不合理营养”。膳食营养的第二层意思就是要求营养的平衡，或称为“均衡的营养”。它要求所提供的营养素数量要合理，既不能少也不能过量，要保持营养素之间的平衡。

儿童的膳食营养，也必须强调膳食中所包含营养的质和量。倘若一种膳食能保证提供全面的营养（质保证）和均衡的营养（量保证），就可称之为“平衡膳食”或“合理膳食”，它所提供的是合理营养。

保证平衡膳食应遵循以下原则：

◉ 食物多样化原则　营养学家认为，世上无任何一种食物能提供人体所需的全部营养素。因此，必须吃多样化食物才能获得全面的营养。

◉ 食物均衡性原则　这个原则是对整个膳食模式而言的，强调食物的结构，要注意各组食品的供给数量及相互之间的搭配。只有调整好食物结构，提供均衡的食物，孩子才能获得均衡的营养。根据此原则，要求科学地处理好荤素食品、粗细杂粮、动植物蛋白等的搭配。

◉ 适量的原则　限制油脂和糖的供给量，是调整膳食结构的一项重要措施，因为摄入过多高能量食品，可使体内营养过剩，造成脂肪在体内堆积而引起肥胖。对胆固醇与食盐也应采取适量原则。

◉ 个体化原则　该原则是我国数千年来传统饮食文化的核心思想，主要强调食物的天然属性（温热、寒凉与平性）、季节特点（春暖、夏热、秋凉、冬寒）、烹调方法（清淡或辛辣）与摄食者个体的体质要保持辩证统一关系，尽量做到天、物、人三者的协调一致。

宝宝的营养素供给量

2岁宝宝身体活动的本领增加，走路利索，加上他们的活动范围和活动能力不断提高，所以他们所需要的热能和营养素都比1岁宝宝有所增加。

一个2岁的宝宝每天应供应的营养为：热能5000千焦，蛋白质40克，钙、铁、锌的供应量与1岁宝宝基本相同，维生素类稍有增加。

将上述营养素供给量折合成具体食物，大约粮食类食物为100～150克，鱼、肉、肝和蛋类总量约100克，豆类制品约25克，蔬菜100～150克，再加上适量的烹调用油和糖。每天还要供给宝宝250毫升左右的牛奶或豆浆。

2岁宝宝的胃容量大约是400～500毫升。为了满足生理上的需要，要将上面列举的食物吃下去，至少要给宝宝安排四顿，一般称为“三餐一点”，即早餐、中餐、午点和晚餐。

根据热能计算，“三餐”和“一点”的热能供应比例应该为：25%、30%、25%、10%，余下10%的热能由各种零食提供。总的原则是“早餐吃好，中餐吃饱，晚餐适量”。

第四节　宝宝的能力培育与训练

正视宝宝的好奇心

宝宝每看到一样东西，遇到一件事情，往往会对大人提出一连串的问题，这是他肯动脑筋，积极向上，勇于求知的良好表现。因此，无论孩子提问多么简单，多么可笑，多么难回答，父母都应该鼓励他提问，同时根据孩子对事物的理解程度，用形象的、浅显的科学道理给予直接明确的回答，给孩子一个满意的答案。如果父母实在回答不上小孩的提问，切不可对孩子的提问显示不耐烦，或不回答，或简单搪塞几句，或用斥责的语言训斥他、撵走他，这样会打击孩子的求知欲，扼杀孩子的聪明智慧，挫伤孩子提问的积极性。父母应该和蔼地对他说明：现在父母还不会回答，等我们弄懂这件事后再告诉你。这样做，既保护了孩子的好奇心，又让孩子能学会认真回答别人提问的好品质。

因此，父母应该鼓励孩子提问、思考，这将有利于孩子的智力发展。

观察能力训练

宝宝们都很喜欢通过各种方式，去探索、了解自己周围的人、事、时、地、物。这是宝宝的共同特征，经过好奇、探索和寻找，可以让宝宝更了解已知和未知的世界。

宝宝一出生，就对于周遭的事物充满了好奇，观察力就开始与日俱增。相信你一定有过这样的经验：盯着宝宝无邪的脸庞，看着宝宝眼睛四下里转，观察周遭环境；再大一点时，宝宝会用小手触摸好奇又陌生的事物；等到宝宝渐渐成长，开始尝试许多新鲜的活动：会走了的宝宝，在追逐、游戏中不小心摔倒以后，会嚎啕大哭，但也学习到了什么是疼痛。

宝宝所有的感官能接收的讯息，都是一种观察力，包括视觉、听觉、嗅觉、触觉、味觉以及痛觉等六大感官。

观察力对于宝宝的帮助，在于能产生好奇心，引导宝宝主动地去看、去听、去触摸，在观察人和事物当中，形成一种循环的认识过程。由观察产生兴趣，从兴趣中又开始思索，再从思索中学习，在学习中成长知识，从知识中了解事物，由此周而复始，一次次地循环，一次次地了解、学习。

“观察力”掌控着宝宝成长、学习的成败。因此，有效培养宝宝的观察力，是父母责无旁贷的使命。观察能力是由人体的五官出发，透过视觉、听觉、触觉、痛觉、味觉、嗅觉来达到学习。可以利用家里平常的人和事物来训练宝宝，鼓励宝宝亲身体验，陪宝宝克服困难，给宝宝提供适度的环境。

◉ 游戏学习法　可以运用图片、卡通、玩具积木等道具来训练宝宝的观察力，例如把一大堆形状不一样的积木放在地板上，让宝宝找出同样形状的积木，并且分类放好。或是拿两张相似的图片，让宝宝找出细微不同的地方，这样不但能训练宝宝的观察力，也可培养宝宝的归纳和分析能力。

◉ 家务学习法　做家务事，也能够训练宝宝的观察力。2岁左右的小朋友，已经可以开始分担一些简单的家务事。可以把洗净、晒干的衣物收进家里，然后请宝宝一起做分类工作，哪些是爸爸的，哪些是妈妈的，哪些又是宝宝自己的。别小看这些简单的分类工作，如果宝宝从小做这样的分类游戏，不但可以培养其观察力、秩序感，还能经过耳濡目染，在无形之中培养出宝宝爱整洁、做事有条理的好习惯，并且使其具有责任感。

记忆能力的训练

记忆能力和人的其他各种能力一样，可以经过后天训练而加强。这个月龄的宝宝，正处在记忆训练最佳时期，只要训练方法得当，一定会收到意想不到的效果。

可以把记忆力的训练分为4个阶段：

◉ 注意力的训练　人的注意力，是贯穿于人的一切活动中的一个复杂而重要的心理过程。离开对识记材料的注意，是不会有记忆的，因此，训练注意力应作为整个训练的第一步。

◉ 无意识记的训练　宝宝的记忆以无意识记为主，凡是直观、形象、有趣味、能引起宝宝强烈情绪体验的事和物，大都能让宝宝自然而然地记

住，如各种材料制作的、不同形状的、有趣的小卡片，各类汉字卡片、能活动的计数器、玩具和实物等。

◉有意识记的训练　这个阶段要让宝宝有意识、有目的地去识记，有意识记的发生和发展是儿童记忆发展过程中最重要的质变，为了培养宝宝有意识记的能力，在日常生活和宝宝的活动中，要经常有意识地向宝宝提出具体明确的识记任务，促进宝宝有意识记的发展。如在听故事、外出参观、饭后散步时，都应该给宝宝提出识记任务，如果没有具体要求，宝宝不会主动进行识记。

◉记忆与思维协同训练　人的记忆能力与思维能力密切相关，好的记忆是正确思维的保证，好的思维能力是快速识记和长久保持的条件。

这个阶段要帮助宝宝把不同的事物联系起来，使周围的事物有意义。因此，需要运用各种方法，如趣味记忆法和特征记忆法，尽量帮助儿童理解所要识记的材料。如可提出一些问题，如“鸟为什么能飞?”“鸭子为什么能在水中游?”等，引导宝宝通过积极的思考，在理解意义的基础上进行记忆。

值得注意的是：在训练宝宝的记忆力时，当宝宝完成识记任务时应及时予以肯定和赞扬，以提高宝宝识记的积极性与主动性。必须识记的内容也应当在反复训练过程中加以巩固。

智商训练

◉扑克牌　成人准备一副扑克牌，教宝宝学会几种牌的分类及排列，如按颜色可分红，黑两色，按花色可分为红心、方块、黑桃、梅花4类。待宝宝认识扑克牌的花色大小后，还可教宝宝对牌进行排列游戏，即从小到大排列或从大到小排列。你可把每次活动所用的时间记录下来，看是否有进步。这个游戏可以训练图形、数的识别能力和分类能力。

◉走“S”形　用粉笔在地上画一个约10米长的“S”形线，让孩子踩着线往前走，孩子走到头后要给予赞扬。如果完成得好，可根据小孩情绪来回走几趟，促进左右脑的健康发展。

◉越障碍　在地上平放六块砖，每两块间距5～10厘米，让小孩练习在砖上走，每步踏在一块砖上，家长要在旁保驾，以防孩子磕碰在砖头上。这样可以促进小儿大脑知觉，空间知觉的平衡发展。

◉ 选物取物　把宝宝非常喜欢的玩具放在用手够不着的地方，然后在他手边放一个一尺长的棍子、一根铅笔、一把梳子，教宝宝选一个工具把玩具拿到手。如宝宝不会选择，可教孩子把备选工具一一试用。从而训练抽象比较能力。

◉ 复述句子　可选内容简单、但富有情节的小故事如拔萝卜，作为复述内容。先给孩子讲几遍故事内容，然后再教孩子复述句子。复述时，你说出一句（3~5个字），让孩子模仿一句。渐渐地你说出一句话的开头，孩子可以补充后面的话，最后让孩子自己能把句子复述出来。这样可以训练语言表达能力、记忆能力。

◉ 捉影子　拿一面小镜子在阳光下反射亮光，忽高、忽低、忽左、忽右，不停地变换位置，鼓励幼儿去捕捉移动的影子。训练幼儿的注意力，锻炼幼儿的应变能力。反射亮光宜比幼儿追逐速度稍快一些，以提高幼儿兴趣。

◉ 电线变形　找一段一尺多长的彩色电线，将两头弯转以防戳伤宝宝的。把电线弯成圆、方、三角等形状，让幼儿辨认像什么。也可以让幼儿自己弯，然后看像什么。训练孩子的辨别能力。

◉ 看天空　问孩子：白天天上有什么？孩子答：太阳、云彩。再让孩子看，那些云朵都像什么？孩子必然答他熟悉的东西，如像坦克、汽车，等等。晚上，让孩子看天空，他会发现月亮、星星，还可顺便给他讲讲牛郎星织女星的故事，重点放在牛郎担着两个孩子找妈妈织女星时，孩子如何想念妈妈，这也是感情的培养。情感教育没做好，是很严重的疏忽。培养想象力、观察力。认识天空里有太阳、云、月、星。大人应随时指给孩子天空的变化，月亮圆缺的变化。

体能训练

◉ 折飞机　准备一张纸，教宝宝学折飞机，即使折不好也没关系，可用你折好的飞机让孩子玩，如把小飞机投向空中，让它飞起来，跑过去捡起再玩。训练手的小肌肉动作和投掷动作。

◉ 踢球比赛　在房屋中间放一把椅子，把椅子底下的空当当做球门，你和宝宝在椅子的两边踢球，看谁踢进球门的次数多。发展肌肉动作和控

制方向能力。

◉ 攀登练习　带宝宝到儿童乐园或幼儿园的攀登架前，教宝宝用手抓住上面的横杆，脚蹬底下的横杆，一步一步自己爬上攀登架。熟练后，还可教宝宝练习攀软梯，锻炼全身动作协调能力。

第五节　宝宝的异常情况及观察与处理

宝宝跌伤处理

1～2 岁的孩子，因刚刚学会走路，常常容易跌伤。家长应学会根据不同的情况，妥善处理好孩子的跌伤。

孩子在走路时跌伤，当伤及表皮、有血肿形成时，可把冰块装入小塑胶袋用毛巾包好，冷敷局部以起到止血止疼的作用。

表皮擦破时，可用干净湿布擦净伤口及周围，然后涂上红药水，数日后可有血痂形成，但不能用手抠，应让其自行脱落。

孩子伤口发痒是正常的，若孩子说伤口疼痛难忍，同时伤口确有红肿则表示有感染的可能，应去医院治疗处理；如果孩子是从高处跌下后受伤的，千万不可掉以轻心应去医院检查。

有下列情况之一者要马上送医院治疗，不可耽误：

❶ 四肢有骨折、脱臼的可能。

❷ 伤及头部，孩子出现无精神、倦怠、呕吐及抽风等严重症状。

❸ 伤及胸腹腰背部位时，看有无腹部膨隆、腹疼、口渴及小便带血等。

如果弄不清孩子跌伤什么部位时，也应观察孩子有无上述各种情况以及孩子的精神状况。

此外，跌伤后还应注意：不论跌伤的情况如何，都不能给小孩吃止痛药、镇静药或外敷什么止血药等，特别是不应马上哄孩子入睡。因为这些做法都能掩盖病情，使病情不易发现；另外在送医院的路上应尽量让孩子保持一定的姿势，如骨折后可将患肢相对固定，这样可以控制病情的发展并减轻疼痛。